Anna Dilhas

GAGs contre le VIH: synthèse combinatoire de fragments d'héparine

Anna Dilhas

GAGs contre le VIH: synthèse combinatoire de fragments d'héparine

Etudes des Interactions Glycosaminoglycanes-Cytokines

Presses Académiques Francophones

Impressum / Mentions légales

Bibliografische Information der Deutschen Nationalbibliothek: Die Deutsche Nationalbibliothek verzeichnet diese Publikation in der Deutschen Nationalbibliografie; detaillierte bibliografische Daten sind im Internet über http://dnb.d-nb.de abrufbar.
Alle in diesem Buch genannten Marken und Produktnamen unterliegen warenzeichen-, marken- oder patentrechtlichem Schutz bzw. sind Warenzeichen oder eingetragene Warenzeichen der jeweiligen Inhaber. Die Wiedergabe von Marken, Produktnamen, Gebrauchsnamen, Handelsnamen, Warenbezeichnungen u.s.w. in diesem Werk berechtigt auch ohne besondere Kennzeichnung nicht zu der Annahme, dass solche Namen im Sinne der Warenzeichen- und Markenschutzgesetzgebung als frei zu betrachten wären und daher von jedermann benutzt werden dürften.

Information bibliographique publiée par la Deutsche Nationalbibliothek: La Deutsche Nationalbibliothek inscrit cette publication à la Deutsche Nationalbibliografie; des données bibliographiques détaillées sont disponibles sur internet à l'adresse http://dnb.d-nb.de.
Toutes marques et noms de produits mentionnés dans ce livre demeurent sous la protection des marques, des marques déposées et des brevets, et sont des marques ou des marques déposées de leurs détenteurs respectifs. L'utilisation des marques, noms de produits, noms communs, noms commerciaux, descriptions de produits, etc, même sans qu'ils soient mentionnés de façon particulière dans ce livre ne signifie en aucune façon que ces noms peuvent être utilisés sans restriction à l'égard de la législation pour la protection des marques et des marques déposées et pourraient donc être utilisés par quiconque.

Coverbild / Photo de couverture: www.ingimage.com

Verlag / Editeur:
Presses Académiques Francophones
ist ein Imprint der / est une marque déposée de
OmniScriptum GmbH & Co. KG
Heinrich-Böcking-Str. 6-8, 66121 Saarbrücken, Deutschland / Allemagne
Email: info@presses-academiques.com

Herstellung: siehe letzte Seite /
Impression: voir la dernière page
ISBN: 978-3-8416-2155-9

Copyright / Droit d'auteur © 2013 OmniScriptum GmbH & Co. KG
Alle Rechte vorbehalten. / Tous droits réservés. Saarbrücken 2013

SOMMAIRE

ABREVIATIONS..P11

PREMIERE PARTIE: INTRODUCTION. P13

1-INTRODUCTION GAGs..P13

1.1 Les glycosaminoglycanes (GAGs)..........................P13

1.1.1 Qu'est-ce que c'est ?
1.1.2 Où les trouve-t-on ?

1.2 Les protéoglycanes (PGs)..................................P15

1.2.1 Description
1.2.2 Historique
1.2.3 Biosynthèse

1.3 Rôle des GAGs..P18

1.3.1 Structure
1.3.2 Interactions avec les protéines
1.3.2.1 Activité biologique de l'acide hyaluronique
1.3.2.2 Activité biologique du chondroïtine sulfate
1.3.2.3 Activité biologique du dermatane sulfate
1.3.2.4 Activité biologique de l'héparine/héparane sulfate

1.4 L'héparine/héparane sulfate (HP/HS)..................P21

1.4.1 Historique
1.4.2 Structure de l'héparine/héparane sulfate
1.4.2.1 Héparine
1.4.2.2 Héparane sulfate

1.4.2.3 Récapitulatif
1.4.3 Conformation HS/HP
1.4.4 Interaction avec les protéines

2-SYNTHESE DES GAGs..................................P30
2.1 Différentes approches de synthèses des glycosaminoglycanes...............................P30
2.1.1 Nature du substituant en C2 du donneur
2.1.1.1 Liaison glycosidique 1,2-trans
2.1.1.2 Liaison glycosidique 1,2-cis
2.1.2 Nature et groupements protecteurs des accepteurs et des donneurs
2.1.2.1 Paramètres influançant le stéréosélectivité d'une glycosylation
2.1.2.2 Préparation des dérivés du L-idose
2.1.3 Activation du donneur

2.2 Stratégie de synthèse de l'acide hyaluronique............P35
2.2.1 Oxydation du glucose en acide glucuronique à la fin de la synthèse
2.2.2 Oxydation en fin de synthèse et glycosylation [2+2]
2.2.3 Autre méthode d'oxydation sur des fragments longs
2.2.4 Oxydation en acide glucuronique avant couplage et utilisation du groupe participant trichloroacétyle en C2 du donneur
2.2.5 Autre groupe participant en C 2 du donneur

2.3 Stratégie de synthèse du chondroïtine sulfate..........P39
2.3.1 Inversion de configuration de l'unité D-glucosamine en fin de synthèse
2.3.2 Utilisation de la N-acétylgalactosamine comme accepteur
2.3.3 Utilisation d'un précurseur commun
2.3.4 Méthode combinatoire pour la synthèse de disaccharides mono, di ou trisulfatés en position 4, 6

2.3.5 Accès au motif disaccharidique disulfaté en 2' et 6

2.4 Stratégie de synthèse du dermatane sulfate............P43
2.4.1 Accès au disaccharide sulfaté en position 4
2.4.2 Accès au motif disaccharidique 2' et 4 sulfaté
2.4.2 Préparation d'un hexasaccharide à partir de trois disaccharides
2.4.2 Utilisation d'un dérivé iduronique comme accepteur

2.5 Stratégie de synthèse de l'héparine/héparane sulfate..P46
2.5.1Synthèse d'un hexasaccharide à partir d'un seul disaccharide clé donnant accès aux positions 2' et 6 sulfatées
2.5.2 Disaccharide précurseur donnant accès aux sulfatations des positions 2 et ou 6'
2.5.3 Synthèse d'un octasaccharide à partir de trois briques de base
2.5.4 Accès à des trisaccharides di et trisulfatés

3- CHIMIE COMBINATOIRE.....................P50
3.1 Intérêt de la chimie combinatoire................P50
3.1.1 Définitions
3.1.2 Intérêt biologique
3.1.2.1 Intérêt industriel
3.1.2.2 Pourquoi appliquer la chimie combinatoire aux oligosaccharides
3.1.2.3 Au niveau du médicament

3.2 Synthèse d'oligosaccharides sur phase supportée........P54
3.2.1 Avantages et Historique
3.2.2 Aspects centraux de la synthèse d'oligosaccharides sur phase supportée
3.2.3 Stratégie de synthèse

3.2.3.1 Donneur ou accepteur lié au polymère

3.2.3.2 Choix du support

3.2.3.3 Choix des liens (ancrage)

3.2.3.4 Choix des agents glycosylants

3.2.4Exemples de procédures pour la synthèse supportée d'oligosaccharides

3.2.4.1 Méthode utilisant un glycal 1,2

3.2.4.2 Méthode des sulfoxides

3.4.2.3 Méthodes des trichloroacétimidates

3.4.2.4 Utilisation d'une accroche de Wang

3.3 Procédés en Chimie Combinatoire..................…......P64

3.3.1 Introduction

3.3.2 Procédure aléatoire « Random glycosylation »

3.3.3 Méthode de la glycosylation « active latente »

3.3.4 Approche bidirectionnelle en phase solide

3.3.5 Protection orthogonale des carbohydrates en phase liquide

3.3.6 Protection orthogonale des carbohydrates sur support soluble

3.3.7 Méthode des sulfoxides

3.3.8 Glycosylation stéréoselective et non régiosélective

3.3.9 Carbohydrates comme base de bibliothèques combinatoire (scaffold)

4- PRESENTATION DU SUJET......................…..….......P73

4.1 Mécanisme de l'infection d'une cellule par le virus du SIDA…….......................................…....................…..P73

4.1.1 Blocage naturel des corecepteurs du VIH

4.1.2 Chimiokines

4.1.3 Interaction SDF-1α/ héparane sulfate

4.2 Stratégie..P76

4.3 Présentation du travail effectué............................ P81
<u>4.3.1 Optimisation de la synthèse des briques de base</u>
<u>4.3.2 Approche combinatoire</u>

DEUXIEME PARTIE: RESULTATS- DISCUSSION.... P83

I- SYNTHESE MULTIGRAMME de SYNTHONS DISACCHARIDIQUES CONTENANT UNE UNITE IDURONYLE...P83

1.1 Accès aux donneurs et accepteurs monosaccharidiques...P83

<u>1.1.1 Synthèse des accepteurs</u>

1.1.1.1 Synthèse de l'intermédiaire commun aux deux accepteurs

1.1.1.2 Obtention de l'accepteur 197 (benzylé en C_6)

1.1.1.3 Obtention de l'accepteur 196 (acétylé en C_6)

<u>1.1.2 Synthèse des donneurs</u>

1.1.2.1 Préparation sélective de l'idose triacétylé

→ 1.1.2.1.1 Préparation stéréosélective de l'ester iduronique à partir du glucose

→1.1.2.1.2 Enlèvement de l'isopropylidène

→ 1.1.2.1.3 Acétylation sélective

<u>1.1.3 Accès au donneur possédant un brome en position anomérique</u>

1.1.3.1 Réaction de bromation

<u>1.1.4 Accès au donneur possédant une fonction trichloroacétimidate en position anomérique</u>

1.1.4.1 Obtention de l'hémiacétal

→ 1.1.4.1.1 Tentative d'hydrolyse de l'acétate anomérique

→ 1.1.4.1.2 Hydrolyse du dérivé bromé

→1.1.4.1.3 Introduction de la fonction trichloroacétimidate

1.2 Couplage conduisant aux disaccharides..................P99

1.2.1 Couplage impliquant le donneur possédant une fonction brome en position anomérique

1.2.1.1 Avec l'accepteur acétylé en position 6

1.2.1.2 Avec l'accepteur benzylé en position 6

1.2.2 Couplage impliquant le donneur possédant une fonction trichloroacétimidate en position anomérique

1.2.2.1 Mise au point des conditions de couplage

→1.2.2.1.1 Réactions préliminaires

→1.2.2.1.2 Mise en évidence de l'importance des concentrations des différents intervenants dans la réaction de glycosylation

→1.2.2.1.3 Importance du mode d'addition du catalyseur

→1.2.2.1.4 Conditions optimales reproductibles à petites et grandes échelle

1.3 Accès aux briques finales : Nouvelle voie de différentiation des positions 2' et 4' de l'unité iduronyle……………………………………………..……..P106

1.3.1 STRATEGIE n°1 : Méthode de différentiation des positions 2' et 4' via un intermédiaire stannylène

1.3.1.1 Réaction de désacétylation du disaccharide

1.3.1.2 Acétylation sélective en 2' de l'unité iduronyle

1.3.1.2 Introduction du paraméthoxybenzyle en position 4' de l'unité iduronyle

1.3.1.3 Bilan de la stratégie n°1

1.3.2 STRATEGIE n°2 : Méthode régiosélective de différentiation des positions 2' et 4' via un 2',4'-O-paraméthoxybenzylidène

1.3.2.1 Etudes préalables

→1.3.2.1.1 Première approche

→ 1.3.2.1.2 Deuxième approche

1.3.2.2 Introduction du 4',6'-O-paraméthoxybenzylidène sur l'unité iduronyle

→ 1.3.2.2.1 Conditions réactionnelles initiales d'introduction du groupe paraméthoxybenzylidène

→ 1.3.2.2.2 Mise au point de la réaction
→ 1.3.2.2.3 Récapitulatif

1.3.2.3 Acetylation sélective de l'alcool primaire à partir du triol

1.3.2.4 Ouverture réductrice régiosélective[7]

→ 1.3.2.4.1 A partir du disaccharide acétylé en C6
→ 1.3.2.4.2 A partir du disaccharide benzylé en C6
→ 1.3.2.4.3 A partir du disaccharide libre en C6

1.3.2.5 Acétylation finale

2- STEREOSELECTIVITE ET REACTIVITE DES GLYCOSYLATIONS [2+2].................P120

2.1 Accès aux donneurs et accepteurs disaccharidiques....P120

2.1.1 Synthèse de la brique possédant l'unité glucuronique

2.1.1.1 Préparation du donneur monosaccharidique

2.1.1.2 Couplage et accès à la brique finale

2.1.2 Formation des donneurs et accepteurs disaccharidiques

2.1.2.1 Sur la brique possédant l'unité glucuronique

→*2.1.2.1.1* Préparation de l'accepteur A3 en une étape

→*2.1.2.1.2* Préparation du donneur D3 en trois étapes

2.1.2.2 Sur les briques possédant l'unité iduronique

→ *2.1.2.2.1* Préparation des accepteurs A1 et A2

→*2.1.2.2.2* Préparation des donneurs D1 et D2

2.2 Principe de chimie combinatoire et méthodes analytiques utilisées...P126

2.2.1 Stratégie et objectif à atteindre

2.2.1.1 Principe

2.2.1.2 Etapes préparatives

<u>*2.2.2 Méthodes analytiques utilisées pour la caractérisation des tétrasaccharides en mélange et leur quantification*</u>

2.2.2.1 HPLC et détection par spectrométrie UV

2.2.2.2 HPLC et détection utilisant un détecteur évaporatif à diffusion de lumière

2.3 Résultats : Etude de la réactivité et de la stéréosélectivité..P134

<u>*2.3.1 Préambule*</u>
<u>*2.3.2 Etude du comportement réactionnel de chaque accepteur face aux trois donneurs*</u>

2.3.2.1 Etude du couplage combinatoire impliquant D1, D2, D3 et A1
→ 2.3.2.1.1 Résultats
→ 2.3.2.1.2 Interprétation

2.3.2.2 Etude du couplage combinatoire impliquant D1, D2, D3 et A2
→ 2.3.2.2.1 Résultats
→ 2.3.2.2.2 Interprétation

2.3.2.3 Etude du couplage combinatoire impliquant D1, D2, D3 et A3
→ *2.3.2.3.1 Résultats*
→ *2.3.2.3.2 Interprétation*
→*2.3.2.4* Bilan général

<u>*2.3.3 Etude du comportement réactionnel de chaque accepteur face aux trois donneurs*</u>

2.3.3.1 Etude du couplage combinatoire impliquant A1, A2, A3 et D1
→2.3.3.1.1 Résultats
→2.3.3.1.2 Interprétation

2.3.3.2 Etude du couplage combinatoire impliquant A1, A2, A3 et D2
→ 2.3.3.2.1 Résultats

→ 2.3.3.2.2 Interprétation

2.3.3.3 Etude du couplage combinatoire impliquant A1, A2, A3 et D3

→ 2.3.3.3.1 Résultats

→ 2.3.3.3.2 Interprétation

→ 2.3.3.3.3 Résultats

→ 2.3.3.3.4 Interprétation

→2.3.3.3.5 Bilan général

2.3.4 Récapitulatif

2.3.5 Conclusion

3- APPROCHE COMBINATOIRE POUR ACCELERER LA SYNTHESE DE FRAGMENTS D'HEPARINE/HEPARANE SULFATE ....…..P159

3.1 Couplages combinatoires……………….....…..…...P159

3.1.1 Sélection des couplages combinatoires

3.1.2 Tests en vue de l'augmentation de la proportion molaire de T_{13} par rapport à T_{11} et T_{12} et de T_{23} par rapport à T_{21} et T_{22}

3.1.3 Début de la stratégie combinatoire

3.2 Réaction de désacétylation…………………...………P163

3.2.1 Banque T_{1n} : T_{11} T_{12} T_{13}→ banque T_{1n} D : T_{11}D T_{12}D T_{13}

3.2.2 Banque T_{2n} : T_{21} T_{22} T_{23}→ banque T_{2n} D : T_{21}D T_{22}D T_{23}D

3.3 Réaction de réduction………………………...…P166

3.3.1 banque T_{1n} D : T_{11}D T_{12}D T_{13}D → banque T_{1n} DR : T_{11}DR T_{12}DR T_{13}DR

3.3.2 banque T_{2n} D : T_{21}D T_{22}D T_{23}D→ banque T_{2n} DR : T_{21}DR T_{22}DR T_{23}DR

3.4 Réaction de sulfatation………………………..…...P169

3.4.1 banque T_{1n} DR : T_{11}DR T_{12}DR T_{13}DR → banque T_{1n} DRS : T_{11}DRS T_{12}DRS T_{13}DRS

3.4.2 banque T_{2n} DR : T_{21}DR T_{22}DR T_{23}DR → banque T_{2n} DRS : T_{21}DRS T_{22}DRS T_{23}DRS

3.5 Réaction de saponification……………………..………….P171

3.5.1 banque T_{1n} DRS : T_{11}DRS T_{12}DRS T_{13}DRS → banque T_{1n} DRSSa : T_{11}DRSa T_{12}DRSSa T_{13}DRSSa

3.5.2 banque T_{2n} DR : T_{21}DR T_{22}DR T_{23}DR → banque T_{2n} DRSSa : T_{21}DRSSaT_{22}DRS T_{23}DRS

3.6 Séparation et caractérisation des tétrasaccharides…....P173

3.6.1 banque T_{1n} DRSSa : T_{11}DRSSa T_{12}DRSSa T_{13}DRSSa

3.6.1.1 Séparation

3.6.1.2 Caractérisation

3.6.2 banque 2 DRS : T_{21}DRS T_{22}DRS T_{23}DRS

3.6.2.1 Séparation

3.6.2.2 Caractérisation

TROISIEME PARTIE : PARTIE EXPERIMENTALE. P177

REFERENCES BIBLIORAPHIQUES……. …………………....P235

ABREVIATIONS

A	Ac	acétate
	AcOEt	acétate d'éthyle
	allOC	Allyloxycarbonyle
	Ar	aromatique
B	Bn	benzyle
	br. s	Broad singulet
	Bu	butyle
	Bz	benzoyle
C	CCM	chromatographie sur couche mince
	COSY	corrélation spectroscopie
D	d	doublet
	dd	doublet de doublet
	ddt	doublet de doublet de triplet
	DIAD	diisopropylazodicarboxylate
	DMF	N,N-diméthylformamide
	DMSO	diméthylsulfoxyde
E	éq	équivalent
	Et	éthyle
G	GAG	glycosaminoglycane
	Gal	Galactose
	GlcA	acide glucuronique
	Glc	glucose
	GlcN	glucosamine
	gem	géminé
H	Hz	hertz
I	iprOH	isopropanol

	IR	infra-rouge
J	*J*	constante de couplage
L	Lev	levulinoyle
M	m	multiplet
	Me	méthyle
	MeONa	méthanolate de sodium
	mp	4-méthoxyphényle
P	Ph	phényle
	Phth	phtaloyle
	pMBn	paraméthoxybenzyle
	ppm	partie par million
Q	q	quadruplet
R	RMN	résonance magnétique nucléaire
S	s	singulet
T	t.a.	température ambiante
	TCA	trichloroacétimidate
	t	triplet
	THF	tétrahydrofurane
	TMS	tétraméthylsilyle
	TMSOTf	triflate de triméthyle silyle
	TBDMSOTf	trilate de terbutylediméthylesilyle

PREMIERE PARTIE : INTRODUCTION

1-INTRODUCTION GAGs

1.1 Les glycosaminoglycanes (GAGs)

1.1.1 Qu'est-ce que c'est ?

Les glycosaminoglycanes sont une famille de polysaccharides linéaires et sulfatées présentant un motif disaccharidique de base répétitif contenant toujours une hexosamine (glucosamine ou galactosamine) et un autre sucre non azoté qui est un acide uronique (acide glucuronique ou acide iduronique) **(schéma 1)**. On peut distinguer deux types de GAGs:

- les galactosaminoglycanes pour lesquels l'hexosamine possède la configuration du galactose. Sont concernés le chondroïtine sulfate et le dermatane sulfate.

- les glucosaminoglycanes pour lesquels l'hexosamine possède la configuration du glucose. Sont concernés l'héparine, l'héparane sulfate, le hyaluronate et le kératane sulfate. Notons cependant que pour le kératane, le D-galactose est à la place de l'acide uronique. La différence entre l'héparine et l'héparane sulfate est plus subtile, elle fera l'objet d'une partie dans la suite du manuscrit.

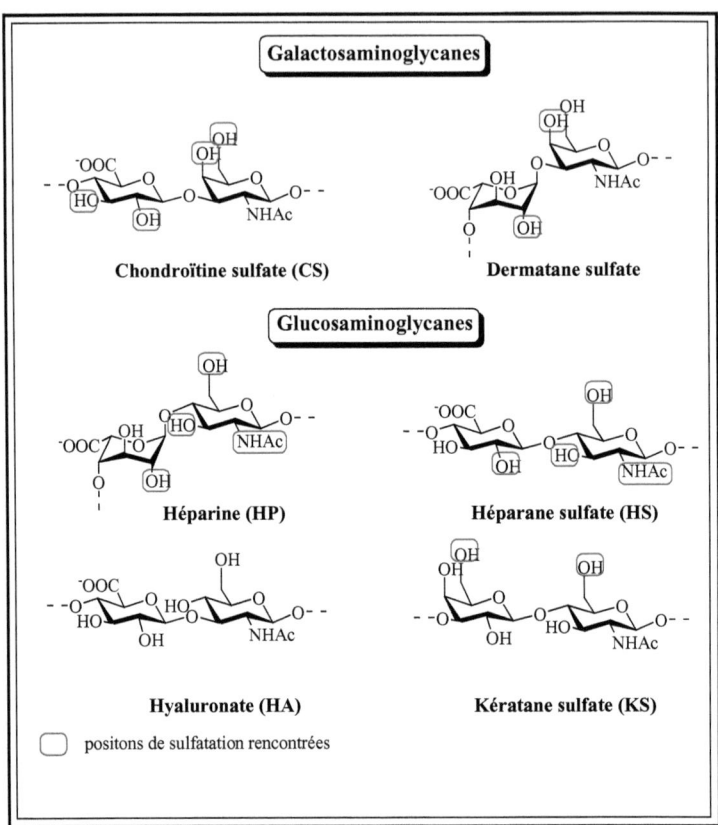

Schéma 1 : Motifs disaccharidiques des GAGs

La taille moléculaire des glycosaminoglycanes peut varier de 3 à 100 kDa (sachant que 15 kDa représentent environ 30 unités disaccharidiques. On note aussi que les polymères d'acide hyaluronique peuvent être beaucoup plus longs : de 100 à 10 000 kDa.

1.1.2 Où les trouve-t-on ?

Les chaînes des GAGs sont présentes à la surface de certaines membranes cellulaires liées le plus souvent par une liaison covalente à une protéine transmembranaire formant ainsi les protéoglycanes. On les trouve aussi dans les tissus conjonctifs et dans la matrice extracellulaire.

1.2 Les protéoglycanes (PGs)

1.2.1 Description

Les protéoglycanes sont une classe de glycoprotéines comportant une charpente protéinique à laquelle sont greffés par covalence un ou plusieurs polysaccharides sulfatés (GAGs) **(schéma 2)**. Il est à noter cependant que dans le cas du hyaluronate (GAG non sulfaté) la liaison n'est pas covalente.[1]

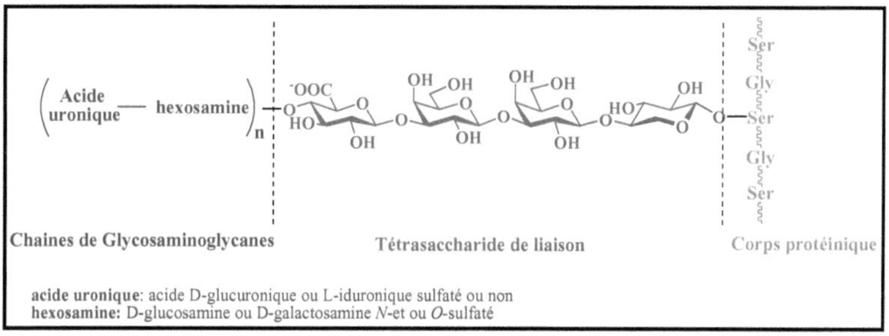

$\left(\text{Acide uronique} — \text{hexosamine}\right)_n$ ⋯ Tétrasaccharide de liaison ⋯ Corps protéinique (Ser-Gly-Ser-Gly-Ser)
Chaines de Glycosaminoglycanes   Tétrasaccharide de liaison   Corps protéinique
acide uronique: acide D-glucuronique ou L-iduronique sulfaté ou non **hexosamine**: D-glucosamine ou D-galactosamine *N*-et ou *O*-sulfaté

Schéma 2 : Structure d'un protéoglycane

La taille et la structure des protéoglycanes varient énormément. Il existe des protéoglycanes intracellulaires, extracellulaires et matriciels. Leur localisation dans l'organisme est liée à la nature des chaines des GAGs : peau (dermatane sulfate), cornée (kératane sulfate), cartilage (chondroïtine sulfate), matrice extracellulaire (hyaluronate). Jusqu'à présent plus de vingt espèces différentes du cœur protéinique ont été identifiées.

On peut procéder à un regroupement simplifié en fonction de leurs propriétés structurales et/ou de leur localisation[1c] :

---

[1] a : T.E. Hardingham, A.J. Fosang, *Faseb Journal* **1992**, *6*, 861
   b : L. A. Fransson, *TIBS*, **1987**, *12*, 406
   c : C. Praillet, J.-A. Grimaud, H. Lortat-Jacob, *Médecines : sciences* **1998**, *14*, 412

- les protéoglycanes extracellulaires de large masse moléculaire (aggrécane, versicane)
- les protéoglycanes de petite taille, possédant des domaines riches en leucines
- les protéoglycanes associés aux cellules (serglycines, syndéanes, bétaglycanes)
- les protéoglycanes de membranes basolatérale (perlécanes, agrin, bamacane)
- les protéoglycanes du tissu nerveux (phosphacanes, neurocane, glypicane)

Les protéoglycanes sont donc remarquables par leur diversité. Une matrice donnée peut contenir différents types de charpente protéique dont chacune porte un nombre variable de chaînes oligosaccharidiques de compositions et de longueurs diverses. C'est pourquoi une masse moléculaire et une densité de charge moyenne ne peuvent être attribuées à ces molécules.

1.2.2 Historique

Les protéoglycanes sont des macromolécules ayant une structure très complexe et très hétérogène c'est pourquoi ils sont restés longtemps méconnus.

L'aggrécane est la première molécule de protéoglycane découverte au cours du XIXème siècle. C'est aussi la plus étudiée. Elle constitue le principal composant du cartilage et possède de loin la plus large masse moléculaire (environ 2500 kDa) chez les animaux. Les études menées sur cette macromolécule ont permis d'acquérir une connaissance fondamentale sur les structures des protéoglycanes. La protéine de cœur (210 à 250 kDa, en l'absence des chaînes de GAGs) est associée par des interactions non covalentes à des chaînes d'acides hyaluroniques, tandis que des centaines de chaînes de GAGs polyanioniques sont liées de manière covalente au reste de la protéine. Grâce à la nature fortement hydrophile du hyaluronate, longue chaîne chargée négativement (pouvant contenir 100000 monosaccharides, représentant une structure longiligne de 20 µm), l'aggrécane forme des gels hydratés. Il contribue à l'élasticité et à la rigidité des tissus.

A partir des années soixante-dix, l'étude des protéoglycanes se focalise sur les glycoprotéines de surface. En effet, leur propriété remarquable est de réagir de façon spécifique avec un nombre important de facteur de croissance et de protéines-clés du métabolisme. De telles interactions sont souvent cruciales pour les fonctions biologiques des ces protéines.[2] Ces protéoglycanes participent à de nombreux processus d'interaction cellulaire : régulation des évènements cytotoxiques (processus d'inflammation, défense immunitaire), interaction avec des facteurs de croissance, reconnaissance cellulaire... Les chaînes de GAGs sont souvent à l'origine de ces nombreuses propriétés biologiques.

1.2.3 Biosynthèse

La biosynthèse d'un protéoglycane débute par la formation de la protéine centrale. Un tétraholoside **(GlcAβ(1→3)Galβ(1→3)Galβ(1→4)-Xyl)** est ensuite greffé sur certaines des sérines de la protéine par liaison entre le xylose et la fonction hydroxyle de ces sérines. Les chaînes des GAGs sont ensuite polymérisées à partir de ces zones d'ancrage. La synthèse des GAGs nécessite l'action coordonnée et concertée d'enzymes très spécifiques (transférases, épimérases, sulfotransférases) adjacentes dans la membrane du réticulum endoplasmique et de l'appareil de Golgi. La

---

[2] a : J. A Rada, P. K. Cornuet, J.R. Hassel, *Exp. Eye Res.* **1993**, 56, *6*, 635-648
b : D.R. Friedlander, P.Milev, L.Karthikeyan, R.K.Margolis, M.J. Grumet, *Cell. Biol.* **1994**, *125*, 669

synthèse commence par un ajout successif alterné de deux précurseurs activés. Puis, une multitude de réactions biochimiques (N-désacétylation, N- et O-sulfatatons, épimérisation) modifient les deux oses constitutifs du motif de base et cela de manière hétérogène le long de la chaîne.

1.3 Rôle des GAGs

Le degré d'épimérisation des acides hexuroniques, associé à une sulfatation variable des unités saccharidiques confèrent aux glycosaminoglycanes une hétérogénéité structurale presque infinie, leur permettant d'exercer un éventail de fonctions très diversifiées.[3]

1.3.1 Structure

Liés ou non à des protéines, les GAGs sont présents presque partout dans le corps humain et contribuent à apporter des propriétés particulières aux différents tissus (**tableau I**).

Nature du GAG	Localisations principales
Chondroïtine sulfate	Cartilage, os, valves du cœur Composant des surfaces cellulaires
Dermatane sulfate	Peau, vaisseaux sanguins valves du coeur Composant des surfaces cellulaires

---

[3] a : J.J. Feige and A. Baird, *Med. Sci.* **1992**, *8*, 805
b : C.Nathan, M. Sporn, *J. Cell. Biol.* **1991**, *113*, 981

Héparane sulfate	Membranes basolatérales, Composant des surfaces cellulaires
Héparine	Composants des granules intracellulaires au niveau des artères, des poumons, du foie et de la peau
Kératane sulfate	Cornée, cartilage, os, disque intervertébral
Hyaluronate	Matrice extracellulaire, tissus conjonctifs, peau, cartilage, liquide synovial

Tableau I

1.3.2 Interactions avec les protéines

En plus de leur rôle de structure, les glycosaminoglycanes interagissent avec de nombreuses protéines telles que les cytokines, les chimiokines et les protéines virales de façons très différentes de part leur très grande diversité moléculaire **(schéma 3)**.

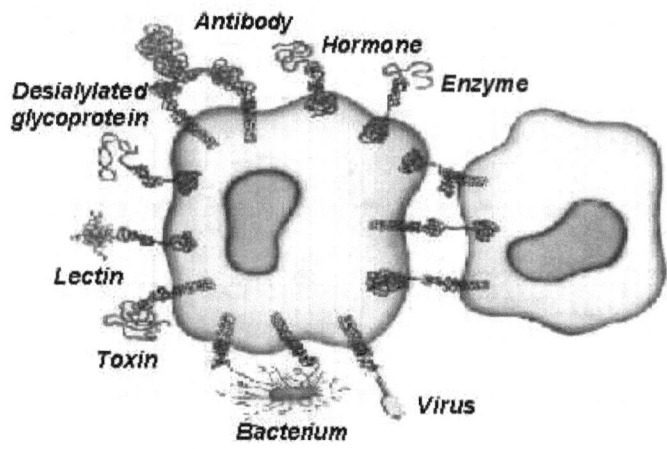

Schéma 3 : Diverses intéractions des sucres

1.3.2.1 Activité biologique de l'acide hyaluronique

Les rôles biologiques sont très diversifiés et dépendent de la longueur de la chaîne. Les chaînes de haut poids moléculaire montrent des propriétés anti-angiogéniques[4] alors que les fragments comportant de 4 à 25 unités disaccharidiques stimulent la prolifération et la migration des cellules endothéliales et induit l'angiogénèse.[5] Les applications médicales sont très liées à la grande capacité de liaison à l'eau et la viscoélasticité.

1.3.2.2 Activité biologique du chondroïtine sulfate

Des très nombreuses combinaisons de sulfatation possibles découlent des propriétés biologiques très différentes. Certains motifs interviennent dans des processus tels que la reconnaissance cellule-cellule,[6] l'ostéoarthrite,[7] l'activation de l'activité anticoagulante médiée par AT-III.[8] D'autres plus sulfatés semble jouer un rôle dans le développement du cerveau.[9]

1.3.2.3 Activité biologique du dermatane sulfate

Les propriétés biologiques les plus étudiées du dermatane sulfate sont les activités anticoagulantes[10] et antithrombiques.[11] Il semble aussi que celui-ci joue un rôle anti-oncogénique.[12] De même il est impliqué dans la régulation de l'activité du facteur de croissance des hépatocytes[13] et il a un effet en tant que médiateur de la réponse de FGF-2.[14]

---

[4] R. N. Feinberg, D. Beebe, *Science*, **1983**, *220*, 1170-1179
[5] D. C.West, I. N.Hampson, F. Arnold, S. Kumar, *Science*, **1985**, *228*, 1324-1326
[6] S. Jalkanen, M.Jalkanen, *J. Cell. Biol.*, **1992**, 116, 817-825
[7] S. L. Carney, M. E. Billingham, B. Caterson, A. Ratcliffe, M. T. Bayliss, T. E. Hardingham, H. Muir, *Matrix*, **1992**, 137-147
[8] J. Aikawa, M. Isemura, H. Munakata, N. Ototani, C. Kodoma, N. Hayashi, K. Kurosawa, K. Yoshinaga, K. Tada, Z. Yosizawa, *Biochim. Biophys. Acta*, **1986**, *883*, 83-90
[9] D. Lander, *Current Opin. Neurobiol.*, **1993**, *3*, 716-723
[10] A. M. Maimone, D. M. Tollefsen, *J. Biol. Chem.*, **1990**, *265*, 18263-18271
[11] R. J. Linhardt, U. R. Desai, J. Liu, A. Pervin, D. Hoppenstaedt, J. Fareed, *J. Biochem. Pharmacol.*, **1994**, *47*, 1241-1252
[12] M. Santra, I. Eichstetter, R. V. Iozzo, *J. Biol. Chem.*, **2000**, *275*, 35153-35161
[13] M. Lyon, J. A. Deakin, H. Rahmoune, D. G. Fernig, T. Nakamura, J. T. Gallagher, *J. Biol. Chem.*, **1998**, *273*, 271-278
[14] S. F. Penc, B. Pomahac, T. Winkler, R. A. Dorschner, E. Eriksson, M. Herndon, R. L. Gallo, *J. Biol. Chem.*, **1998**, *273*, 28116-28121

1.3.2.4 Activité biologique de l'héparine/héparane sulfate

Les activités biologiques des protéoglycanes de l'héparine/héparane sulfate résultent principalement des interactions spécifiques de leur chaînes avec les protéines.[15] L'exemple le plus connu est l'interaction de l'héparine avec l'ATIII responsable de l'activité anticoagulante.[16] Deux revues[17] de Petitou et van Boekel récapitulent toutes les synthèses des analogues du pentasaccharide d'héparine se liant à ATIII. Ces chaînes de GAGs régulent aussi beaucoup d'autres processus physiologiques.[18] L'héparane sulfate, sous forme de protéoglycanes, participe à de nombreux processus physiologiques tels que la coagulation du sang, l'adhésion cellulaire, le métabolisme des lipides, et la régulation des facteurs de croissance.[19]

1.4 L'héparine/héparane sulfate (HP/HS)

1.4.1 Historique

L'héparine dont les propriétés anticoagulantes sont bien connues est un polysaccharide biologiquement important et chimiquement unique. L'héparine a été découverte en 1916 par Jay McLean un étudiant en médecine travaillant sous la direction du physiologiste Howell.[20] La compréhension de la structure de l'héparine s'est développée progressivement. En 1928 Howell identifia correctement un des sucres de

---

[15] I. Capila, R. J. Linhardt, *Angew. Chem. Int. Ed. Engl.*, **2002**, *41*, 390-412
[16] H. C. Hemker, A. M. Fisher, P. Cornu, *Héparines*, 1980-1987
[17] a : C.A.A. van Boeckel, M. Petitou *Angew. Chem. Int. Ed. Engl.*, **1993**, *32*, 1671-1690
   b : M. Petitou and C. A. A. van Boeckel *Angew. Chem. Int. Ed. Engl.*, **2004**, *43*, 3118-3133
[18] S. Kobayashi, H. Morii, R. Itoh, S. Kimura, M. Ohmae, *J. Am. Chem. Soc.*, **2001**, *123*, 11825-11826
[19] M. Bernfield, M. Götte, P. W. Park, O. Reizes, M. L. Fitgerald, J. Lincecum, M. Zako, *Annu. Rev. Biochem*, **1999**, *68*, 729-777
[20] a : R. J. Linhardt, *Chem. Ind.* **1991**, *2*, 45-50
   b: L. Roden, *Heparin : Chemical and Biological Properties*, (Eds.:D. A. Lane, U. Lindahl), CRC,**1989**, 1-24

l'héparine comme étant un acide uronique.[21] Entre 1935 et 1936, Jorpes et Bergstrom[22] ont trouvé le deuxième sucre entrant dans la composition de l'héparine comme étant la glucosamine. Jorpes et plus tard Charles ont établi que l'héparine contenait un niveau élevé de sulfates liés de manière covalente.[23] Cela en faisait une des molécules les plus acides existant dans la nature. Les études qui suivirent ont aussi identifié la liaison 1-4 entre le carbone 1 de la glucosamine et le carbone 4 de l'acide uronique. La position des groupes O-sulfatés a aussi été déterminée.[20] En 1968, Perlin et son équipe confirme grâce à la RMN que l'acide uronique est un acide L-iduronique.[24] Enfin il a été mis en évidence que l'héparine était un polysaccharide linéaire sulfaté composé d'un disaccharide répétitif de base.

En 1935, Jorpes et Charles, en possession de suffisamment d'héparine de pureté satisfaisante, ont réalisé les premiers tests cliniques. Les propriétés anticoagulantes[25] de l'héparine ont rapidement été établies par Crafoord et Best. Cependant, L'utilisation de l'héparine conduit à des effets secondaires indésirables. Cette observation a poussé à fractionner l'héparine en fragments de bas poids moléculaire. Ces fragments ont des propriétés biologiques et chimiques mieux définies.[26]

En 1973, Rosenberg et Damus ont suggéré qu'il existait une interaction entre l'antithrombine[27] et l'héparine causant un changement conformationnel de l'antithrombine III. Enfin la séquence minimale de l'héparine interagissant a été identifiée.[28]

---

[21] H. W. Howell, *Bull. Johns Hopkins Hosp.* **1928**, *42*, 199
[22] E. Jorpes, S. Bergstrom, *Z. Physiol. Chem.* **1936**, *244*, 253-256
[23] A. F. Charles, A. R. Todd, *Biochem. J.* **1940**, *34*,112-118
[24] A. S. Perlin, M. Mazurek, L. B. Jacques, L. W. Kavanaugh, *Carbohydr. Res.* **1968**, *7*, 369-379
[25] a: L. Roden, D. S. Feingold, *Trends Biochem. Sci.* **1985**, *10*, 407-409
    b: C. H. Best, *Circulation* **1959**, *19,* 79
[26] a: J. Choay, J. C. Lormeau, M. Petitou, P. Sinaÿ, J. Fareed, *Ann. N. Y. Acad. Sci.* **1981**, *370*, 644-649
    b: R. Pixley, I. Danishefsky, *Thromb. Res.* **1982**, *26*, 129-133
[27] R. J. Linhardt, N. S. Gunay, *Semin. Thromb. Hemostasis* **1999**, *25*, 5-16
[28] R. D. Rosenberg, P. S. Damus, *J. Biol. Chem.* **1973**, *248*, 6490-6505

Ces vingt dernières années, de nombreuses activités biologiques impliquant l'interaction entre l'héparine ou l'héparane sulfate et des protéines ont été découvertes. Ces interactions jouent un rôle important dans les processus physiologiques normaux et pathologiques.[29]

1.4.2 Structure de l'héparine/héparane sulfate

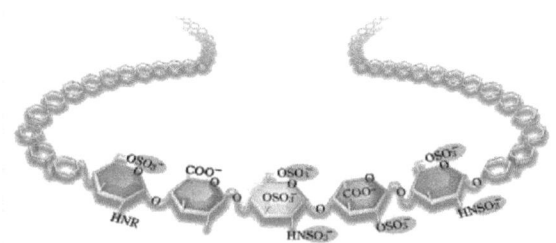

Schéma 4 : Chaîne d'HP/HS

1.4.2.1 Héparine

L'héparine est un polymère constitué d'unités répétitives de résidus d'acide pyranosyluronique lié de manière (1→4) aux résidus 2-amino-2-deoxyglucopyranose.[30] L'acide L-idopyranosyluronique représente 90% de l'acide uronique présent ; les 10% rsetant sont l'acide D-glucuronique. L'héparine a la densité de charge négative la plus élevée par rapport à toute autre macromolécule biologique connue. C'est le résultat de son fort contenu en groupes chargés négativement : groupes sulfates et carboxylates. L'héparine a un poids moléculaire moyen situé entre 5 et 40 kDa avec un poids moléculaire moyen de 15kDa et une charge négative moyenne de -75 **(tableau 2)**.

---

[29] a : U. Lindahl, G. Bäckström, M. Höök, L. Thunberg, L.-A. Fransson, A. Linker, *Proc Natl. Acad. Sci.* USA **1979**, *76*, 3198-3202
  b : R. D. Rosenberg, L. Lam, *Proc Natl. Acad. Sci.* USA **1979**, *76*, 1218-1222
[30] a : B. Casu, *Adv. Carbohydr. Chem. Biochem.* **1985**, *43*, 51-134
  b : W. D. Comper, *Heparin and Related Polysaccharides*, Vol. 7, Gordan and Breach, **1981**

Le disaccharide le plus occurrent est trisulfaté **(schéma 4)**. Cependant, des variations structurales existent, conduisant à de multiples microhétérogénéités :
- Le groupement amino de la glucosamine peut être substitué ou pas par un groupe sulfate ou acétate
- Les positions 3 et 6 de la glucosamine peuvent être sulfatées ou non
- L'acide uronique peut être iduronique ou glucuronique
- La position 2 de l'acide uronique peut être sulfatée

La plupart des propriétés physiques et chimiques de l'héparine sont liées à une structure ou une séquence du GAG, à la conformation, à la flexibilité de la chaîne, au poids moléculaire et à la densité de charge.

1.4.2.2 Héparane sulfate

L'héparane sulfate est structurellement proche de l'héparine[20b] mais il est beaucoup moins substitué en groupes sulfates ce qui se traduit par une proportion plus importante de groupements amino-N-acétylés, en outre il possède plus de séquences variables. Ce dernier point fait que la structure et la séquence de l'héparane sulfate est plus complexe encore. Contrairement à l'héparine, le résidu d'acide D-glucuronique est majoritaire par rapport au L-iduronique **(schéma 5)**. Les chaînes d'héparane sulfate sont généralement plus longues que celles de l'héparine. Ces molécules ont un poids moléculaire moyen de 30 kDa **(tableau 2)**.[31]

L'héparane sulfate est lié à deux grand types de protéines : les syndécanes (protéines transmembranaires) et les glypicanes (protéines à ancre GPI).[32]

---

[31] C. C. Griffin, R. J. Linhardt, C. L. VanGorp, T. Toida, R. E. Hileman, R. L. Schubert, S. E. Brown, *Carbohydr. Res*. **1995**, *276*, 183-197

[32] a : J. T. Gallagher, J. E. Turnbull, M. Lyon, Adv. *Exp. Med. Biol.*, **1992**, *313*, 49-53
  b : M. Bernfield, R. Kokeyesi, M. Kato, M. T. Hinkes, J. Spring, R. L. Gallo, E. J. Lose, *Annu. Rev. Cell. Biol.* **1992**, *8*, 365-393

Il se trouve aussi partout distribué à la surface cellulaire et dans la matrice extracellulaire.[33]

1.4.2.3 Récapitulatif

	Héparine	Héparane sulfate
Poids moléculaire moyen	15 kDa	30 kDa
Acide uronique majoritaire	Acide L-iduronique	Acide D-glucuronique
Sulfatation	Très sulfaté	Moins sulfaté
Séquence variable		Plus occurrente

Tableau 2

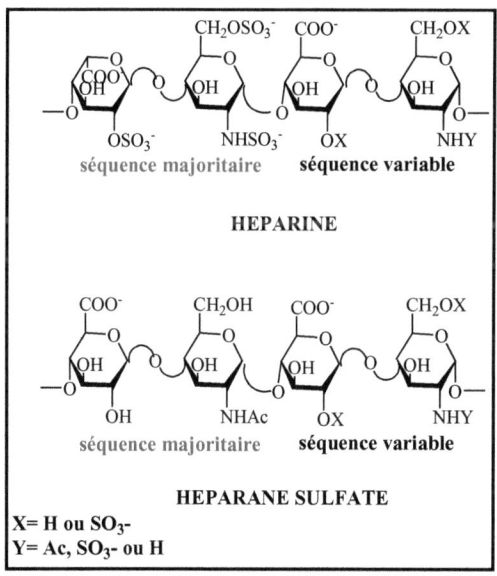

Shéma 5 : motifs disacchariques répétitifs de HP et HS

---

[33] U. Lindahl, K. Lindholt, D. Spillmann, L. Kjellen, *Thromb. Res.*, **1994**, *75*, 1-32

1.4.3 Conformation HS/HP

La structure secondaire de l'héparine est hélicoïdale.[34] Comme les protéines, l'héparine adopte une structure tertiaire. Il semble que les groupes sulfates et carboxyles ont une orientation définie pour pouvoir interagir spécifiquement avec les protéines.[35] Enfin il est reconnu que la flexibilité conformationnelle du résidu L-iduronique doit être responsable du large champ d'interactions spécifiques avec les protéines.[36]

L'analyse de la conformation des monosaccharides pris individuellement indique que les dérivés de la glucosamine et de l'acide D-glucuronique sont sous la forme $^4C_1$ (**schéma 6**). [37] Par contre la conformation du dérivé de l'acide L-iduronique très flexible varie en fonction des motifs de substitution ainsi que de la position relative dans la chaine de glycosaminoglycanes.[38, 39]

---

[34] Mulloy, B., Forster, M. J., Jones, C., Davies, D. B., *Biochem. J.*, **1993**, *293*, 849-858
[35] B. Mulloy, R. J. Linhardt, *Curr. Struct., Biol.*, **2001**, *11*, 623-628
[36] B. Casu, *Haemostasis*, **1990**, *20*, 62-73
[37] a : U. R. Dasai, H. M. Wang, T. R. Kelly, R. J. Linhardt, *Carbohydr. Res.,* **1993**, *241*, 249-259
   b : G. Torri, B. Casu, G. Gatti, M. Petitou, J. Choay, J.-C. Jacquinet, P. Sinaÿ, *Biochem. Biophys. Res. Commun.,* **1985**, *128*, 134-140
[38] P. N. Sanderson, T. N. Huckerby, I. A. Nieduszynski, *Biochem. J.,* **1987**, *243*, 175-181
[39] a : D. R. Ferro, A. Provasoli, M. Ragazzi, G.Torri, B. Casu, J.-C. Jacquinet, P.,M. Sinaÿ, M. Petitou , J. Choay, , *J. Am. Chem. Soc.,* **1986**, *108,* 6773-6778
   b : C. A. van Boeckel, S. F. van Aelst, G. N.Wagenaars, J.-R. Mellema, H. Paulsen, T. Peters, A. Pollex, V. Sinnwell, *Recl. Trav. Chim.* Pays Bas **1987**, *106*, 19-29

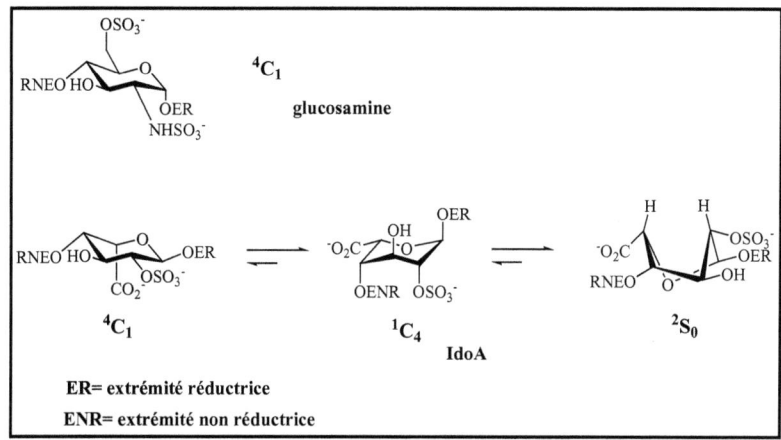

Schéma 6 : flexibilité conformationnelle de l'acide L-iduronique

1.4.4 Interaction avec les protéines

Avec la découverte du nombre toujours croissant des protéines se liant à l'héparine, il était nécessaire de caractériser les propriétés moléculaires du GAG responsable de la reconnaissance spécifique **(tableau 3)**.

Le site de fixation de l'héparine est observé sur la surface externe de la protéine et correspond à des cavités peu profondes de charge positive. Il faut alors déterminer quelle est la séquence du GAG impliquée dans l'interaction spécifique.

La nature des interactions entre l'héparine et la protéine est d'abord ionique[15] et basée sur la présence et la position appropriée des groupes sulfates et carboxyles. Parfois les interactions non ioniques telles que les liaisons hydrogènes[40] ont une contribution significative. Il est à noter que, bien que mineures, des forces hydrophobes peuvent aussi jouer un rôle dans les interactions.

---

[40] R. E. Hileman, R. N. Jennings, R. J. Linhardt, *Biochemistry* **1998**, *37*, 15231-15237

Ces vingt dernières années, il a été montré que l'héparine et l'héparane sulfate interagissaient avec de nombreuses protéines importantes sur la plan biologique. Ces chaines de GAGs jouent donc un rôle essentiel dans la régulation de processus physiologiques variés.

La compréhension de ces interactions au niveau moléculaire est capitale pour la synthèse d'agents thérapeutiques hautement spécifiques. En outre, la compréhension de la spécificité de HS/HP est nécessaire pour comprendre le processus physiologique normal et physiopathologique.

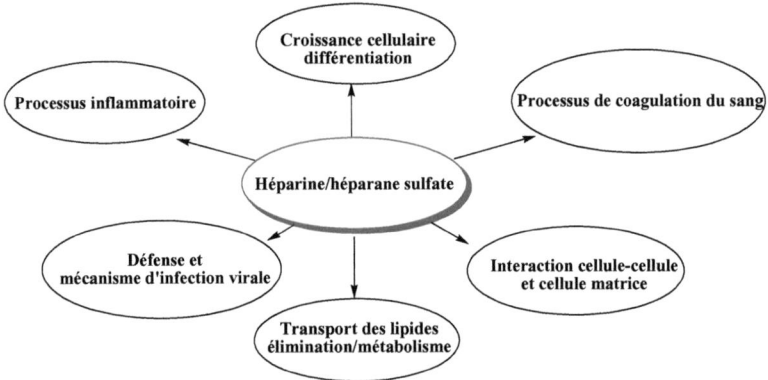

Schéma 7 : interaction de HP/HS avec les protéines

Voici quelques exemples de familles de protéines réagissant avec les héparines/héparane sulfate.

Protéines	Rôle physioloque/pathologique	Taille de la séquence spécifique
Protéase/estérase ATIII	Coagulation	5
Facteur de croissance FGF-1	Prolifération, différentiation Morphogénèse, angiogénèse	4-6

Chimiokines IL-8 SDF-1α	Cytokine pro-inflammatoire Médiateur pro-inflammatoire	18-20 12-14
Protéine liée aux lipides Annexine V	Anticoagulant Entrée virale de l'hépatite B	8
Protéine pathogène HIV-1 gp120	Entrée virale	10
Protéines d'adhésion fibronectine	Adhésion et traction	12-14

Tableau 3

Le pentasaccharide représenté ci-dessous **(schéma 8)** d'héparine est spécifique de l'interaction avec l'antithrombine III. Ce motif est rare et n'intervient que dans le tiers de la chaîne. Ce qui le distingue est le groupe 3-O-sulfate sur le dérivé de la glucosamine interne. Cette substitution est absolument essentielle pour la haute affinité avec l'antithrombine. [41]

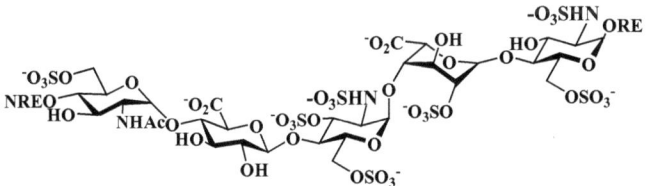

Schéma 8:Structure du pentasaccharide se liant à l'antithrombine III

---

[41] U. Lindahl, G. Bäckström, M. Höök, L. Thunberg, I. G. Leder, *Proc Natl. Acad. Sci.* USA **1980**, *77*, 6551-6555

2-SYNTHESE DES GAGs

2.1 Différentes approches de synthèses des glycosaminoglycanes

Les stratégies les plus répandues reposent sur deux points capitaux :
- manipulation de groupements protecteurs efficaces
- des étapes de glycosylations stéréosélectives

En effet, pour ces molécules à haute valeur ajoutée à cause du grand nombre d'étapes nécessaires pour les synthétiser, un rendement élevé et une grande stéréosélectivité au niveau de l'étape du couplage sont des paramètres critiques pour une synthèse d'oligosaccharide réussie.

Certains facteurs peuvent influencer la stéréosélectivité au niveau du rapport α/β pendant les glycosylations :
- Le plus important est la nature du substituant en C2 du donneur
- Le second est la nature et les groupements protecteurs des accepteurs et des donneurs
- Le dernier est la nature du groupe partant situé sur la position anomérique

2.1.1 Nature du substituant en C2 du donneur

2.1.1.1 Liaison glycosidique 1,2-trans

La formation de la liaison glycosidique 1,2-trans est capitale pour la synthèse de HA, CS et DS. Pour diriger la stéréosélectivité, différentes méthodes sont utilisées :

- placer un groupe participant en C2 :
    - des esters pour les acides uroniques
    - des groupements N-Phtaloyle, NH-trichloroethoxycarbonyle, NH-trichloroacétyle comme précurseurs de N-Acétyles
- placer un groupe non-participant tel que N_3 qui donne normalement une liaison 1,2-cis, sauf si on utilise un solvant participant, un catalyseur et une température adaptée.[42] L'introduction du groupe azido représente cependant un coût synthétique supplémentaire.

2.1.1.2 Liaison glycosidique 1,2-cis

Pour la synthèse d'héparine/héparane sulfate, il faut créer des liaisons glycosidiques 1,2-cis. Pour diriger la stétéosélectivité, le groupe amino à la position 2 de la glucosamine est masqué sous la forme du groupe azido non participant[43] pour réduire la formation du glycoside β lors du couplage. Il est important dans ce cas d'utiliser un solvant peu polaire.

2.1.2 Nature et groupements protecteurs des accepteurs et des donneurs

2.1.2.1 Paramètres influançant le stéréosélectivité d'une glycosylation

La structure du sucre donneur ou accepteur peut avoir une grande influence sur la sélectivité α/β. En effet, des critères comme le type de sucre, la nature du groupe partant sur la position anomérique ainsi que les motifs de protection peuvent être décisifs.[44]

---

[42] G.-J. Boons and K. J. Hale, *Organic synthesis with carbohydrates*, **2000**, 110-120
[43] a : M. Haller, G.-J. Boons, *J. Chem. Soc. Perkin Trans. 1*, **2001**, 814-822
   b : K. M. Koeller, M. E. B. Smith, C.-H. Wong, *Bioorg. Med. Chem. Lett.*, **2000**, *8*, 1017-1025
   c : M. Martin Lomas, M. Flores Masquera, J. L. Chiara, *Eur. J. Org. Chem.* **2000**, 1547-1562
[44] a : C.A.A. van Boeckel, T. Beetz, S. F. Aelst, *Tetrahedron*, **1984**, *40*, 4097
   b : C.A.A. van Boeckel, T. Beetz, *Recl. Trav. Chim. Pays Bas*, **1985**, 104, 171

Les effets électroniques[45] et les contraintes conformationnelles[46] de l'agent glycosylant ont été utilisés pour contrôler la stéréochimie des réactions de glycosylation. Par contre l'étude de l'influence de la nature stérique et électronique de l'accepteur sur la glycosylation a fait l'objet de moins d'attention. Cependant deux critères sont connus pour influencer la stéréochimie de la réaction : la réactivité intrinsèque du groupe hydroxyle qui a le rôle de nucléophile (les groupes hydroxyles axiaux sont généralement moins réactifs que les équatoriaux)[47] et les facteurs stériques qui ont pour conséquences de former des paires « matched/mismatched » entre les donneurs et les accepteurs.[48] Il a été mis en évidence que la conformation du nucléophile a une grande influence sur le couplage de fragments d'héparine.[49] Une méthode de formation stéréosélective de liaison α-glucosamine a été mise au point par blocage conformationnel d'un monosaccharide accepteur.[50]

2.1.2.2 Préparation des dérivés du L-idose

L'unité L-iduronique est constitutive des fragments de dermatane sulfate ainsi que d'héparine/héparane sulfate. L'acide L-iduronique est un composé rare et non commercial. Un accès rapide et efficace à cette

---

[45] a : D. R. Mootoo, P. Konradsson, U. Udodong, B. Freiser-Reid, *J. Am. Chem. Soc.*, **1998**, *120*, 5583-5584
  b : X.-S. Yen, C.-H. Wong, *J. Org. Chem.*, **2000**, *65*, 2410-2431
[46] a : L. Green, B. Hinzen, S. J. Hince, P. Langer, S. V. Ley, S. L. Warriner, *Synlett*, **1998**, 440-442
  b : S. V. Ley, H. W. M., *Angew. Chem.*, **1994**, *106*, 2412; *Angew. Chem.*, **1994**, *33*, 2292-2294
  c : D. Crich, S. Sun, *J. Am. Chem. Soc.*, **1998**, *120*, 435-436
  d : D. Crich, W. Cai, Z. Dai, *J. Org. Chem.*, **2000**, 65, 1291-1297
  e : R. Weingart, R. R. Schmidt, *Tetrahedron Lett.*, **2000**, *41*, 8753-8758
[47] a : G.-J. Boons, *Carbohydrate Chemistry*, Blackie Academic and Professionel, London, **1998**
  b: P. Collins, R. Ferrier, *Monosaccharides*, Wiley, New York, **1995**
  c : A. H. Haines, *Adv. Carbohydr. Chem. Biochem.*, **1976**, *33*, 11-109
[48] a : N. M. Spijker, C.A.A. van Boeckel, *Angew. Chem.* **1991**, *103*, 179-182; *Angew. Chem. Int. Ed.*, **1991**, *30*, 180-183
  b : N. M. Spijker, J. E. M. Basten, C.A.A. van Boeckel, *Recl. Trav. Chim. Pays Bas*, **1993**, 112, 611-617
[49] G. J. S. Lohman and P. H. Seeberger, *J. Org Chem.*, **2004**, 2107-2117
[50] H. A. Orgueira, A. Bartolozzi, P. Schell, P. H. Seeberger, *Angew. Chem. Int. Ed.* **2002**, *41*, 2128-2131

molécule était donc nécessaire pour réaliser la synthèse de ces chaines de GAGs. Ces vingt dernières années, de nombreuses approches ont été publiées pour l'accès aux dérivés du L-idose. Beaucoup de ces techniques donnent directement accès à des dérivés d'acide L-iduronique :

- réduction radicalaire d'un intermédiaire 5-bromo uronate[51] (3) (schéma 9)

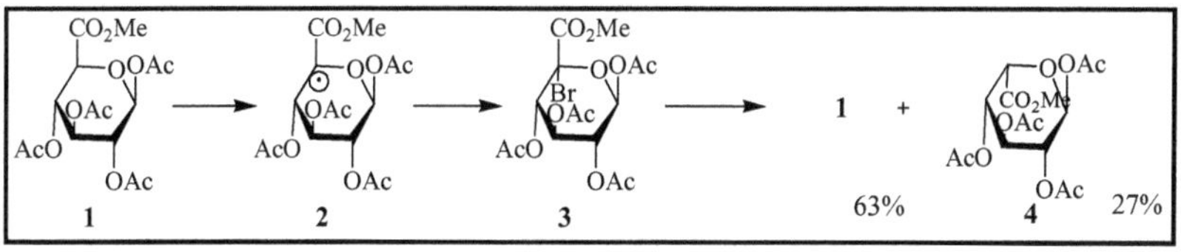

Schéma 9

- fonctionnalisation des espèces intermédiaires Δ^4 (5) des acides uroniques[52] (schéma 10)

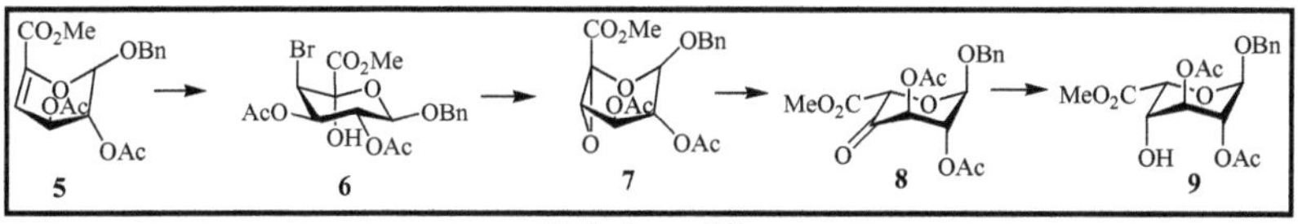

Schéma 10

- addition stéréosélective sur le D-xylo-dialdose[53] (11) (schéma 11)

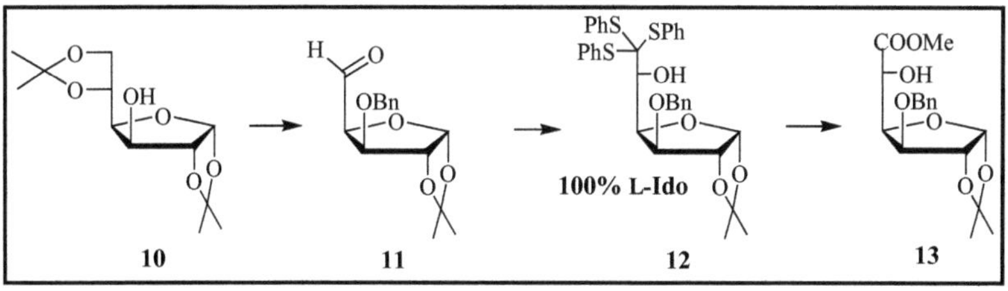

Schéma 11

---

[51] T. Chiba, P. Sinaÿ, *Carbohydr. Res.*, **1986**, *151*, 379-389
[52] H . G. Bazin, R. J. Kerns, R. J. Linhardt, *Tetrahedron Lett.*, **1997**, *38*, 923-926
[53] A. Lubineau, O. Gavard, J. Alais, D. Bonnaffé, *Tetrahedron Lett.*, **2000**, *41*, 307-311

- épimérisation des dérivés du D-GlcA **(14)**[54,55] **(schéma 12)**

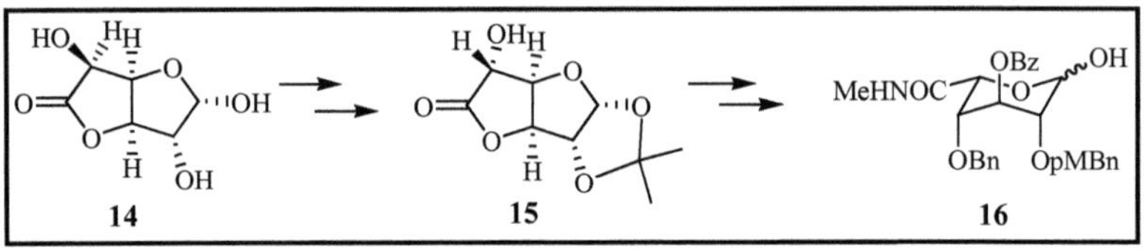

Schéma 12

- De nombreux dérivés du L-idose ont été préparés par l'hydroboration diastéréosélective d'exoglucals.[56,57]Cependant, pour des synthèses à grande échelle, ce sont plutôt les premières méthodes qui sont utilisées. Aussi bien pour la synthèse de l'héparine que pour le dermatane sulfate, on procède à la substitution nucléophile intramoléculaire sur le C5 du 3-O-benzyl-1,2-isopropylidène-α-D-glucofuranose. Cette approche d'abord décrite par van Boeckel[58] a été récemment légèrement modifiée par Barroca et Jacquinet.[59]

2.1.3 Activation du donneur

Les thioglycosides, les n-pentenyl glycosides, les bromures, les fluorures et les sulfoxydes ont été utilisés dans la synthèse des GAGs. Mais le groupe partant le plus couramment utilisé reste le trichloroacétimidate de Schmidt[60] aussi bien pour les résidus hexosamines que pour les dérivés de l'acide uronique **(tableau 4)**.[61]

---

[54] I. R. Vlahov, R. J. Linhardt, *Tetrahedron Lett.*, **1995**, *36*, 8379-8382
[55] P. Schell, H. A. Ogueira, S. Roehig, P. H. Seeberger, *Tetrahedron Lett.*, **2001**, *42*, 3811-3814
[56] T. Chiba, J. C. Jacquinet, P. Sinaÿ, M. Petitou, J. Choay, *Carbohydr. Res.*, **1988**, *174*,253-264
[57] L. Rochepeau-Jobon, J. C. Jacquinet, *Carbohydr. Res.*, **1997**, *303*, 395-406
[58] C. A. van Boeckel, T Beetz, J. N. Vos, A. J. M. de Jong, S. F. van Aelst, R. H. van den Bosch, J. M. R. Mertens, R. A. van der Vlught, *J. Carbohydr. Chem.*, **1985**, *4*, 293-321
[59] N. Barroca, J. C. Jacquinet, *Carbohydr. Res.*, **2000**, *329*, 667-679
[60] R. R. Schmidt, *Angew. Chemie*, **1986**, *98*, 213-236
[61] N. A. Karst and R. J. Linhardt, *Current Medicinal Chemistry*, **2003**, *10*, 1993-2031

	Activation C1	
	Acide uronique	Hexosamine
GAG	D-Glc, L-Ido/ D-GlcA, L-IdoA	D-GlcN, D-GalN
HA	-OC(NH)CCl$_3$, -SOPh	-OC(NH)CCl$_3$, Br
CS	-OC(NH)CCl$_3$, Br	-OC(NH)CCl$_3$
DS	-OC(NH)CCl$_3$, n-pentenyl -Br, -Cl, -SPh	-OC(NH)CCl$_3$
HP/HS	-OC(NH)CCl$_3$, Br	-OC(NH)CCl$_3$, -Cl, -F

Tableau 4

2.2 Stratégie de synthèse de l'acide hyaluronique

Il existe deux grands modes de synthèse de l'acide hyaluronique. En effet la présence d'un groupe ester sur l'acide glucuronique décroît le rendement de la glycosylation. Pour éviter ces complications, on réalise la synthèse d'analogues d'HA contenant du glucose à la place de l'acide glucuronique. A la fin de la synthèse, le dérivé du glucose est oxydé en acide. Cependant par la suite, le développement de donneurs plus puissants a permis l'utilisation directe du dérivé d'acide glucuronique dans l'étape de glycosylation.

2.2.1 Oxydation du glucose en acide glucuronique à la fin de la synthèse

La première stratégie a été utilisée par Ogawa et son équipe.[62] 1,3 équivalents du donneur **17** ont été utilisés pour préparer le disaccharide **21** avec 87%. Ensuite 2,5 équivalents du donneur **20** ont été utilisés pour

---
[62] T. Slaghek, Y. Nakahara, T. Ogawa, Tetrahedron Lett., 1992, 33, 4971-4974

préparer le trisaccharide avec 88%. Notons que pour obtenir le tétrasaccharide **44** avec 87%, 5 equivalents du donneur **19** ont été nécessaires. Suite à l'oxydation des alcools primaires en acide en utilisant la méthode de Swern couplée à un traitement à l'hypochlorite de sodium et à la déprotection simultanée des esters et des groupes N-Phtaloyles, le composé final **23** est obtenu avec 82%.

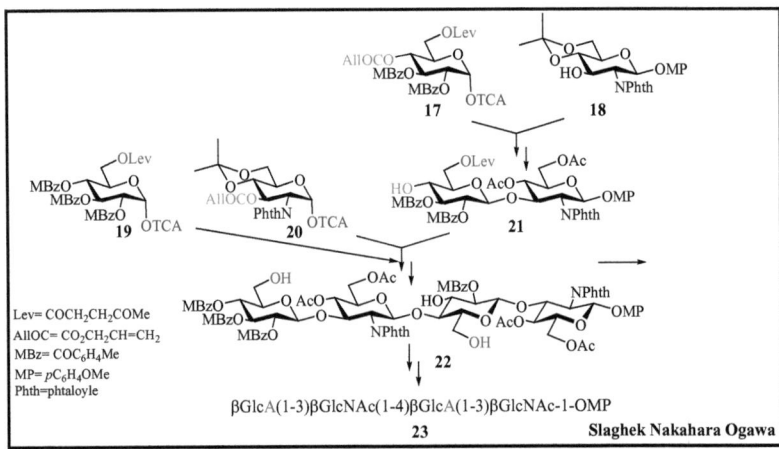

Schéma 13

2.2.2 Oxydation en fin de synthèse et glycosylation [2+2]

La même équipe a synthétisé la séquence inverse[63] **29** par une méthode de glycosylation 2+2 qui permet d'utiliser uniquement 2,5 equivalents de donneur **27** pour la synthèse du tétrasaccharide réduit obtenu avec un rendement de 81%. Suite aux réactions d'oxydation et de déprotection le composé final **29** est obtenu avec 76% de rendement.

---

[63] T. Slaghek, Y. Nakahara, T. Ogawa, J. P. Kamerling, F. G. Vliegenthart, *Tetrahedron Lett.*, **1993**, *34*, 7939

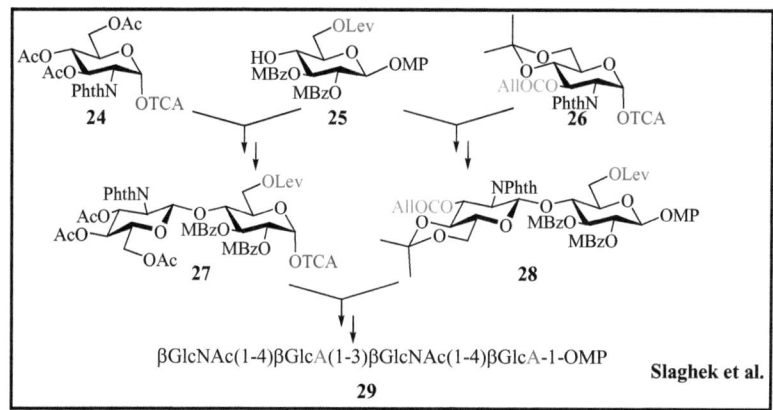

Schéma 14

2.2.3 Autre méthode d'oxydation sur des fragments longs

Il a été montré que pour des fragments plus longs la méthode d'oxydation de Swern couplée à l'oxydation avec l'hypochlorite de sodium utilisée de manière classique n'est pas efficace pour transformer l'alcool primaire en acide. D'autres conditions ont alors été utilisées.[64]

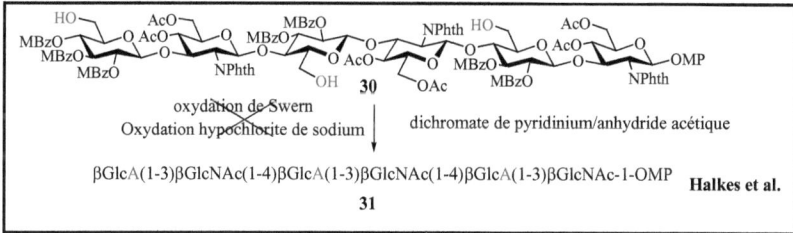

Schéma 15

2.2.4 Oxydation en acide glucuronique avant couplage et utilisation groupe participant trichloroacétyle en C2 du donneur

Une deuxième approche[65] parie sur l'utilisation d'un dérivé d'acide glucuronique en temps que donneur dans les étapes de glycosylation. Le

---

[64] K. M. Halkes, T. Slaghek, T. K. Hyppönen, P. H. Kruiskamp, T. Ogawa, J. P. Kamerling, F. G. Vliegenthart, *Carbohydr. Res.*, **1998**, *309*, 161-174
[65] G. Blatter, J.-C. Jacquinet, *Carbohydr. Res.*, **1996**, *288*, 109-125

donneur **32** possédant le groupe participant trichloroacétamido en C2 permet d'obtenir le disaccharide β attendu avec un rendement de 89%. Le couplage entre les molécules **34** et **35** conduit au tétrasaccharide avec un rendement de 87%. L'hexasaccharide est obtenu avec un rendement de 93% par couplage de **34** (1,5 equivalent) avec le tétrasaccharide transformé en accepteur par enlèvement du groupe chloroacétyle. L'octasaccharide est obtenu avec le même rendement par couplage de l'hexasaccharide accepteur avec le donneur **34** (1,7 equivalents). (**Schéma 16**)

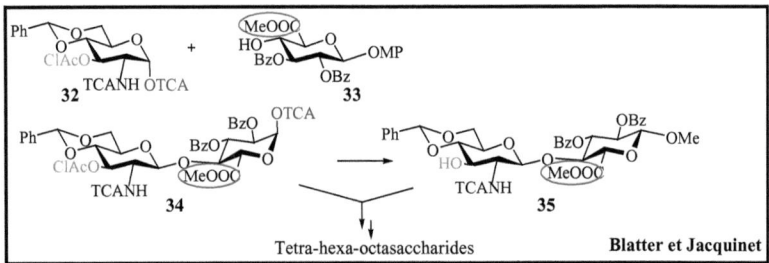

Schéma 16

2.2.5 Autre groupe participant en C 2 du donneur

L'utilisation du NH-trichloroethoxycarbonyl ou NH-Troc en position C2 du donneur comme groupe participant[66] permet d'accéder au disaccharide β désiré. Malheureusement, ce groupement est sensible aux conditions de Zemplen et se transforme alors en méthyl carbamate correspondant.

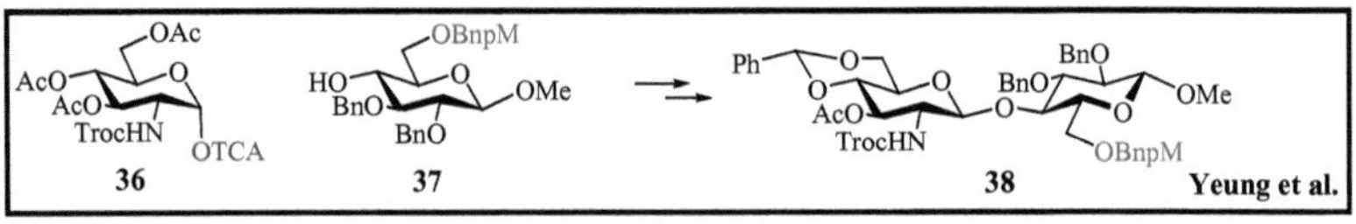

Schéma 17

---

[66] B. K. S. Yeung, D. C. Hill, M. Janicka, P.A. Petillo, *Org. Lett.*, **2000**, *2*, 1279-1282

2.3 Stratégie de synthèse du chondroïtine sulfate

Par rapport à la synthèse de l'acide hyaluronique, on se heurte à deux difficultés supplémentaires :
- Les groupes sulfates sont sensibles en milieu acide et basique, ils rendent les molécules difficiles à séparer à cause de la forte polarité qu'ils leur confèrent.
- La D-galactosamine est rare et coûteuse car difficile à isoler des sources naturelles, il faut donc la synthétiser.

Deux grandes voies de préparation de chondroïtine sulfate ont été mises au point. La première voie consiste à travailler sur le dérivé de la D-glucosamine tout le long de la synthèse et de procéder à l'inversion de configuration pour obtenir le dérivé de la D-galactosamine. La deuxième voie consiste à commencer la synthèse à partir du dérivé de la D-galactosamine préparée préalablement par azidonitration du D-galactal.

2.3.1 Inversion de configuration de l'unité D-glucosamine en fin de synthèse

Cette méthode a d'abord mise au point pour obtenir des trisaccharides[67] (**schéma 18**). Grâce au groupement participant NHTCA en C2 du donneur **39**, on obtient le glycoside 1,2 trans **42** avec un rendement de 90%. Cette approche a ensuite été étendue pour la synthèse de tétra et hexasaccharides ayant les positions 4 et/ou 6 sulfatées.[68]

---

[67] C. Coutant, J.-C. Jacquinet, *J. Chem. Soc. Perkin Trans.*, **1995**, *1*, 1573-1581
[68] J.-C. Jacquinet, *Abstracts 20th Intern. Carbohydr. Symp.*, Hambourg, **2000**, B-118

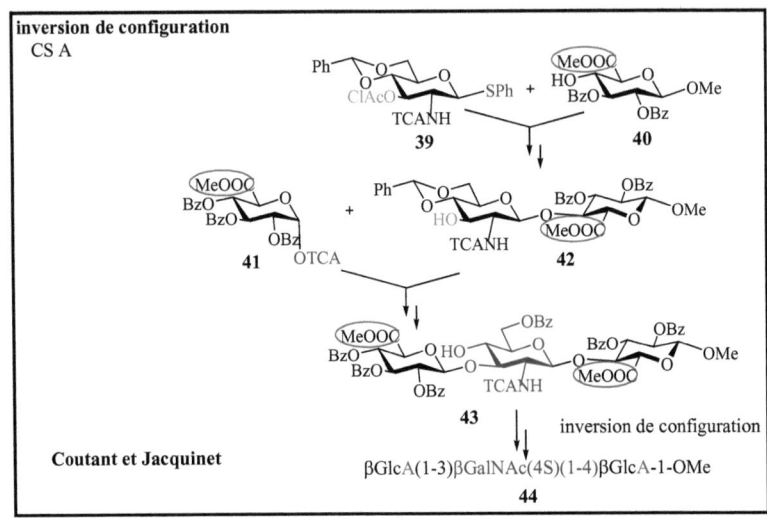

Schéma 18

2.3.2 Utilisation de la N-acétylgalactosamine comme accepteur

Dans la deuxième approche, une synthèse multigramme a été réalisée.[69] L'accepteur **46** engagé dans la réaction de glycosylation est obtenu à partir de l'azidonitration du D-galactal. Le couplage du donneur **45** et de l'accepteur **46** conduit au disaccharide souhaité avec un rendement de 70%. Le diol **47** est obtenu à partir de l'hydrolyse du benzylidène en 4,6. La sulfatation sélective de l'alcool primaire est rendue possible grâce à l'utilisation du complexe $Me_3N \bullet SO_3$. La sulfatation de la position 4 est obtenue après benzoylation de la position 6 du diol **47**. Les disaccharides finaux sulfatés en positions 4 ou 6 sont obtenus après déprotection.

---

[69] J.-C. Jacquinet, L. Rochepeau-Jobron, J. P. Combral, *Carbohydr. Res.*, **1998**, *314*, 283-288

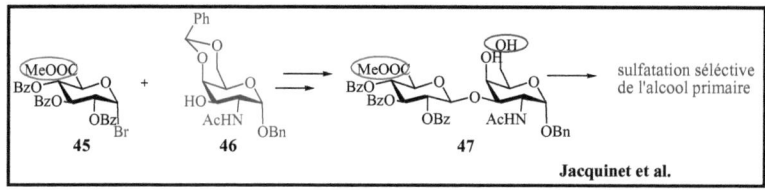

Schéma 19

2.3.3 Utilisation d'un précurseur commun

L'équipe de Tamura a développé une stratégie[70,71] permettant l'accès à de nombreux di et tétrasaccharides ayant les positions 4 et/ou 6 sulfatées à partir du même disaccharide **48**.

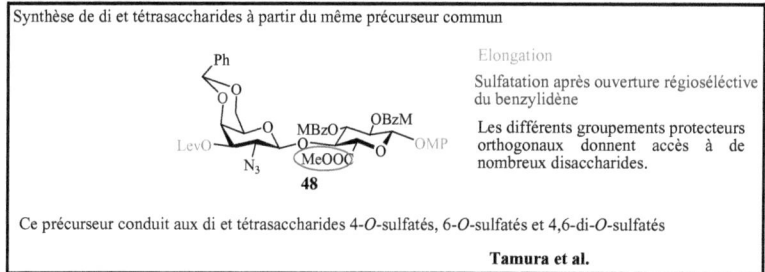

Schéma 20

2.3.4 Méthode combinatoire pour la synthèse de disaccharides mono, di ou trisulfatés en position 4, 6

Une méthode combinatoire développée dans notre laboratoire a permis d'accéder à une variété de disaccharides sulfatés.[72] Cette méthode sera détaillée par la suite.

---

[70] J. I. Tamura, K. W. Neumann, S. Kurono, T. Ogawa, *Carbohydr. Res.*, **1998**, *305*, 43-63
[71] J. I. Tamura, K. W. Neumann, T. Ogawa, T. *Bioorg. Med. Chem. Lett.*, **1995**, *5*, 1351-1354
[72] A. Lubineau, D. Bonnaffé, Eur. J. Org. Chem., 1999, 2523-2532

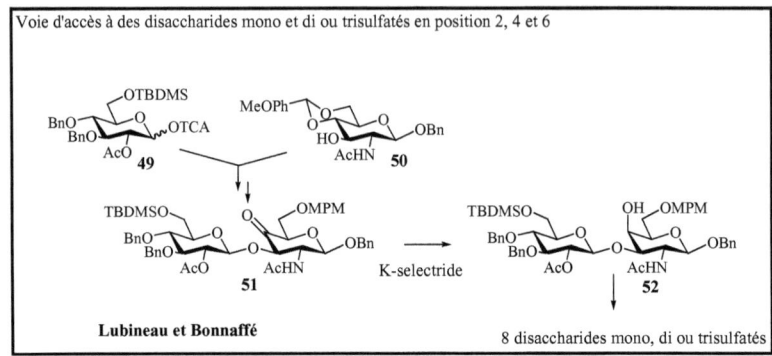

Schéma 21

2.3.5 Accès au motif disaccharidique disulfaté en 2' et 6

Enfin une dernière méthode présentée ici permet à partir du même disaccharide d'accéder à des fragments ayant le motif de base disulfaté en position 2' et 6.[73,74]

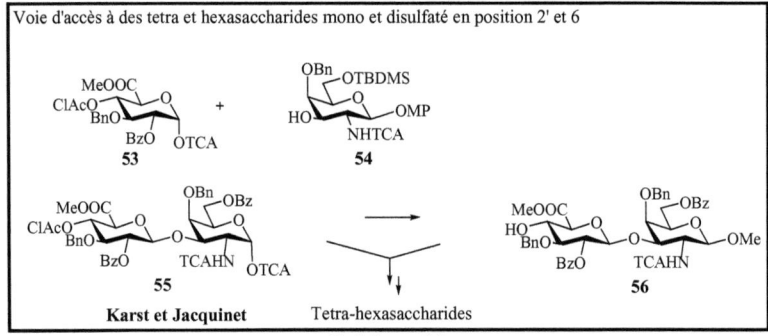

Schéma 22

---

[73] N. Karst, J.-C. Jacquinet, J. Chem. Soc. Perkin Trans., 2000, 1, 2709-2717
[74] N. Karst, J.-C. Jacquinet, Eur. J. Org. Chem., 2002, 815-825

2.4 Stratégie de synthèse du dermatane sulfate

La synthèse du dermatane sulfate a une difficulté supplémentaire par rapport à celle du chondroïtine sulfate :

- la présence de l'acide L-iduronique (rare, non commercial).

2.4.1 Accès au disaccharide sulfaté en position 4

Une première synthèse de disaccharide ayant la position 4 du dérivé de la glucosamine sulfaté a été décrite par l'équipe de Sinaÿ.[75] Il a été mis en évidence que le donneur est plus efficace avec une fonction trichloroacétimidate comme groupe partant qu'avec un brome.[76]

Première synthèse de IdoA-GalN(4S)-OMe

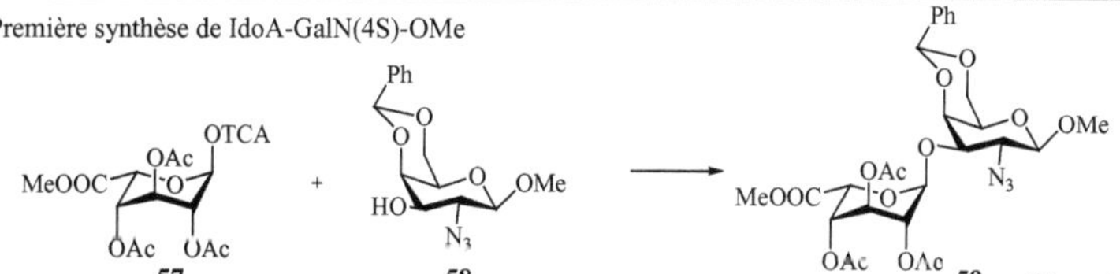

57 58 59 Marrat et al.

Schéma 23

2.4.2 Accès au motif disaccharidique 2' et 4 sulfaté

Une synthèse décrite par Ogawa permet l'accès à des fragments ayant comme motif répétitif les positions 2 et 4 sulfatées.[77,78] Contrairement à la stratégie précédente, les couplage sont réalisés sur un donneur iduronyle

[75] A. Marrat, X. Dong, M. Petitou, P. Sinaÿ, *Carbohydr. Res.*, **1989**, *195*, 39-50

[76] C. Tabeur, F. Machetto, J.-M. Mallet, P. Duchaussoy, M. Petitou, P. Sinaÿ *Carbihydr. Res.*, **1996**, *281*, 253-276

[77] F. Goto, T. Ogawa, *Bioorg. Med. Chem. Lett.*, **1994**, *4*, 619-624

[78] P. Bourhis, F. Machetto, P. Duchaussoy, J.-P. Hérault, J.-M. Mallet, J.-M. Herbert, M. Petitou, P. Sinaÿ, *Bioorg. Med. Chem. Lett.*, **1997**, *7*, 2843-2846

possédant en position 6 un alcool primaire protégé sous forme de méthoxyphényle. L'oxydation en acide intervient à la fin de la synthèse.

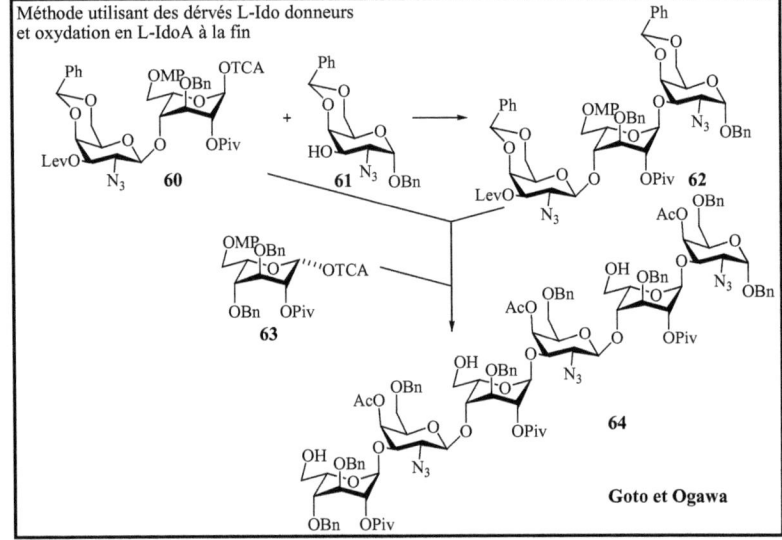

Schéma 24

2.4.2 Préparation d'un hexasaccharide à partir de trois disaccharides

L'équipe de Sinaÿ a développé une méthode de synthèse d'un hexasaccharide[78] à partir de 3 disaccharides de base qui sont successivement glycosylés dans des réactions 2+2 et 2+4. Notons que dans les deux couplages qui ont lieu dans l'acétonitrile, c'est l'anomère β qui est obtenu avec un rendement de 51% et 42% respectivement en dépit du fait qu'il y ait un groupe azido non participant en position 2 du donneur. De manière surprenante aucune trace de l'anomère α n'est détectée. La stéréosélectivité est expliquée par la formation d'un intermédiaire (ion α nitrilium) dans l'acétonitrile.

Synthèse d'un hexasaccharide methyl glycoside à partir de trois disaccharides

Bourhis et al.

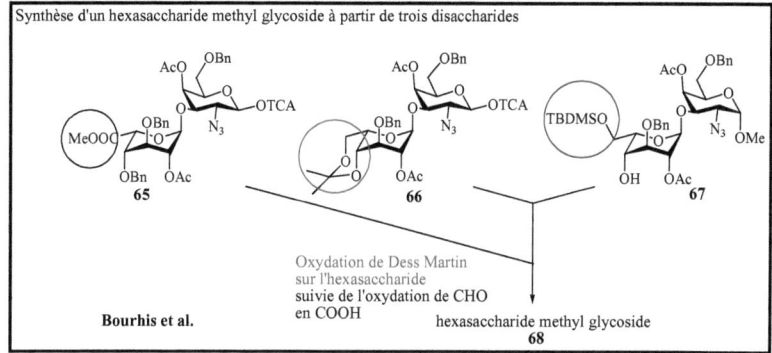

Schéma 25

2.4.2 Utilisation d'un dérivé iduronique comme accepteur

Dans la synthèse décrite par Barroca et Jacquinet, le dérivé iduronique est utilisé comme accepteur.[59] Cette approche a ensuite permis par la suite de préparer des oligosaccarides plus longs ainsi que de nombreux sulfoformes trisaccharidiques.[79]

Utilisation du L-IdoA 4-OH comme accepteur

Barroca et Jacquinet

Schéma 26

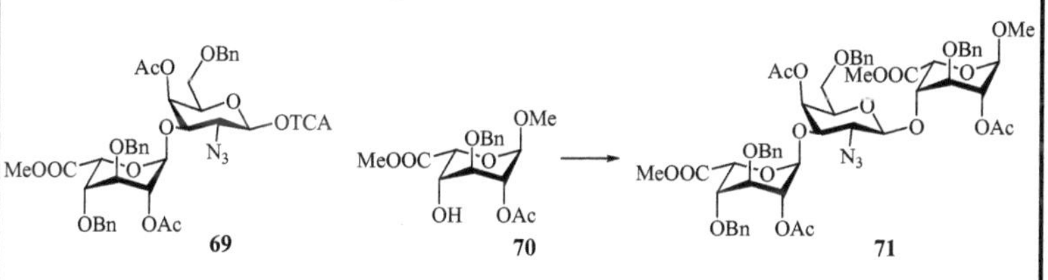

[79] N. Barroca, J.-C. Jacquinet, *Carbohydr. Res.*, **2002**, *337*, 673-689

2.5 Stratégie de synthèse de l'héparine/héparane sulfate

Nous nous bornerons ici à donner quelques stratégies de synthèse de fragments types de l'héparine/héparane sulfate.

2.5.1 Synthèse d'un hexasaccharide à partir d'un seul disaccharide clé donnant accès aux positions 2' et 6 sulfatées

Le disaccharide **72 (schéma 27)** a été protégé de manière orthogonale. Ainsi, le groupe paraméthoxybenzyle et le groupe allyle peuvent être éliminé individuellement de façon à former l'accepteur ou le donneur correspondant sans que cela affecte les autres groupements protecteurs.[80] Le couplage entre l'accepteur **74** et le donneur **73** conduit au tétrasaccharide **75** avec une parfaite stéréosélectivité α et un rendement de 90%. Cette sélecivité est expliquée par les conformations adoptées par le cycle de l'unité iduronyle. Celui-ci doit être en équilibre entre les conformations $^2S_0$ et $^1C_4$ permettant au groupe hydroxyle en C4 d'occuper partiellement la position axiale.[49] Après transformation du tétrasaccharide **75** en accepteur, celui-ci est de nouveau couplé avec le donneur **73** pour conduire à l'hexasaccharide **76** avec un rendement de 68%. L'hexasaccharide final est sulfaté dans les positions 2' et 6 anciennement acétylées. Cette stratégie mise au point au laboratoire a aussi été étendue à la préparation d'un octasaccharide.

---

[80] A. Lubineau, H. Lortat-Jacob, O. Gavard, S. Sarrazin, D. Bonnaffé, *Chem. Eur. J.,* **2004**, 4265-4282

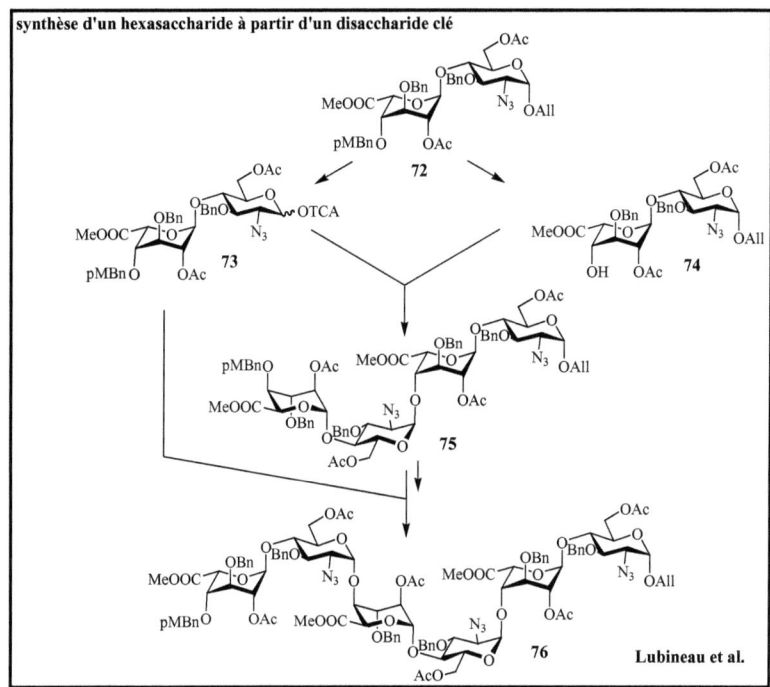

Schéma 27

2.5.2 Disaccharide précurseur donnant accès aux sulfatations des positions 2 et ou 6'

La méthode décrite ci-dessous **(Schéma 28)** repose sur un précurseur disaccharidique bénéficiant d'une protection orthogonale[81] qui permet l'évolution vers différents disaccharides. Par la suite, seront obtenus des tétrasaccharides ayant la position 2 du résidu iduronique sulfatée systématiquement et la position 6 du résidu galactosamine sulfaté ou non.

---

[81] L. Poletti, M. Fleischer, C. Vogel, M. Guerrini, G. Torri, L. Lay, *Eur. Org. Chem.*, **2001**, 2727-2734

Disaccharides ayant une unité D-GlcN à l'extrémité non réductrice

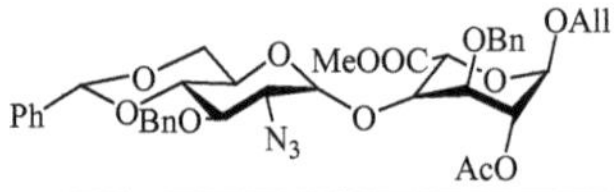

Précurseurs de nombreux disaccharides

Poletti et al.

Schéma 28

2.5.3 Synthèse d'un octasaccharide à partir de trois briques de base

Récemment l'équipe de Martin Lomas a mis au point la synthèse d'octasaccharides à partir de trois disaccharides de base.[82] Cette stratégie, similaire à celle employée par Sinaÿ repose sur les réactions de couplage n+2. (**schéma 29**)

Synthèse d'un hexa et d'un octasacharide à partir de trois briques de base

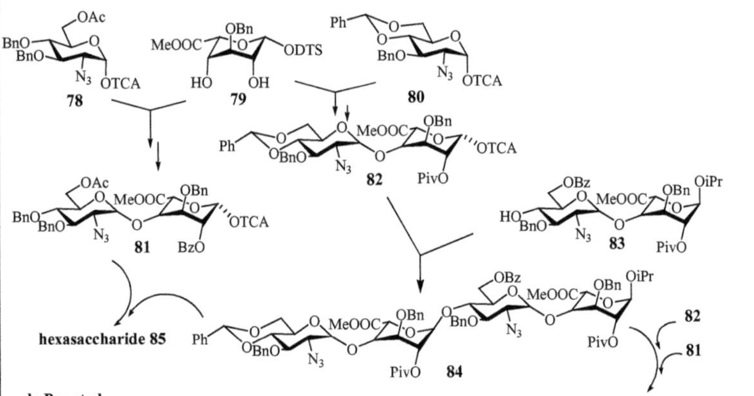

de Paz et al.

hexasaccharide 85

octasaccharide 86

Schéma 29

---

[82] J.-L. de Paz, J. Angulo, J.-M. Lassaletta, P. M. Nieto, M. Redondo-Horcajo, R. M. Lozano, G. Gimenez-Gallego, M. Martin Lomas, *Chembiochem.*, **2001**, *2*, 673-685

2.5.4 Accès à des trisaccharides di et trisulfatés

L'équipe de Suda a décrit beaucoup de trisaccharides sulfatés analogues de la séquence régulière de l'héparine.[83] Les positions 6 du résidu de la glucosamine et la position 3 du résidu iduronique peuvent être soit benzylées soit acétylées. Cela permet d'accéder à toutes les combinaisons de trisaccharides ayant ces positions sulfatés ou non en plus de la position 2 du résidu iduronique qui est systématiquement sulfatée.

Synthèses de trisaccharides aux sulfatations variées

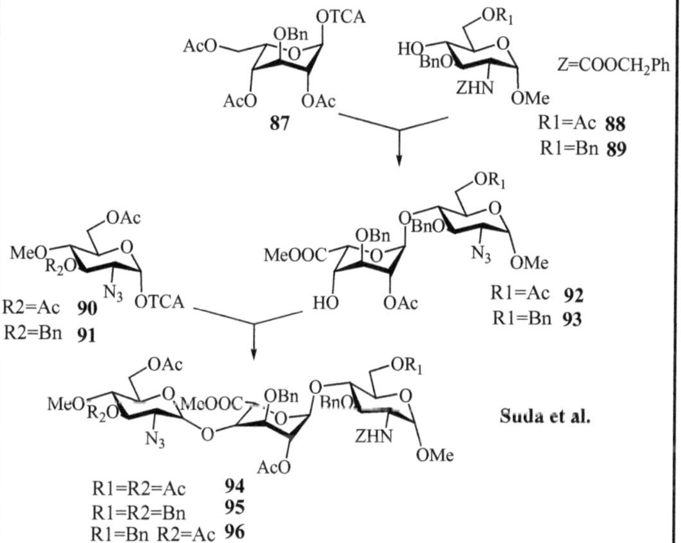

Z=COOCH$_2$Ph

87

R1=Ac **88**
R1=Bn **89**

R2=Ac **90**
R2=Bn **91**

R1=Ac **92**
R1=Bn **93**

Suda et al.

R1=R2=Ac **94**
R1=R2=Bn **95**
R1=Bn R2=Ac **96**

Schéma 30

Nous avons vu jusqu'à présent un large aperçu des différentes stratégies utilisées pour la synthèse en solution de fragments plus ou moins longs de glycosaminoglycanes. Nous allons maintenant aborder les techniques de synthèse en phase supportée et en combinatoire facilitant la préparation de ces oligosaccharides tant au niveau de la purification que du gain de temps.

---
[83] Y. Suda, K. Bird, T. Shiyama, S. Koshida, D. Marques, K. Fukase, M. Sobel, S. Kusumoto, *Tetrahedron. Lett.*, **1996**, *37*, 1053-1056

3- CHIMIE COMBINATOIRE

3.1 Intérêt de la chimie combinatoire

3.1.1 Définitions

- La chimie combinatoire s'est développée cette dernière décennie. Elle permet de générer une vaste collection de produits de structure connue en fournissant un minimum d'effort synthétique.
- Ce procédé peut s'appliquer en phase liquide ainsi qu'en phase supportée. Dans le tableau 5 sont répertoriés les avantages et les inconvénients d'utiliser l'une ou l'autre méthode.

	Phase solide	Solution
Avantages	• Purification facile (lavage) •Réactifs utilisés en excès sans problème de séparation • « pseudo » dilution • automatisation possible •synthèse faisant intervenir un composé par bille	•Quantité de produits non limitée •Pas de réaction de couplage et clivage •Toutes les réactions de la chimie organique sont utilisables •Pas d'adaptation nécessaire
Inconvénients	•Réactions additionnelles (greffage et clivage) •Pas encore assez développé pour certaines synthèses •Le suivi analytique des réactions peut être fastidieux	•Isolement et purification relativement difficile •Les réactifs ne peuvent pas être utilisés en excès sans traitement additionnel •Automatisation fastidieuse

Tableau 5

• Il faut différencier deux modes de procédure :

La synthèse multiparallèle :
Plusieurs réactions sont menées en parallèle dans des récipients différents. A la fin de la synthèse chaque produit est obtenu sous forme d'un composé unique.

La synthèse en mélange :
Dans ce cas, plusieurs réactions sont menées dans le même récipient. Plusieurs intervenants réagissant entre eux pour conduire à l'obtention de plusieurs produits en mélange.

• L'ensemble des produits possibles préparés lors de ces synthèses est appelé bibliothèque, banque ou collection de composés. Selon la méthode utilisée, une bibliothèque créée peut être constituée de produits différents isolés dans le cas de synthèse en parallèle, ou d'un mélange de composition définie pour la synthèse en mélange.

3.1.2 Intérêt biologique

Le but de la chimie combinatoire est de fournir un grand nombre de molécules en peu de temps. Ces molécules peuvent être alors rapidement testées sur des cibles thérapeutiques.

3.1.2.1 Intérêt industriel

La chimie combinatoire a changé de manière significative les processus d'élaboration de nouvelles molécules au niveau de l'industrie pharmaceutique. Elle associe une grande variété de disciplines qui s'étalent de la biologie à l'informatique en passant par la robotique.

L'identification de molécules actives peut être effectuée par des tests d'évaluation biologiques qui mettent généralement en jeux des cibles comme des récepteurs ou des enzymes. La mise au point et le développement de méthodes automatisées, techniques dites de criblage à haut débit, permet actuellement de déterminer l'activité d'un grand nombre de composés différents dans un temps relativement faible. Face à de telles performances, la chimie organique dite classique n'est plus en mesure de répondre à la demande. Il est donc nécessaire de développer des méthodes de chimie combinatoire aussi pour la synthèse des oligosaccharides pour palier à ce manque.

3.1.2.2 Pourquoi appliquer la chimie combinatoire aux oligosaccharides

Les processus dans lesquels sont impliqués les glycoconjugués sont la différentiation et la croissance cellulaire, la communication cellule-cellule, la modulation de la fonction des protéines impliquées dans les processus pathologiques[84] et en particulier les métastases cancéreuses, les maladies lysosomales, l'inflammation chronique et les infections microbiennes.[85] De plus il a été démontré que les mêmes oligosaccharides peuvent médier plusieurs fonctions. Par exemple l'héparane sulfate, sous forme de protéoglycanes, participe à de nombreux processus physiologiques tels que la coagulation du sang, l'adhésion cellulaire, le métabolisme des lipides et la régulation des facteurs de croissance.

La chimie combinatoire a contribué de manière significative à la compréhension des relations structure-fonction des molécules importantes biologiquement telles que les protéines et les acides nucléiques.

---

[84] A. Barkley, P. Arya, *Chem. Eur. J.*, **2001**, *7*, 555-563
[85] a : R. A. Dwek, *Chem. Rev.*, **1996**, *96*, 883
    b : A. Varki, Glycobiology, **1993**, *3*, 97

Cependant pour les oligosaccharides et les glycoconjugués, qui ont pourtant été identifiés comme des modulateurs clés de nombreuses fonctions biologiques, le succès n'a pas été le même. En effet, il faut surmonter la difficulté synthétique de ces molécules. Un certain nombre d'approches conceptuelles ont tout de même émergé pour accéder rapidement à des quantités suffisantes de ces biomolécules.

3.1.2.3 Au niveau du médicament

La chimie combinatoire peut intervenir à différents niveaux du processus de recherche de nouveaux médicaments. L'utilisation conjointe des bases de la chimie médicinale (identification d'une cible moléculaire…) et la synthèse combinatoire peut conduire grâce à l'achat d'unités synthétiques disponibles, à la création d'un grand nombre de molécules différentes susceptibles de montrer une activité biologique. Cette diversité moléculaire permet d'explorer et éventuellement de trouver une famille de composés actifs appelés tête de série **(schéma 31)**. Enfin, afin d'optimiser l'activité de ce groupe de produits, la synthèse combinatoire peut être à nouveau employée en parallèle avec la chimie traditionnelle et la modélisation moléculaire. Après l'optimisation de la tête de série, les composés présentant les meilleurs résultats deviendront des candidats médicaments.

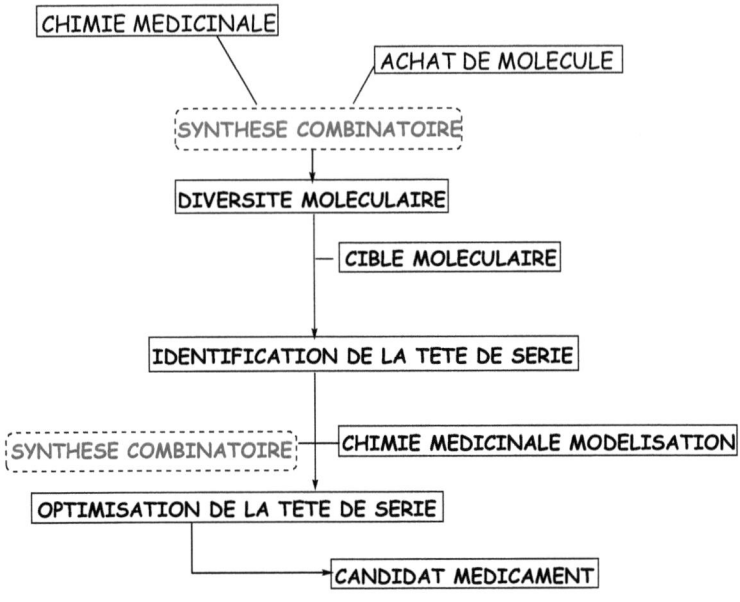

Schéma 31

3.2 Synthèse d'oligosaccharides sur phase supportée

Certaines stratégies de chimie combinatoire utilisent la synthèse sur phase supportée. Cette partie est consacrée à un bref rappel des différentes techniques protocolaires et synthétiques utilisées pour la synthèse en phase supportée que ce soit sur support solide ou soluble.

3.2.1 Avantages et Historique

L'identification et l'isolation d'oligosaccharides complexes, souvent trouvés en concentration faible dans la nature, de leur source naturelle sont très compliquées à cause de leur microhétérogénéité. Des études détaillées biophysiques et biochimiques nécessites des quantités suffisantes ces molécules. La synthèse des oligosaccharides complexes demande beaucoup de temps et n'est menée que par peu de laboratoires spécialisés dans le monde. Trouver un procédé de synthèse efficace représente donc l'un des défis actuels, sachant que les peptides[86] et les oligonucléotides[87] bénéficient déjà d'une production automatisée efficace. La synthèse sur phase solide permet d'éliminer l'excès des réactifs utilisés pour mener la réaction à terme par simple lavage de la résine. La purification des produits de réaction à la fin de la synthèse réduit le nombre d'étapes de chromatographie nécessaires. De plus cette méthode de synthèse s'adapte particulièrement bien aux procédés automatisés.

Inspirées par le succès de la synthèse des peptides sur phase solide[88] utilisant la résine de Merrifield, les premières études sur la synthèse sur phase solide des oligosaccharides ont commencées dans le début des années soixante dix.[89] Fréchet et Schuerch ont été les premiers à publier la synthèse de di et trisaccharides sur support solide.[90] Zehavi et son équipe ont été les premiers à ancrer un monosaccharide au polymère par un lien photolabile.[91]

3.2.3 Aspects centraux de la synthèse d'oligosaccharides sur phase supportée

Il y a des points clés qui entrent en jeu pour réussir une bonne synthèse :

---

[86] a : E. Athertyon, R. C. Sheppard, *Solid phase peptide synthesis: A practical approach*; Oxford University Press: Oxford, **1989**
  b : Nobel lecture: R. B. Merrifield, *Angew. Chem. Int. Ed. Engl.* **1985**, *24*, 799-810
[87] M. H. Caruthers, *Science*, **1985**, *230*, 281-285
[88] R. B. Merrifield, *J. Am. Chem. Soc.*, **1963**, *85,* 2149-2150
[89] a : A. Malik, H. Bauer, J. Tschakert, W. Voelter, *Chemiker-Z*, **1990**, *114,* 371-375
  b : J. M. J. Fréchet, *In Polymer-supported Reactions in Organic Synthesis*, P. Hodge, D. C. Sherrington, Eds., Wiley: Chistester, **1980**, pp 407-434
[90] J. M. J. Fréchet, C. Schuerch, *J. Am. Chem. Soc.*, **1971**, *93*, 492-496
[91] U. Zehavi, A. Patchornik, A., *J. Am. Chem. Soc.*, **1973**, *95*, 5673-5677

- tout comme dans un procédé de synthèse normal, la stratégie doit prendre le compte les notions d'extrémité réductrice et non réductrice. Seulement dans ce cas il faut déterminer quelle extrémité sera accrochée au polymère.
- Il faut choisir une résine et un lien qui soient inertes à toutes les conditions qui seront utilisées lors de la synthèse et qui soient en même temps clivés facilement.
- Il faut des groupes protecteurs en accord avec la complexité de l'oligosaccharide désiré.
- Il faut des glycosylations stéréospécifiques et ayant un bon rendement.
- Enfin il faut des méthodes d'analyse adaptées.

3.2.4 Stratégie de synthèse

3.2.3.1 Donneur ou accepteur lié au polymère

Il existe différentes stratégies de synthèse supportée visant à accrocher sur le support un sucre donneur, accepteur ou un sucre qui puisse être à la fois donneur ou accepteur.

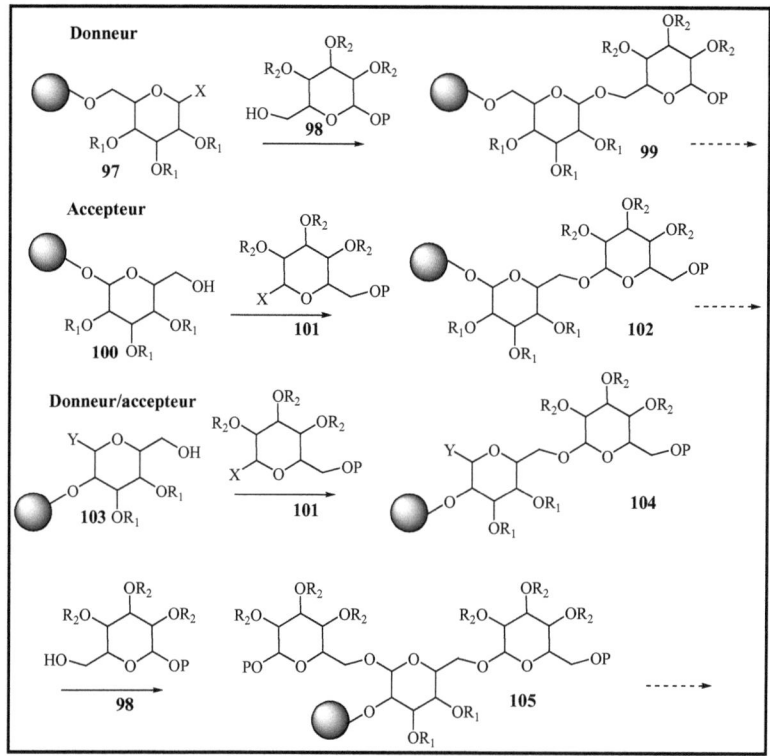

Schéma 32

3.2.3.2 Choix du support

Support insoluble

La plupart des synthèses d'oligosaccharides sur phase solide ont été réalisées avec la résine de Merrifield **106 (schéma 33)** composée de polystyrène réticulée par 1 ou 2% de divinylbenzène.

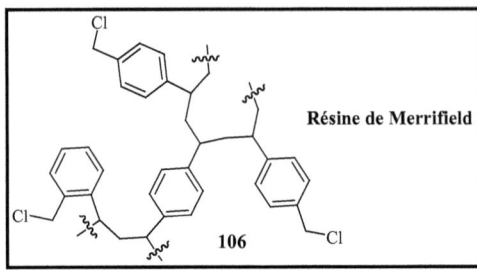

Schéma 33

Il existe aussi d'autres types de résine : POEPOP,[92] tentagel,[93] SPOCC,[94] POEPS-3[95]

Support soluble

Les supports de polymères solubles combinent les avantages de la chimie en solution avec les traitements plus simples employés dans la synthèse en phase solide. En effet les transformations chimiques sont menées en milieu homogène puis le polymère est précipité après chaque étape pour éliminer l'excès de réactif par simple filtration. Le polyéthylène glycol **107 (schéma 34)** est couramment utilisé dans la synthèse d'oligosaccharides.[96]

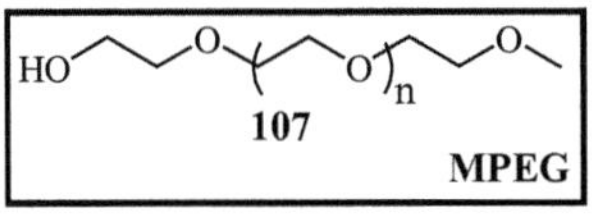

Schéma 34

---

[92] A. Schleyer, M. Meldal, R. Manat, H. Paulsen, K. Bock, *Angew. Chem., Int. Ed. Engl.,* **1997**, *36*, 1976-1977
[93] M. Grotli, C. H. Gotfredsen, J. Rademann, J. Buchardt, A. J. Clark, D. O. Duus, M. Meldal, *J. Comb. Chem.* **2000**, *2*, 108-119
[94] J. Rademann, M. Grotli, M. Meldal, K. Bock, *J. Am. Chem. Soc.,* **1999**, *121*, 5459-5466
[95] J. Buchardt, M. Meldal, *Tetrahedron Lett.,* **1998**, *39*, 8695-8696
[96] a : P. Wentworth, K. D. Janda, *Chem. Commun.* **1999**, 1918-1924
    b : D. Gravert, K. D. Janda, *Chem. Rev.,* **1997**, *97*, 489-509
    c : J. J. Krepinsky, *In Modern Methods in Carbohydrate Synthesis*, S. H. Khan, R. A. O'Neill, Eds, Harwood Academic Publishers : Amsterdam, **1996**, 194-224

3.2.3.3 Choix des liens (ancrage)

Le lien choisi pour attacher le premier monosaccharide sur le support solide est d'une importance cruciale. Sa nature chimique détermine tous les autres groupes protecteurs ainsi que les couplages intervenant tout au long de la synthèse.

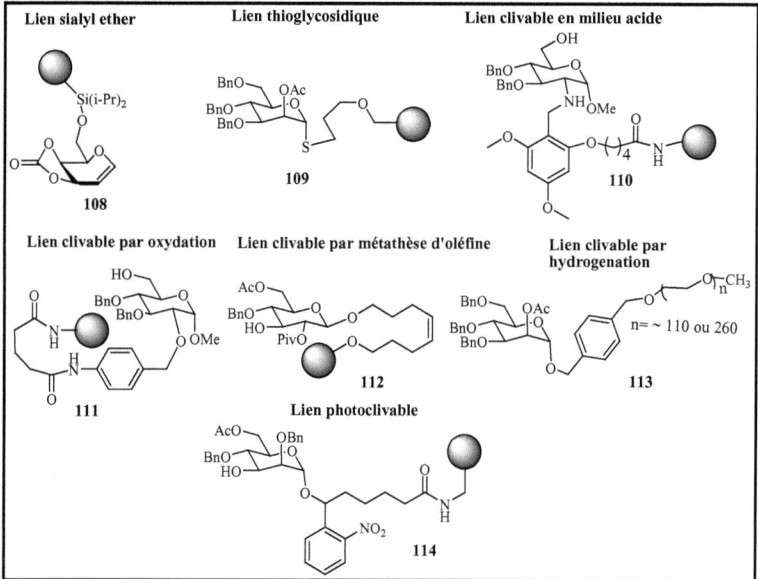

Schéma 35

3.2.3.4 Choix des agents glycosylants

Différents donneurs sont employés en fonction de la stratégie de synthèse :

- sucre ayant une fonction trichloroacétimidate en position anomérique
- glycosyl sulfoxide
- 1,2-anhydrosucre
- thioglycoside
- fluoroglycoside
- n-pentenyl glycoside
- glycosyl phosphate

3.2.4 Exemples de procédures pour la synthèse supportée d'oligosaccharides

Nous fournissons ici un résumé des méthodes les plus efficaces. [92]

3.2.4.1 Méthode utilisant un glycal 1,2

Réussir la formation de liaisons β glucosidiques à partir d'un glycal et sur support solide était un véritable challenge. La méthode suivante permet non seulement de créer des liaisons β-(1→4) comme dans l'exemple présenté mais aussi des liaisons β-(1→3) et β-(1→6). [97]

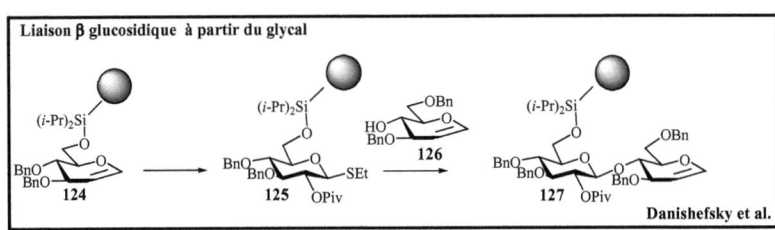

Schéma 36

3.2.4.2 Méthode des sulfoxides

Les donneurs activés par un sulfoxide en position anomérique peuvent être activés avec de l'anhydride triflique à basse température et réagissent très bien avec des accepteurs encombrés. [98] Sans groupe participant en position C2, ils fournissent une haute sélectivité α quand ils réagissent avec des alcools secondaires. Par contre, en présence d'un

---

[97] a : S. J. Danishefsky, K. F. McClure, J. T. Randolph, R. B. Ruggeri, *Science*, **1993**, *260*, 1307-1309
   b : T.-H. Chan, W.-Q. Huang, *J. Chem. Soc Chem. Commun.*, **1985**, 909-911
   c : J. T. Randolph, K. F. McClure, S. J. Danishefsky, *J. Am. Chem. Soc.*, **1995**, *117*, 5712-5719
   d : J. T. Randolph, S. J. Danishefsky, *Angew. Chem. Int. Ed. Engl.*, **1994**, *33*, 1470-1473
[98] D. Kahne, S. Walker, Y. Cheng, D. Van Engen, *J. Am. Chem. Soc.*, **1989**, *111*, 6881-6882

groupe participant en position C2 tel que le groupe pivaloyle, les couplages conduident à la formation de liaison β.[99] **(schéma 37)**

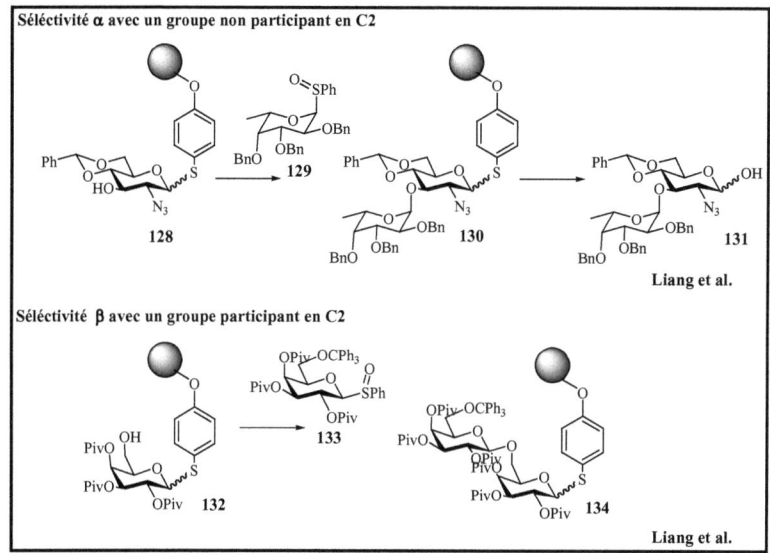

Schéma 37

3.4.2.3 Méthodes des trichloroacétimidates

Ce sont ces donneurs qui sont les plus utilisés dans les réactions de couplage pour leur nature versatile,[100] leur réelle efficacité due à l'excellente sélectivité dans les glycosylations et enfin pour les rendements élevés obtenus en solution. C'étaient donc de très bons candidats pour la synthèse en phase supportée. Schmidt les utilisa en phase solide pour synthétiser des penta et hexasaccharides linéaires ainsi qu'un pentasaccharide branché.[101]

---

[99] R. Liang, L. Yan, J. Loebach, M. Ge, Y. Uozumi, K. Sekanina, N. Horan, J. Gildersleeve, C. Thompson, A. Smith, K. Biswas, W. Still, D. Kahne, *Science*, **1996**, *274*, 1520-1522
[100] R. Schmidt, W. Kinzy, *Adv. Carbohydr. Chem. Biochem.*, **1994**, *50*, 21-123
[101] a : J. Randemann, R. Schmidt, *J. Org. Chem.* **1996**, *62*, 3650-3653
   b : J. Randemann, R. Schmidt, *Tetrahedron Lett.*, **1996**, *37*, 3989-3990

En utilisant ce type de donneur, l'équipe de van Boeckel a décrit une stratégie permettant d'obtenir des fragments mimes de la séquence répétitive de l'héparine de différentes longueurs en utilisant un support soluble. [102] **(schéma 38)**

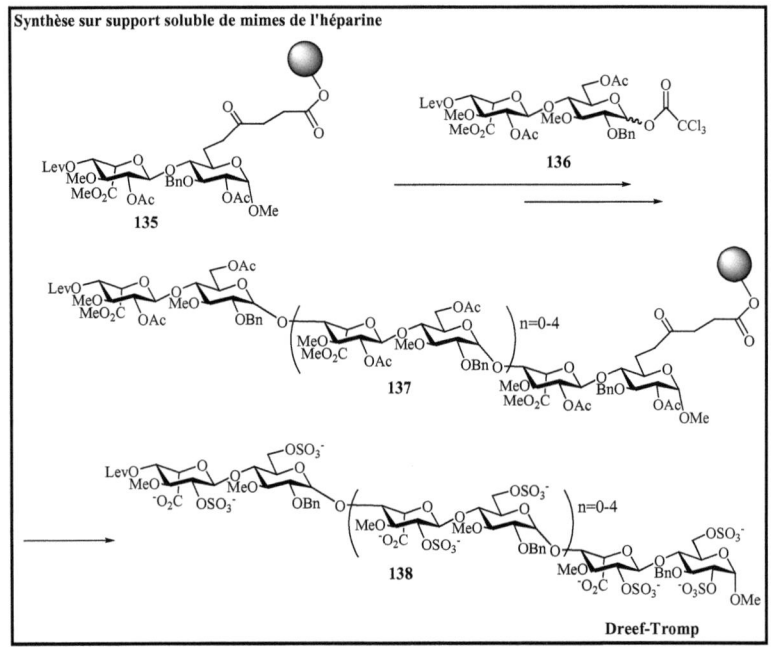

Schéma 38

3.4.2.4 Utilisation d'une accroche de Wang

Ito et Ogawa sont à l'origine de deux approches originales au niveau de la synthèse supportée.

• La première appproche concerne la synthèse supportée en phase solide :
Il s'agit du concept de glycosylation orthogonale[103] basée sur l'utilisation de deux donneurs qui peuvent être sélectivement activés dans des conditions qui n'affectent pas le deuxième donneur.

---

[102] C. M. Dreef-Tromp, H. A. M. Willems, P. Westerduin, P. van Veelen, C. A. A. van Boeckel, *Bioorg. Med. Chem. Lett.* **1997**, *7*, 1175-1180
[103]a : O. Kanie, Y. Ito, T. Ogawa, *J. Am. Chem. Soc.*, **1994**, *116*, 12073-12074

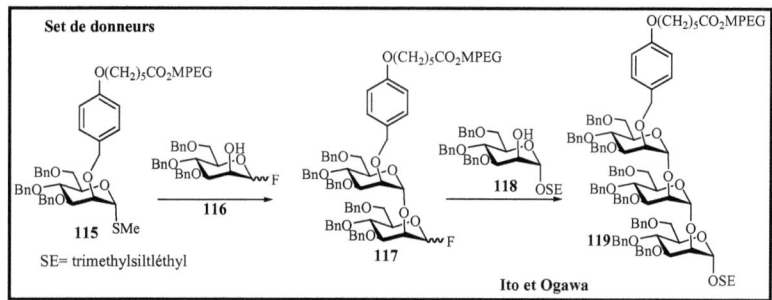

Schéma 39

- La seconde est pour l'instant appliquée sur support soluble :

Dans ce cas le lien intervient directement dans la formation de la liaison β. [104] En effet, le monosaccharide 121 s'accroche dans un premier temps au lien. Sa position est ainsi bloquée dans l'espace et seule la formation d'une liaison β-glycosidique est alors possible lors du couplage.

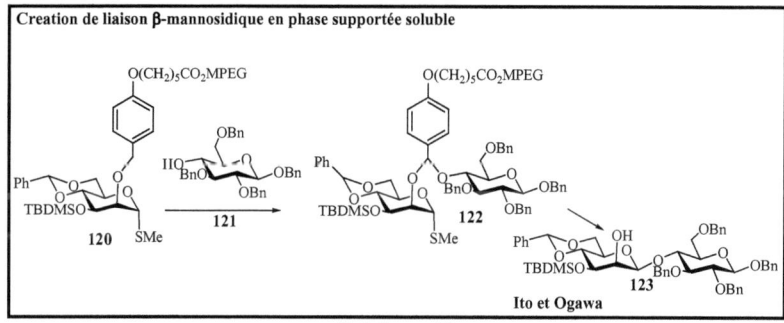

Schéma 40

- Il existe aussi des procédures pour la synthèse d'analogues d'oligosaccharides telles que l'utilisation de desoxyglycosides ou de thioglycosides. [105]

---

b : O. Kanie, T. Ogawa, Y. Ito, *J. Synth. Chem.,* Jpn. **1998**, *56*, 952-962
c : Y. Ito, S. Manabe, *Curr. Opin. Chem. Biol.* **1998**, *2*, 701-708
[104] Y. Ito, T. Ogawa, *J. Am. Chem. Soc.*, **1997**, *119*, 5562-5566
[105] P. H. Seeberger and W.-C. Haase, *Chemical Reviews,* **2000**, *100*, 4349- 4393

3.3 Procédés en Chimie Combinatoire

3.3.1 Introduction

La nature polyfonctionnelle des carbohydrates et le manque de méthode générale pour former des liaisons glycosidiques ont résulté en la mise en place de différentes approches pour la génération de bibliothèques d'oligosaccharides.[106]

Nous donnerons ici des exemples de stratégie de chimie combinatoire appliquée aussi bien en phase liquide que sur support soluble et sur support solide.[105]

3.3.2 Procédure aléatoire « Random glycosylation »

La première bibliothèque a été créée au sein de l'équipe de O. Hindsgaul, en couplant de manière non sélective des disaccharides libres avec un donneur fucosyle pour créer trois bibliothèques de disaccharides α-fucosylés en une étape.[107] Malheureusement, après chromatographie, tous les trisaccharides possibles ont été obtenus mais en mélange. De ce fait l'identification des produits de couplage a été très compliquée du fait que tous les composés avaient la même masse moléculaire.

---

[106] a : P. M. St Hilaire, M. Meldal, *Angew. Chem. Int. Ed.*, **2000**, *39*, 1162-1179
　　b : T. Kanemitsu, O. Kanie, *Trends Glycosci. Glycotechnol.*, **1999**, *61*, 267- 276
　　c : F. Schweitzer, O. Hindsgaul, O. *Curr. Opin. Chem. Biol.*, **1999**, *3*, 291-298
　　d : M. J. Sofia, D. J. Silva, *Curr. Opin. Drug Discuss Dev.*, **1999**, *2*, 365-376
　　e : M. Sofia, *Mol. Diversity*, **1998**, *3*, 75-94
　　f : Z. G. Wang, , O. Hindsgaul, In *Glycoimmunology 2*; Ed.; Plenum Press:New York, **1998**, 219-236
　　g : M. J. Sophia, *Med. Chem. Res.*, **1998**, *8*, 362-378
　　h : C. M. Taylor, In *Combinatorial Chemistry-Synthesis And Application*, S. T. Wilson, A. W. Czarnik, Eds., John Wiley and Sons: New York, **1997**, 207-224
　　I : P. Arya, R. N. Ben, *Angew. Chem. Int. Ed.* **1997**, *36*, 1280-1282
　　J : D. Kahne, *Curr. Opin. Chem. Biol.*, **1997**, *1*, 130-135
　　K : M. J. Sofia, *Drug Discovery Today*, **1996**, *1*, 27-34

[107] a : O. Kanie, F. Barresi, Y. Ding, J. Labbe, A. Otter, L. S. Forsberg, B. Ernst, O. Hinsgaul, *Angew. Chem. Int. Ed. Engl.* **1995**, *34*, 2720- 2722
　　b : Y. Ding, J. Labbe, O. Kanie, O. Hinsgaul, *Bioorg. Med. Chem.*, **1996**, *4*, 683-692

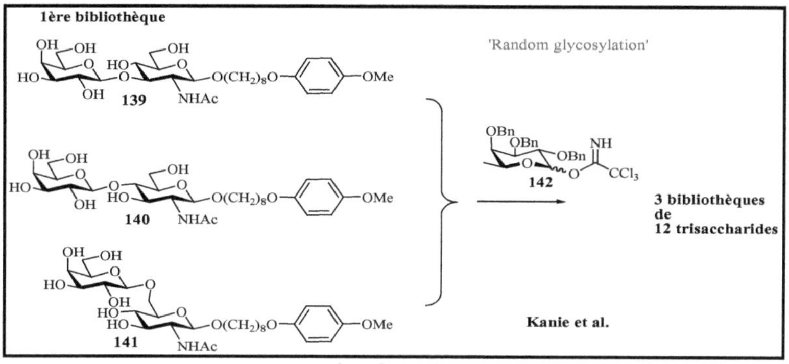

Schéma 41

3.3.3 Méthode de la glycosylation « active latente »

Le concept, qui n'est pas seulement utilisé en chimie combinatoire, repose sur l'avantage suivant : l'accès aux donneurs et aux accepteurs à partir du même précurseur. Par exemple l'accepteur **143** et le donneur **146** proviennent du même (1-méthyl)-prop-2-enylglycoside. Ce précurseur après transformation chimique évolue dans deux directions pour avoir le comportement nucléophile d'une part et électrophile d'autre part. Pour obtenir l'accepteur, l'acétate en position 4 est hydrolysé et pour obtenir le donneur, le groupe (1-méthyl)-prop-2-enyl est isomérisé en groupe (1-méthyl)-prop-1-enyl. La bibliothèque de trisaccharides **152** a été préparée par la méthode séparation/mélange ou split and mix. D'abord, les donneurs **145** et **146** sont séparément couplés au mélange d'accepteurs **143** et **144**. Dans chaque cas les deux anomères α et β sont obtenus pour chaque disaccharide. Ceux-ci sont mis en mélange et couplés au donneur **151**. Là encore les deux anomères sont obtenus ce qui correspond aux 16 trisaccharides. [108]

---

[108] a : G.-H. Boons, B. Heskamp, F. Hout, *Angew. Chem. Int. Ed. Engl.*, **1996**, *35*, 2845-2847
b : G.-H. Boons, S. Isles, *Tetrahdron Lett.* **1994**, *35*, 3593-3596
c : G.-H. Boons, S. Isles, *J. Org. Chem.* **1996**, *61*, 4262-4271

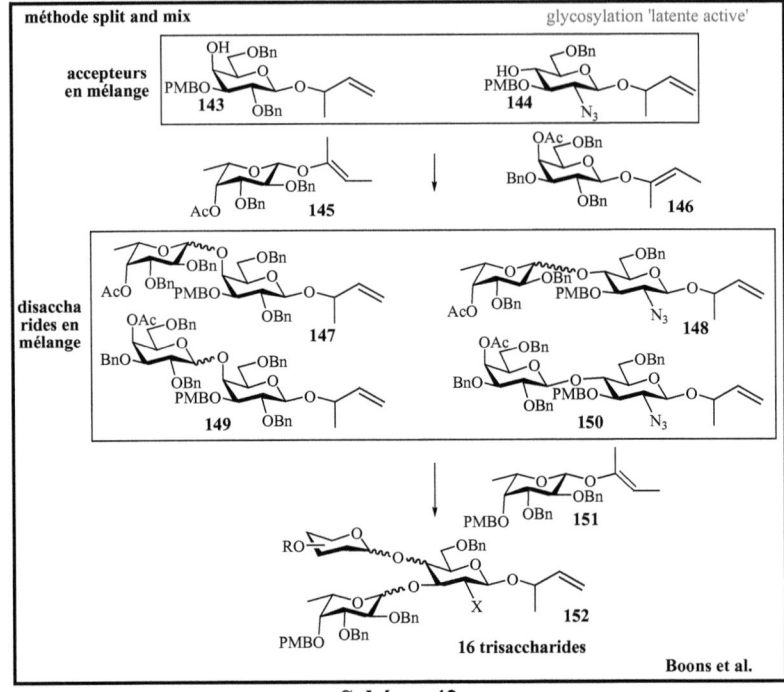

Schéma 42

3.3.4 Approche bidirectionnelle en phase solide

Dans cette stratégie, un thioethylglycoside convenablement protégé et pouvant être utilisé en tant que donneur ou accepteur, après déprotection du THP, est immobilisé sur une résine Tentagel grâce à un lien succinimidyle.[109] L'utilisation du groupe tetrahydropyranyle ou THP sur le thioglycioside immobilisé empêche la formation de sous produits oligomériques pendant la glycosylation effectuée en présence de N-iodosuccinimide et de trifluorométhanesulfonate de triméthylsilyle. Le thioglycoside **153** est couplé séparément avec les accepteurs **154**, **155** et **156** de manière non stéréosélective. Les disaccharides **156** sont mis en mélange et couplés au donneur **157**. Les trisaccharides sont alors libérés de la résine purifiés et déprotégés.

---

[109] T. Zhu, G.-J. Boons, *Angew. Chem. Int. Ed. Engl.*, **1998**, *37*, 1898-1900

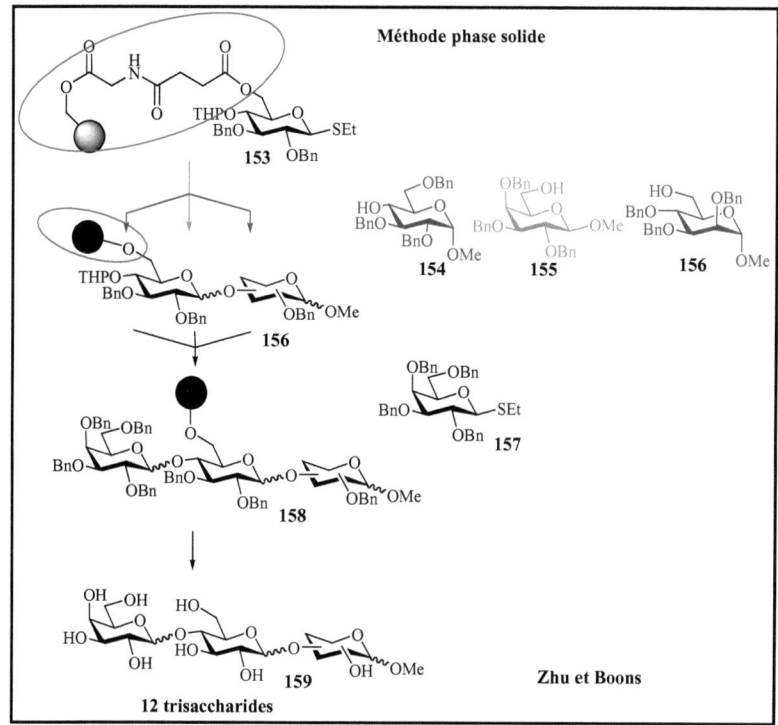

Schéma 43

3.3.5 Protection orthogonale des carbohydrates en phase liquide

Il a été développé dans notre laboratoire une stratégie de synthèse conduisant à tous les sulfoformes des disaccharides de chondroïtine sulfate.[110] Les huit sulfoformes **165** et **166** sont obtenus à partir d'un seul disaccharide **160** protégé de manière orthogonale. En effet, celui-ci est engagé dans deux réactions en parallèle pour sulfater **161** ou benzyler la position 3 de la glucosamine du composé **162**. Les deux produits de réaction sont mis en mélange et sont engagés dans la réaction d'oxydation de l'unité glucosyle et unité glucuronique pour donner l'ensemble **163**. La

---
[110] A. Lubineau, D. Bonnaffé, *Eur. J. Org. Chem.*, **1999**, 2523-2532

moitié du mélange est engagé dans une réaction de sulfatation. Cette moitié transformée est mélangée avec la moitié restante **163** pour donner l'ensemble **164**. Cet ensemble **164** est séparé en deux. Une partie est saponifiée et déprotégée pour donner l'ensemble **165**, la deuxième partie est sélectivement désacétylée et O-sulfatée pour donner l'ensemble **166**.

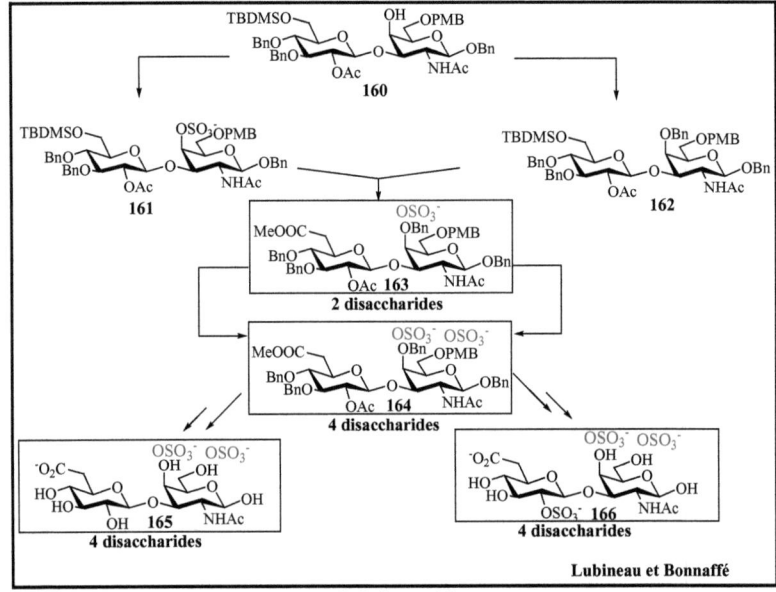

Schéma 44

3.3.6 Protection orthogonale des carbohydrates sur support soluble

L'équipe de Wong a utilisé un monosaccharide protégé de manière orthogonale comme base de départ.[111] Les quatre groupes protecteurs de ce sucre peuvent être enlevés indépendamment ce qui permet de générer une bibliothèque d'oligosaccharides avec un haut degré de régio et stéréosélectivité.

---

[111] C.-H. Wong, X.-S. Ye, Z. Zhang, *J. Am. Chem. Soc.* **1998**, *120*, 7137-7138

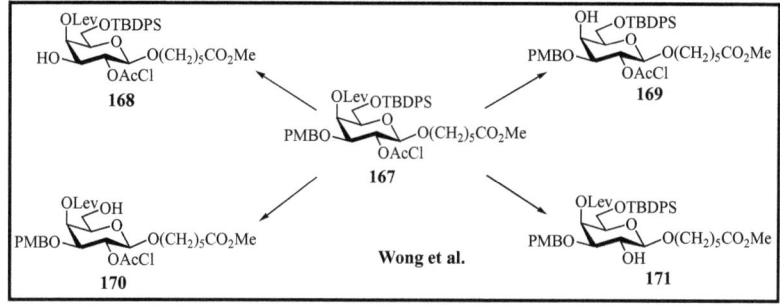

Schéma 45

3.3.7 Méthode des sulfoxides

Cette procédure de couplage a permis de préparer 1269 di et trisaccharides en seulement trois étapes, la première étant l'immobilisation sur la résine.[99]

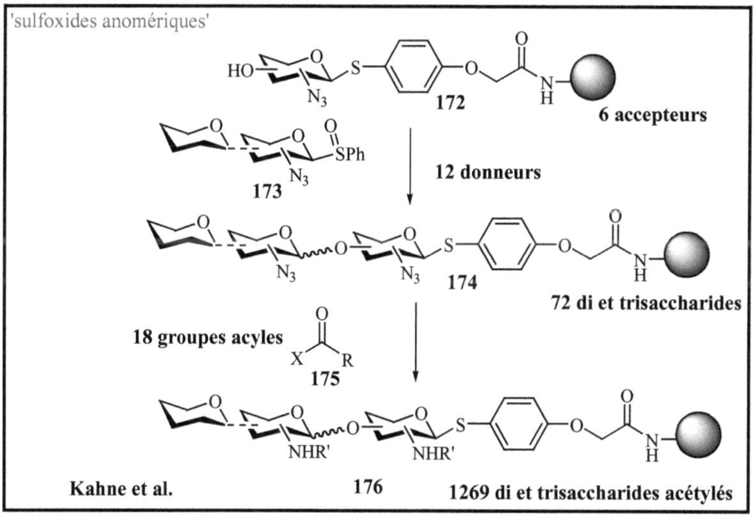

Schéma 46

3.3.8 Glycosylation stéréoselective et non régiosélective

Ichikawa et Izumi ont regroupé les deux stratégies suivantes : procédure aléatoire et séparation/mélange.[112] Le catalyseur utilisé lors des réaction de couplage est le iodonium perchlorate di(sym-collidine). La glycosylation est catalysée par les ions iodoniums ce qui favorise la stéréosélectivité α des liaisons glycosidiques. Le glycal **178** est d'abord couplé au composé **177** pour donner les α-glycosides (α(1-4) + α(1-3) dans un rapport 54 :46) avec un iode en position 2. Les disaccharides sont transformés en accepteurs **179** et **180** après acétylation des positions 3 et hydrolyse des groupements triméthylsilyles. Après un deuxième cycle de glycosylation, les trisaccharides **181** à **184** sont obtenus avec 73% de rendements.

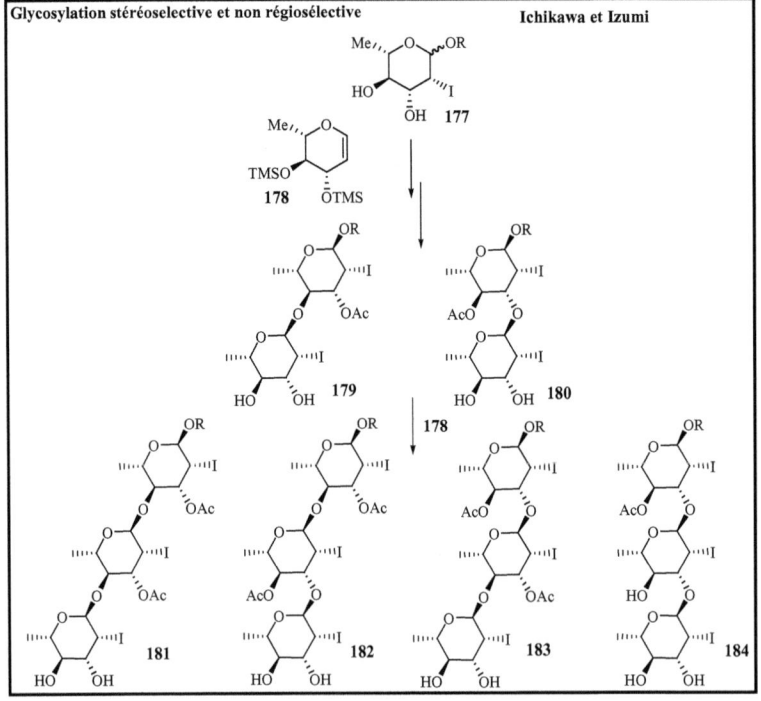

Schéma 47

---

[112] M. Izumi, Y. Ichikawa, *Tetrahedron Lett.*, **1998**, *39*, 9801

3.3.9 Carbohydrates comme base de bibliothèques combinatoire (scaffold)

Il s'agit de profiter de la nature polyfonctionnelle des unités saccharidiques pour les utiliser comme base de la diversité des bibliothèques combinatoires **(schéma 49)**. Un sucre est à l'origine de plusieurs bibliothèques constituées de petites molécules.

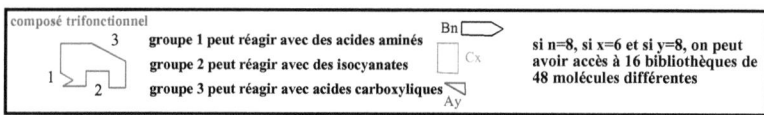

Schéma 48

• Le groupe de Sofia[113] a décrit le premier monosaccharide 185 contenant trois sites de diversité, immobilisé sur phase solide, réagissant avec 8 acides aminés, 6 isocyanates et 8 acides carboxyliques et à l'origine de 16 bibliothèques combinatoires de 48 membres sur le modèle du schéma 49.

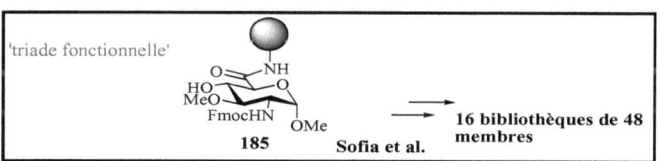

Schéma 49

• L'équipe de Kunz lui est parti d'un thioglicoside avec des protections orthogonales.[114] Le galactopyranoside contient 5 sites de diversité.

---

[113] M.J. Sofia, R. Hunter, T. Y. Chan, A. Vaughan, R. Dulina, H. Wang, D. Gange, *J. Org. Chem.*, **1998**, *63*, 2802
[114] C. Kallus, T. Opatz, T. Wunberg, W. Schmidt, S. Henke, H. Kunz, *Tetrahedron Lett.* **1999**, *40*, 7783

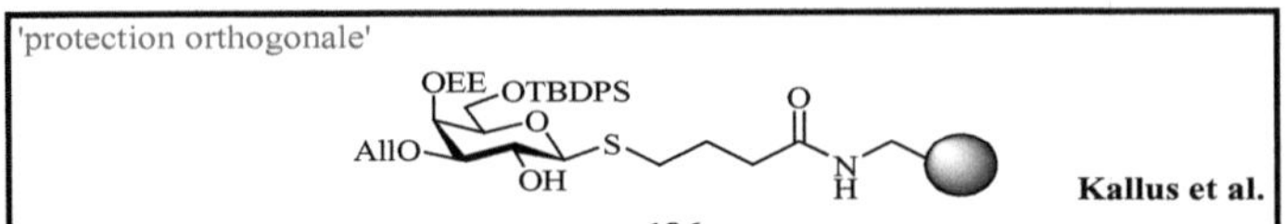

[Schéma 50 figure: 'protection orthogonale', structure 186, Kallus et al.]

Schéma 50

• Le groupe de Silva utilise un disaccharide β lié. Le phenylsulphenyl 2-deoxy-2-trifluoroacétamido glucopyranoside est utilisé comme donneur dans la synthèse du disaccharide β.[115]

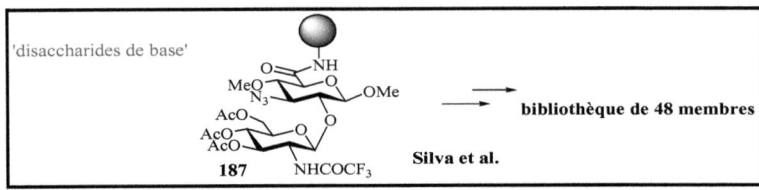

Schéma 51

---

[115] D. J. Silva, H. Wang, N. M. Allanson, R. K. Jain, M. J. Sofia, *J. Org. Chem.*, **1999**, *64*, 5926

4- PRESENTATION DU SUJET

Notre objectif est de synthétiser des chimiothèques d'octasaccharides, fragments d'héparine/héparane sulfate en vue d'étudier leurs interactions avec la protéine SDF-1α qui est une chimiokine[116] qui bloque naturellement l'infection de cellules par le virus du SIDA. L'étude de ces interactions pourrait aboutir à de nouvelles voies thérapeutiques pour le traitement de l'immunopathologie à VIH.

4.1 Mécanisme de l'infection d'une cellule par le virus du SIDA

L'entrée d'un virus dans une cellule est une étape essentielle du cycle infectieux viral. Cette étape se divise en deux phases, qui conduisent d'abord à l'interaction du virus avec un ou des récepteurs spécifiques, puis à la pénétration dans la cellule cible du matériel génétique associé à la particule virale. La phase d'adsorption de la particule virale sur la surface cellulaire représente une cible thérapeutique attractive, notamment parce qu'elle se situe à l'extérieur de la cellule, or un nombre important de virus adhère aux surfaces cellulaires par l'intermédiaire de glycosaminoglycanes, notamment ceux du type héparanes sulfates. Dans la majorité des cas, cette interaction est une étape préalable à l'interaction virus/récepteur cellulaire, et, dans certains cas, elle représente un déterminant critique de l'infection.

---

[116] a : A. Amara, O. Lorthioir, A. Valenzuela, A. Magerus, M. Thelen, M. Montes, J. L. Virelizier, M. Delepierre, F. Baleux, H. Lortat-Jacob, F. Arenzana-Seisdedos, *J. Biol. Chem.*, *1999*, *274*, 23916-23925

b : R. Radir, F. Baleux, A. Grosdidier, A. Imberty, H. Lortat-Jacob, *J. Biol. Chem.*, **2004**, 43854

Les chimiokines telles que SDF-1α possèdent de fortes affinités pour les glycosaminoglycanes, et leurs activités est régulée par les molécules d'héparine/héparanes sulfates présentes à la surface.

4.1.1 Blocage naturel des corecepteurs du VIH

Il est maintenant connu que le VIH utilise pour enter par fusion dans ses cellules cibles, l'interaction de sa protéine d'enveloppe gp 120 avec deux molécules trans-membranaires : CD4 et un récepteur de chimiokine, essentiellement CCR5 ou CXCR4. Or SDF-1α est le ligand naturel du corécepteur CXCR4.[117] Si le corécepteur n'est pas disponible, alors le virus n'infecte pas la cellule. On a donc compétition entre la fixation du ligand naturel et du virus sur CXCR4.[118]

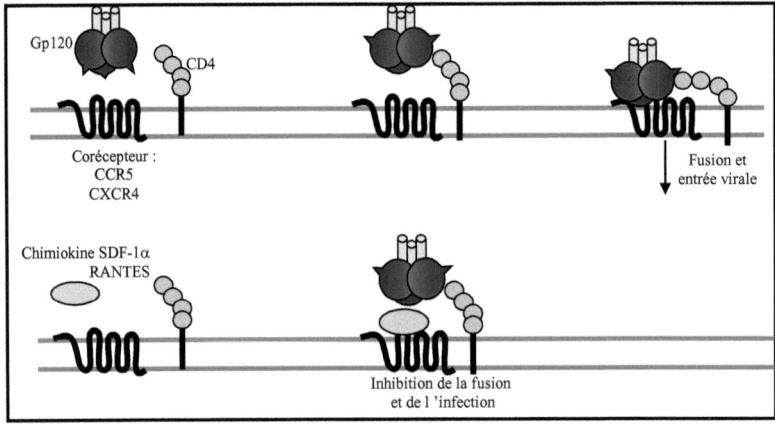

Schéma 52

Le point important est que l'héparine présente à la surface cellulaire semble aider à la fixation de la chimiokine sur son corécepteur. Nous

---

[117] J.L. Virelizier, Rapport d'activité de l'immunologie virale pour l'année 1999, http://www.Pasteur.fr
[118] a : Virelizier, *Dev. Biol. Stand. Basel.*, Karger, **1999**, *97*, 105
   b : Arenzana-Seisdedos, *Eur. Cytokine Network*, **1999**, *10*, 301

voulons démontrer qu'il existe des intéractions spécifiques entre l'héparine/héparane sulfate et SDF-1α.

4.1.2 Chimiokines

Les chimiokines (cytokines chimiotactiques) forment une grande famille de plus de 50 polypeptides se distinguant des autres cytokines par leur petite taille, leur structure et la nature de leurs récepteurs. Le rôle physiologique majeur des chimiokines est de contrôler le trafic de divers types cellulaires. Leur effet chimiotactique sur les leucocytes représente une activité importante (regulation de la migration). Mais ces protéines ont aussi d'autres fonctions. Elles interviennent dans des processus tels que l'angiogénèse, l'hématopoièse, l'infection virale, la diffusion des métastases.[119]

4.1.3 Interaction SDF-1α/ héparane sulfate

Il a été observé que la chimiokine SDF-1α a une activité antivirale optimum sous forme de dimère lorsqu'elle est complexée à l'héparine/héparane sulfate.[120]

---

[119] H. Lortat-Jacob, A. Grosdidier, A. Imberty, *Biochemistry*, **2002**, *99*, 1229-1234
[120] H. Lortat Jacob, www2. ujf-grenoble.fr/pharmacie/laboratoire/ gdrviro/groupelortat-jacob/recherche.html

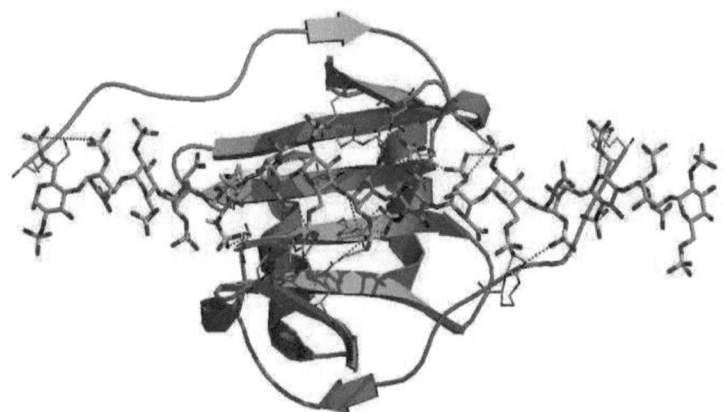

Schéma 53 : Chaînes d'héparine complexée à deux molécules de SDF-1α

Cette protéine s'associe de manière extrêmement rapide (K_d= 38,4 nM) à l'héparine ce qui reflète un aspect dynamique de ces interactions. Elles permettent de **localiser la réponse cellulaire en concentrant localement la chimiokine sur son lieu de sécrétion**.

4.2 Stratégie

- Des tests d'inhibition mettant en présence des fragments naturels d'héparine de différentes longueurs et la protéine SDF-1α accrochée à des chaînes d'héparine ont révélé qu'à partir d'un octasaccharide, la chimiokine se décrochait des chaines. Il existe donc une interaction significative entre SDF-1α et un octasaccharide.[121]

---

[121] S. Najjam, B. Mullooy, J. Theze, M. Y. Gordon, R. Gibbs, C. C. Rider, *Glycobiology*, **1998**,*8*, 509-516

L'objectif est donc de synthétiser une chimiothèque d'octasaccharides d'héparine/héparane sulfate de façon à créer un large spectre de microhétérogénéités structurelles dues aux sulfations et aux épimérisations variables pouvant être responsables d'intéractions spécifiques de hautes affinité avec la chimiokine.[122]

Dans le cas où un tel fragment serait trouvé et dans le cas où il modulerait l'activité de la chimiokine de façon favorable, il pourrait jouer le rôle de molécule transporteur de la chimiokine de la matrice extracellulaire où elle serait fixée sur des sites de faible affinité vers la surface de la cellule du lymphocyte T4, où elle serait relargué sur des sites de haute affinité. Il y aurait une augmentation de la concentration locale de la cytokine à la surface de la cellule et donc à la surface du corecepteur CXCR4.

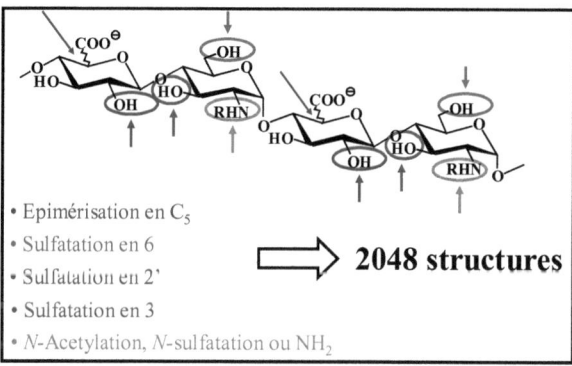

Schéma 54

- A l'échelle du disaccharide il existe théoriquement 48 possibilités mais seulement 23 des motifs envisagés ont été détectés à l'état naturel. A l'échelle du tétrasaccharide, cela représente déjà plus de 2000 combinaisons possibles. Donc à l'échelle de l'octasaccharides cela représente plus de cinq millions de molécules possibles!

---

[122] a : J. D. Esko, U. Lindhal, *J. Clin. Invest.* **2001**, *108*, 169, 173
   b : J. T. Gallagher, *Biochem. Soc. Trans.* **1997**, *25*, 1206-1209
   c : U. Lindhal, M. Kusche-Gullberg, L. Kjellen, *J. Biol. Chem.* **1998**, *273*, 24979
   d : K.G. Bwmann, C. R. Bertozzi, *Chemistry and Biology*, **1999**, *6*, R9-R22

• Face à cette grande diversité moléculaire, nous avons décidé de nous restreindre aux octasaccharides hautement N-sulfatés. Le nombre de possibilités étant encore élevé, nous nous sommes intéressés à la combinaison de quatre disaccharides (A, B, C, D) occurrents aussi bien dans les régions N-sulfatées que dans les régions mixtes N-acétylées/N-sulfatées des chaines d'héparine héparane sulfate. Ces quatre motifs disaccharidiques peuvent être obtenus à partir des trois briques de base **189, 191 et 193**.

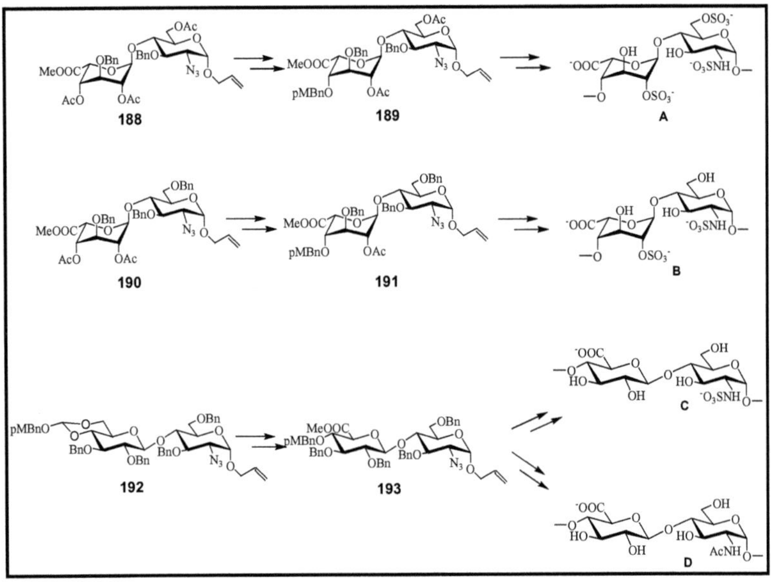

Schéma 55

• Pour obtenir les bibliothèques, les trois briques de base seront chacune respectivement transformée en donneur accepteur de manière à être combinées entre elles d'après le principe suivant. (Schéma 56). Chaque donneur en excès sera couplé à l'ensemble des trois accepteurs. Cela permettra d'accéder à des banques de tétrasaccharides. Ces tétrasaccharides seront transformés en accepteurs et couplés à l'un des donneurs disaccharidiques.

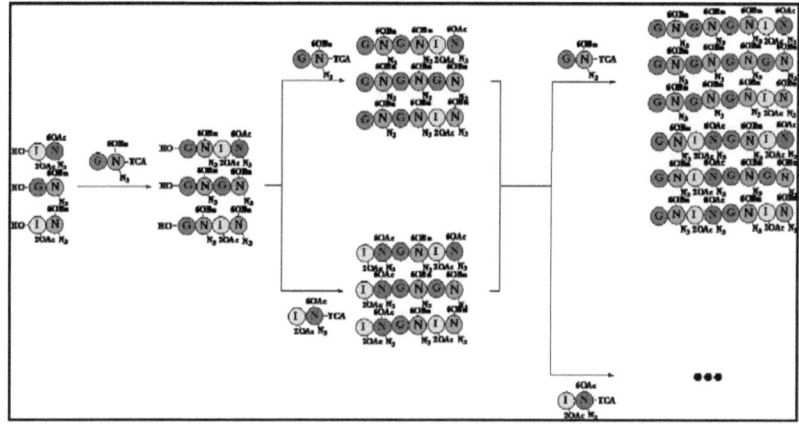

Schéma 56

On aura alors accès à des banques d'hexasccharides. Ceux –ci seront transformés en accepteurs pour un dernier couplage amenant à la banque de d'octasaccharides. Enfin pour que les octasaccharides puissent être testés sur des protéines, ils doivent être sulfatés et déprotégés. Nous proposons de garder les produits en mélange pour les réactions de déprotection et de les séparer juste avant la dernière étape de débenzylation. Comme la majorité des fragments auront un nombre de charges négatives différent, une séparation sur C18 est envisagée. Après purification et débenzylation les fragments feraient l'objet d'une étude de l'interaction avec la protéine SDF-1α. **(schéma 57)**

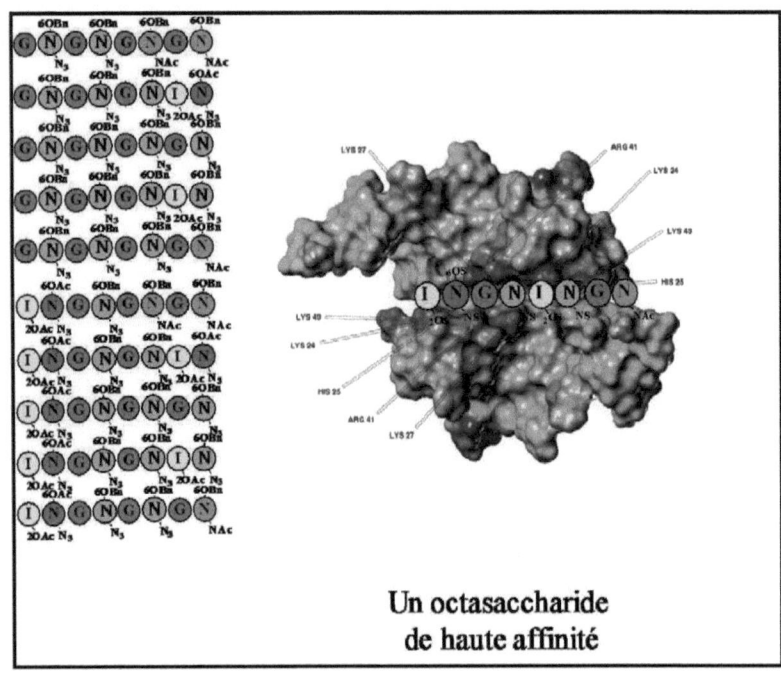

Schéma 57

Au cours de ma thèse, après avoir optimisé la synthèse des briques possédant l'unité iduronique, j'ai réalisé des couplages combinatoires conduisant à des banques de tétrasaccharides. Puis les chimiothèques 1 et 2 (schéma 60) ont été désacétylées, réduites, sulfatées, saponifiées en mélange puis les tétrasaccharides ont été séparés et caractérisés.

4.3 Présentation du travail effectué

4.3.1 Optimisation de la synthèse des briques de base
Nous nous sommes intéressés à la synthèse des deux briques **189** et **191** contenant une unité iduronique.

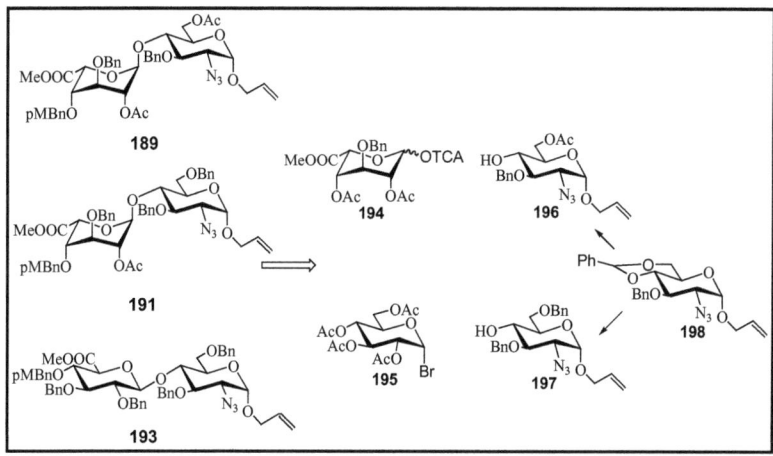

Schéma 58

4.3.2 Approche combinatoire
Il sera présenté, après la transformation des briques **189**, **191** et **193** en accepteurs A_1, A_2 A_3 et en donneurs D_1, D_2, D_3, les couplages combinatoires qui nous ont permis d'étudier la réactivité des disaccharides donneurs et accepteurs entre eux **(schéma 60)**. Nous expliciterons quelles techniques analytiques nous avons utilisées pour la quantification et la caractérisation des tétrasaccharides en mélange. Nous exposerons ensuite les couplages combinatoires en phase liquide à l'origine de nos deux chimiothèques de tétrasaccharides et nous montrerons qu'il est possible d'amener les tétrasaccharides en mélange à

l'état sulfaté et saponifié puis de procéder à leur séparation en obtenant les produits attendus purs.

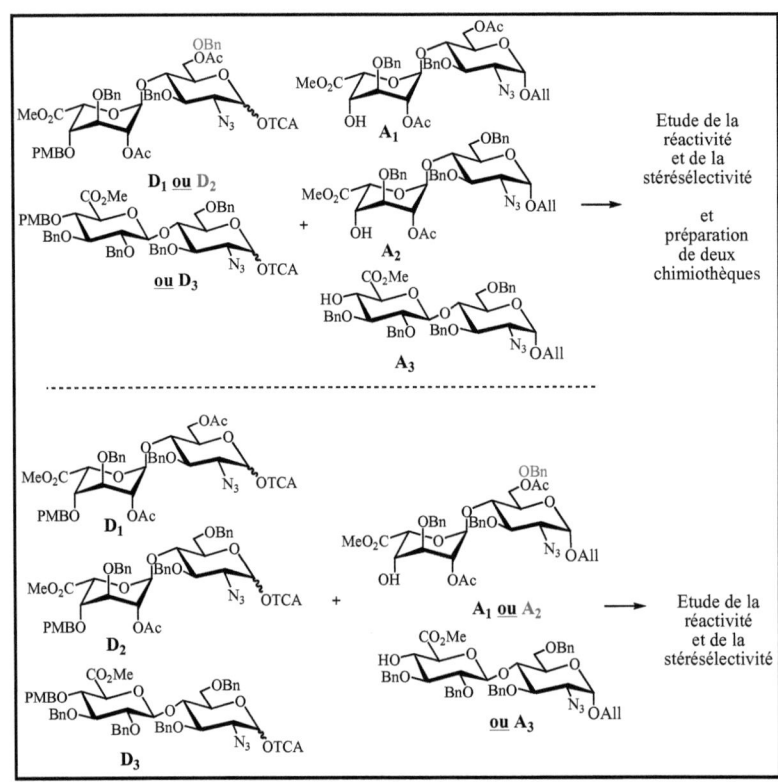

Schéma 59

DEUXIEME PARTIE : RESULTATS-DISCUSSION

I- SYNTHESE MULTIGRAMME de SYNTHONS DISACCHARIDIQUES CONTENANT UNE UNITE IDURONYLE

1.1 Accès aux donneurs et accepteurs monosaccharidiques

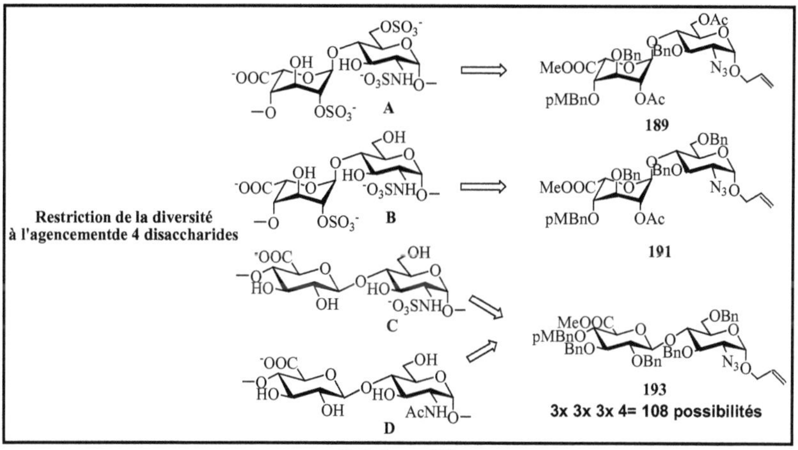

Schéma 60

Notre objectif est de préparer des chimiothèques d'octasaccharides sulfatés, fragments d'héparine/héparane sulfate à partir de trois disaccharides de base. Ces trois briques permettent l'accès théorique à 108 possibilités d'octasaccharides différents. Nous avons d'abord décidé de réaliser les couplages combinatoires menant aux tétrasaccharides constitutifs des octasaccharides finaux. Puis la stratégie était de tester la déprotection de ces tétrasaccharides en mélange pour obtenir des chimiothèques sulfatées avant de l'appliquer sur les chimiothèques d'octasaccharides. Pour cela, il était important que les synthèses de ces briques de base **189**, **191** et **193** soient les plus simples possible. C'est-à-dire qu'elles soient optimisées de manière à obtenir les disaccharides en grosse quantité en un minimum de temps avec un excellent rendement global. Les groupes protecteurs sont les mêmes sur les trois briques et permettent des déprotections orthogonales :

- les positions acétylées sont les futures positions sulfatées
- les positions benzylées sont les futures positions libres
- le goupe azido, non participant, conduit à la fonction amine libre, sulfatée ou acétylée
- le groupe paraméthoxybenzyle, après hydrolyse, permet d'accéder à l'accepteur
- le groupe allyle après isomérisation, hydrolyse et introduction de la fonction trichloroacétimidate permet l'accès au donneur

Les trois disaccharides **189**, **191** et **193** sont eux même constitués à partir de seulement deux monosaccharides de base. Le disaccharide **193**, contenant un acide glucuronique, ainsi que les deux disaccharides possédant une unité iduronyle sont préparés à partir de la glucosamine **200** et du glucose **201 (schéma 61)**.

En effet, nous avions précédemment vu que dans la synthèse de fragments d'héparine/héparane sulfate, la principale difficulté était la synthèse du dérivé iduronique. L'une des méthodes de conversion du glucose en idose par addition d'un lithien sur le C5 de l'aldéhyde **11** à été mise au point au laboratoire.[53]

1.1.1 Synthèse des accepteurs

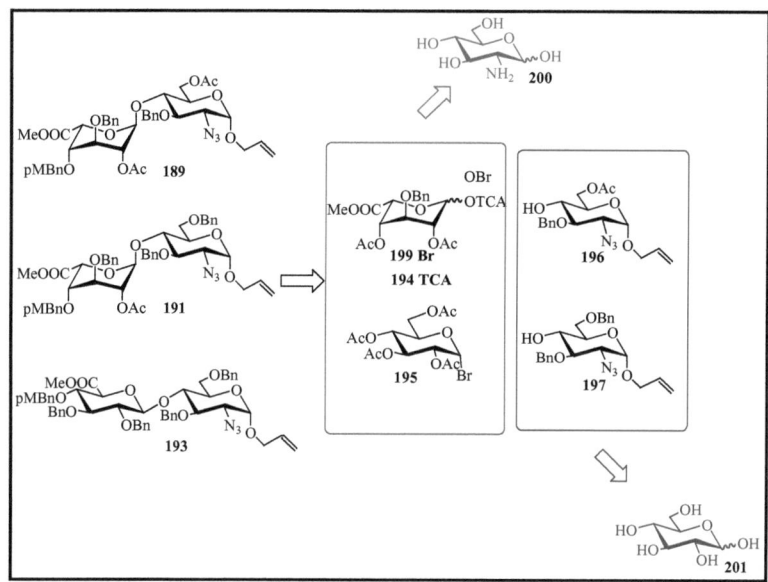

Schéma 61

1.1.1.1 Synthèse de l'intermédiaire commun aux deux accepteurs[123]

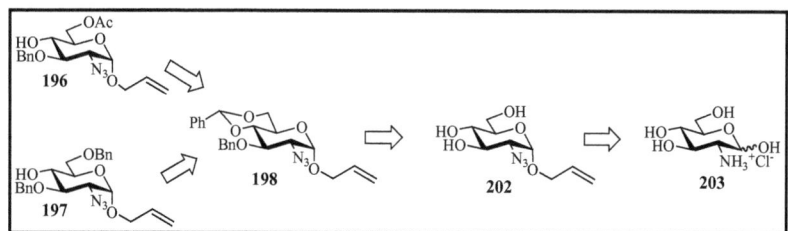

Schéma 62

Les accepteurs **196** et **197** ont été préparés à partir du même synthon **198**.

---
[123] O. Gavard, Y. Hersant, J. Alais, V. Duverger, A. Dilhas, A. Bascou, D. Bonnaffé *Eur. J. Org. Chem.,* **2003**, 3603-3620

→1.1.1.1.1 Accès au triol

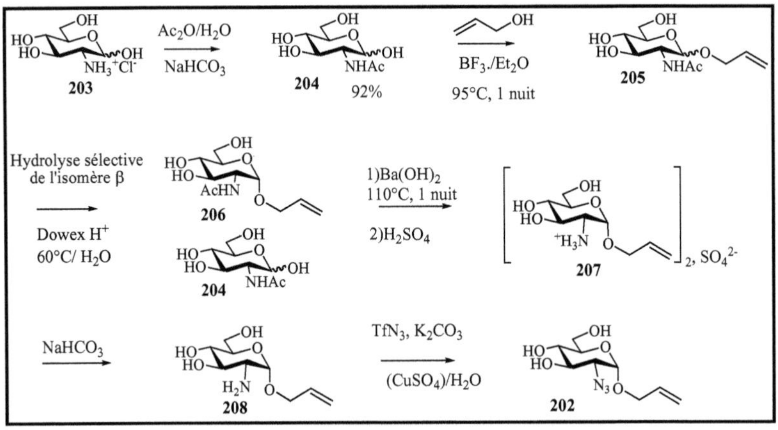

Schéma 63

- Le sel d'ammonium de départ **203** est d'abord traité avec une solution de bicarbonate de sodium pour libérer l'amine. L'acétylation en milieu aqueux à l'aide d'anhydride acétique permet d'obtenir sélectivement le 2-acétamido-2-deoxy-α-D-glucopyranose **204** avec un rendement de 92%. L'équivalent de NaCl se formant lors de cette réaction peut être éliminé par traitement successif avec deux résines échangeuses d'ion. Une première colonne échangeuses de cations sous forme H$^+$ retient Na$^+$. Le sucre se trouve alors en milieu aqueux acidifié par l'HCl ainsi formé. La solution issue de cette première colonne est directement ajoutée à une deuxième résine échangeuses d'anions sous forme de HCO$_3^-$. L'échange d'anions Cl$^-$ contre HCO$_3^-$ provoque un dégagement gazeux de CO$_2$. La protection de la position anomérique se fait en solution dans l'alcool allylique avec une catalyse par une solution d'étherate de trifluorure de bore selon une méthode analogue à celle décrite par Vasella.[124]

---

[124] A. Vasella, C. Witzig, R. Husi, *Helvetica Chimica Acta*, **1991**, *74*, 1363

• Le glucopyranoside **205** obtenu sous forme d'un mélange d'anomères α et β 9/1 est engagé dans une réaction d'hydrolyse sélective de l'anomère β. Après désacétylation de l'amine par la baryte, on traite par de l'acide sulfurique pour précipiter le baryum sous forme $BaSO_4$ et faciliter ainsi la récupération du sucre.

• Le sucre **207** sous forme de sulfate est traité par du bicarbonate de potassium pour libérer l'amine et être engagé dans la réaction d'azidonitration.[125] Le triflyl azide est fraîchement préparé à partir d'azidure de sodium et d'anhydride triflique. Un demi équivalent supplémentaire de carbonate de potassium permet de tamponner le milieu réactionnel et neutraliser le triflyl amide qui se forme. En effet, le mécanisme supposé de cette réaction fait intervenir une attaque nuclophile de l'amino-sucre sur le deuxième atome d'azote chargé positivement du triflyl azide. Il en résulte une libération de $TfNH_2$ sans dégagement d'azote gazeux.

→1.1.1.1.2 Accès au benzylidène

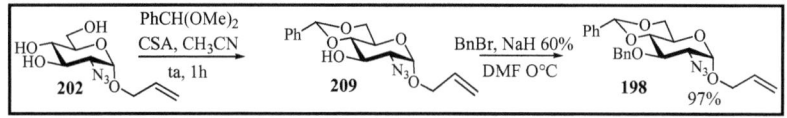

Schéma 64

Le triol **202** a été engagé dans une réaction de protection des positions 4 et 6 par la formation d'un benzylidène. Cette réaction s'effectue avec le

---

[125] a : A. Vasella, C. Witzig, J. L. Chiara, M. Martin Lomas, *Helvetica Chimica Acta*, **1991**, *74*, 2073
b : P. B. Alper, S. C. Hung, C. H. Wong, *Tetrahedron Lett.*, **1996**, 37, 34, 6029-6032

dimethylacétal du benzaldéhyde dans l'acétonitrile et est catalysée par de l'acide camphorsulfonique.

Le composé **209** est ensuite benzylé sur la position 3 suivant une méthode classique de benzylation par le bromure de benzyle dans le DMF à 0°C et NaH comme base. Le composé **198** est ainsi obtenu avec un rendement de 97%.

1.1.1.2 Obtention de l'accepteur 197 (benzylé en C₆)

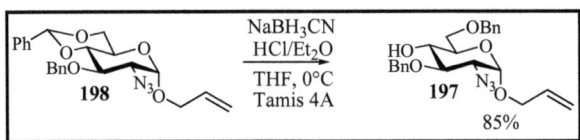

Schéma 65

La position 4 du composé **198** est ensuite libérée par une réaction de basculement ou ouverture réductrice. Pour cela on prépare une solution d'ether anhydre saturée en acide chlorhydrique que l'on ajoute à 0°C sous argon au composé **198** en solution dans le THF et en présence de tamis moléculaire 4 Å, de cyanoborohydrure de sodium et d'un indicateur coloré : l'orange de méthyle (rouge à pH<3,3 et jaune-orange à pH>4,4). Le composé **197** est obtenu avec un rendement de 85%.

1.1.1.3 Obtention de l'accepteur 196 (acétylé en C₆)

→ **1.1.1.3.1 Méthode d'enlèvement du benzylidène**

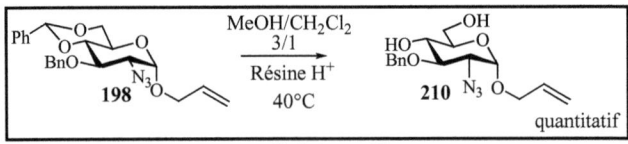

Schéma 68

La méthode précédente d'enlèvement du benzylidène consistait à utiliser l'acide acétique à 60%, ce qui donnait un rendement de 95%, pas toujours reproductible.

Nous avons donc essayé avec succès **(rendement de 99%)** l'utilisation de la résine H$^+$ dans le méthanol et le dichlorométhane non distillés. On utilise un peu de dichlorométhane pour solubiliser le composé **198**. Une fois la réaction terminée il suffit de filtrer la résine et de neutraliser rapidement avec du NaHCO$_3$ solide ce qui permet d'éviter à la réaction inverse d'avoir lieu, et de traiter par une simple par filtration.

→1.1.1.3.3 **Acétylation sélective de l'alcool primaire**

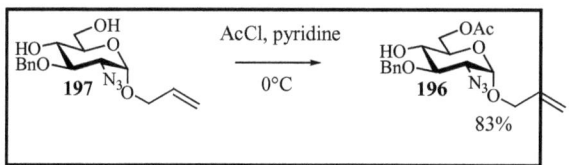

Schéma 67

Le diol **210** composé d'un alcool primaire et secondaire est acétylé de façon séléctive en C$_6$ en utilisant juste un équivalent de chlorure d'acétyle anhydre en présence de pyridine anhydre, à froid. Après traitement et purification par chromatographie éclair sur colonne de silice, on obtient l'accepteur **196** attendu avec un rendement de 83%.

1.1.2 Synthèse des donneurs

Nous avons élaboré une méthode d'accès aux donneurs dérivés d'acide iduronique très efficace et transposable à grande échelle (plusieurs dizaines de grammes).[126]

---

[126] A. Dilhas, D. Bonnaffé, *Carbohydr. Res.*, **2003**, *338*, 681-686

1.1.2.1 Préparation sélective de l'idose triacétylé

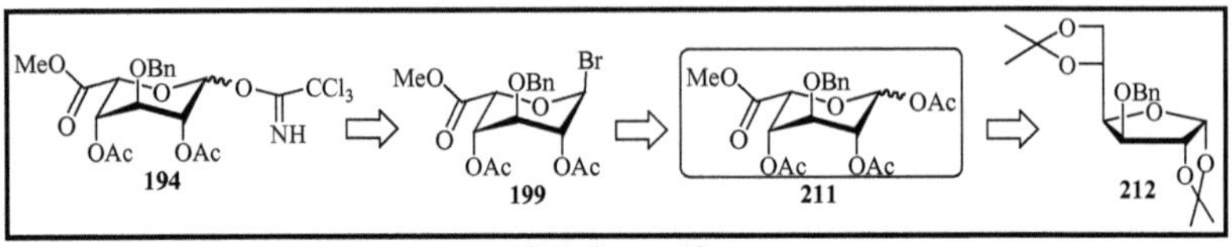

Schéma 68

→ **1.1.2.1.1 Préparation stéréosélective de l'ester iduronique à partir du glucose**

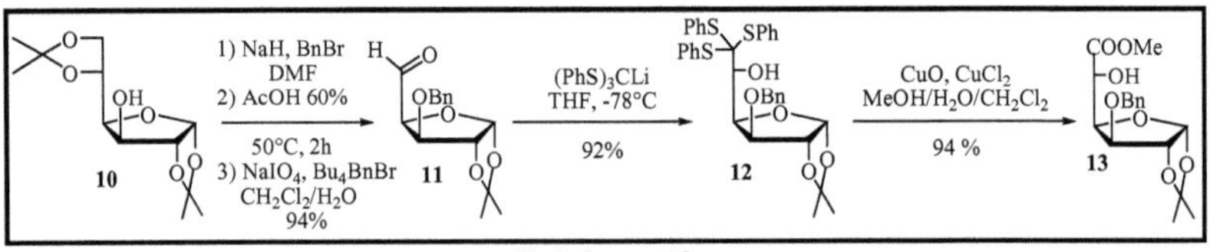

Schéma 69

La stratégie stéréosélective d'obtention de l'ester iduronique a été préalablement élaborée au laboratoire.[53] Cette synthèse est parfaitement reproductible y compris sur de grosses quantités. Le produit de départ peut-être le glucose converti en diacétone glucose **10** ou directement la diacétone glucose commerciale. Après benzylation de la position 3 dans les conditions classiques, l'isopropylidène en position 5,6 est sélectivement hydrolysé en milieu acide, puis le diol obtenu est engagé dans une réaction de coupure oxydante pour libérer l'aldehyde **11** en position 5 du dérivé du glucose. L'étape suivante est une étape clé de la synthèse puisque c'est elle qui conduit à la configuration L-Ido. En effet, l'addition du tris-phénylthiométhyllithium sur l'aldehyde **11** conduit de manière totalement stéréosélective au composé **12**. Enfin, l'ester méthylique est démasqué par l'utilisation de sels de cuivre moins toxiques que les sels de mercure.

→**1.1.2.1.2 Enlèvement de l'isopropylidène**

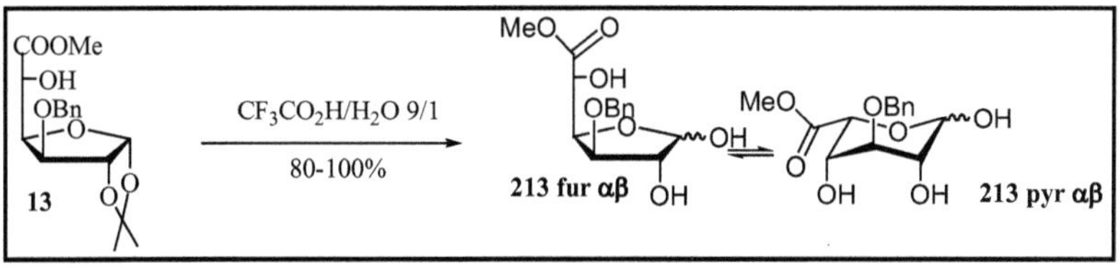

Schéma 70

L'hydrolyse de l'isopropylidène et la libération des hydroxyles en position 1 et 2 se fait en milieu acide en présence d'acide trifluoroacétique 90%. En solution nous sommes en présence d'un mélange en équilibre d'anomères α/β de forme pyranuronique **213 pyr αβ** et furanuronique **213 fur αβ**. Au bout de 20 min, l'acide est évaporé puis coévaporé 3 fois à l'eau.[127] Le produit cristallise alors dans le ballon et est engagé dans la réaction d'acétylation tel quel ou après recristallisation, pour de meilleurs résultats.

Notons que sur de grosses quantités (plusieurs dizaines de grammes) ce traitement n'est pas applicable puisque l'acide trifluoroacétique ne se coévapore totalement et les restes acides dégradent fortement le composé. Pour cela, les conditions réactionnelles ont été modifiées.

Le solvant est désormais le dichlorométhane et la quantité d'eau est augmentée par rapport à l'acide. La réaction est terminée au bout de trois heures. Le milieu est alors neutralisé avec une solution saturée de bicarbonate de sodium. La phase aqueuse est ensuite extraite plusieurs fois avec du dichlorométhane. Une purification par chromatographie éclair sur colonne de silice dans l'acétate d'éthyle pur est nécessaire. L'acétate d'éthyle est de nouveau utilisé comme solvant de recristallisation.

---

[127] J. C. Jacquinet, M. Petitou, P. Duchaussoy, I. Lederman, J. Choay, G. Torri, P. Sinaÿ, ***Carbohydr. Res.***, **1984**, *130,* 221-241

En vue d'optimiser et d'expliquer l'amélioration de la réaction d'acétylation qui est décrite juste après, une étude RMN approfondie des cristaux a été réalisée.

Il semble que les cristaux soient uniquement sous la forme pyranose β purs mais il est difficile de l'affirmer puisque une RMN du proton réalisée dans le méthanol deutéré juste après la solubilisation des cristaux laisse apparaître sur le spectre un composé fortement majoritaire **213 pyr β** et trois autres composés **213 pyr α+ 213 fur α+ 213 fur β**. Cette proportion évolue au cours du temps en faveur des trois derniers composés.

→ **1.1.2.1.3 Acétylation sélective**

Méthode classique : Pyridine /anhydride acétique

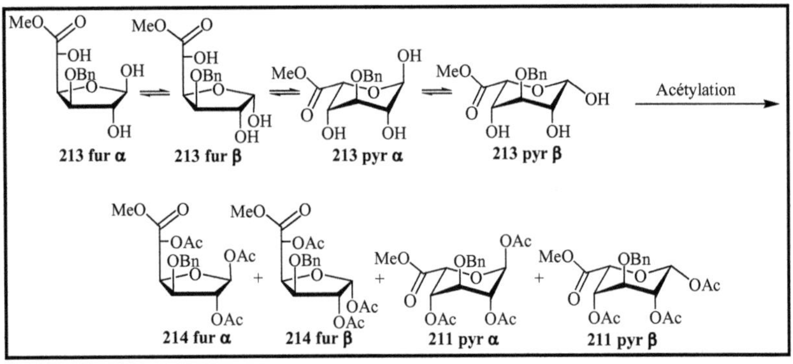

Schéma 71

Les cristaux **213 pyr β** se solubilisent instantanément en présence de pyridine puis l'anhydride acétique est ajouté pour obtenir un mélange de formes furanose α/β et pyranose α/β dans un rapport 40/60 **(schéma 71)**.[6] Or seul les formes pyranuroniques nous sont utiles pour l'activation en donneur.

La séparation des composés se fait par chromatographie éclair sur colonne de silice mais elle ne permet pas de récupérer en une fois tout le pyranose pur à cause de nombreuses fractions de mélange. Notons que le composé pyranosique peracétylé **211 β** est le seul à cristalliser, malheureusement pas quand il est mélangé aux autres isomères.

Recyclage

Les fractions inséparables et les composés peracétylés furanosiques **214** sont récupérés et engagés dans un processus de recyclage **(schéma 72)**. Cela implique une désacétylation de ces composés avec deux équivalents de K_2CO_3 puis une réacétylation dans les mêmes conditions.

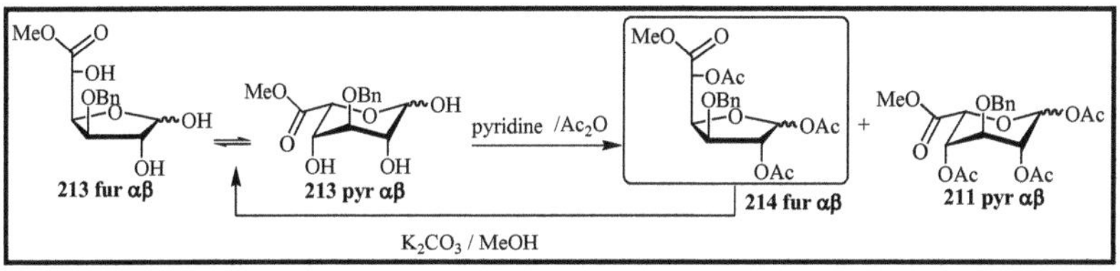

Schéma 72

Une nouvelle méthode d'acétylation s'imposait donc pour favoriser la formation du pyranose peracétylé **211** de préférence β pur car facile à purifier par cristallisation.[126]

Acétylation sélective

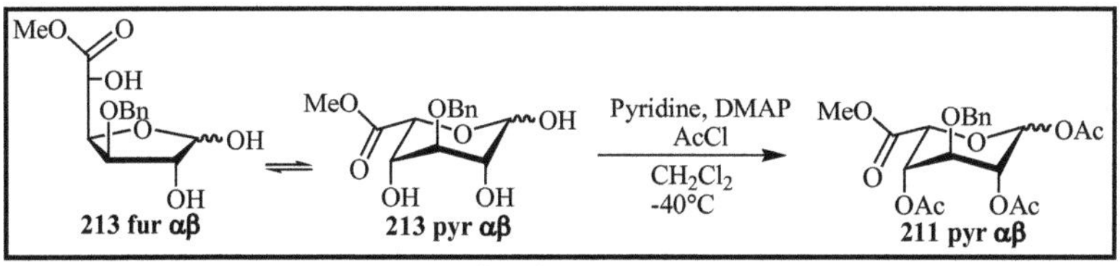

Schéma 73

En partant du fait que les cristaux du composé **213** sont quasiment β pur si ce n'est β pur, on décide de réaliser une étude de la réaction d'acétylation dans un solvant qui ne les dissolve pas et à basse température de façon à limiter le phénomène d'équilibre entre les différentes formes. Différentes réactions ont été menées et leur résultats rassemblées dans le **tableau 6**.

Entrée	Conditions [a]	Temperature (°C)	Composés (%)[b]				Rendements isolés (%)[c]	
			214α	**214β**	**211α**	**211β**	Crist. **211β**	**211** (α+β)
1	A	20	8	29	15	48	nd.	nd.
2	A	-40	18	22	20	40	nd	nd
3	B	-20	8	6	6	80	nd.	nd.
4	B	-40	-	2	4	94	82	90
5	B	-50	-	3	3	94	nd.	nd.
6	C	-40	8	7	17	68	nd.	nd.
7	B[d]	-40	-	-	6	94	60	70

Tableau 6

a) Conditions a « classiques »: acetylation utilisant Ac_2O dans la pyridine. Condition B « nouvelles » : acetylation dans le dichlorométhane avec 6.0 eq. AcCl, 9.3 eq. pyridine et 0.07 eq. DMAP. Conditions C : cristaux **213 β-Pyr** d'abord dissouts dans 9.3 eq. pyridine, puis le dichlorométhane est ajouté et le reste de la réaction suit les conditions B.
b) le rapport est déterminé par RMN ^{13}C: δ (ppm): 98.7 (C_1 **214α**); 92.7 (C_1 **214β**); 91.2 (C_1 **211α**); 89.8 (C_1 **211β**) and ^1H: δ (ppm): 6.10 (d, J = 3Hz, H_1 **214α**); 6.41 (d, J =4,5 Hz, H_1 **214β**), 6.23 (t, J =1,5 Hz, H_1 **211α**), 6.08 (d, J =1,5 Hz, H_1 **211β**).
c) Les cristaux **211β** sont obtenus après traitement et cristallisation dans l'ether diéthyliquer, le mélange **211α** + **211β** restant est obtenu après chromatographie éclair de la solution mère.
d) Conditions B utilisés sur les cristaux bruts obtenus après enlèvement du groupe 1,2-isopropylidene.

Entrée 1: dans les conditions classiques d'acétylation, on retrouve le rapport habituel des formes pyranoses et furanoses.

Entrée 3 : On cherche à piéger l'isomère cristallin **213 β** de départ. Dans les nouvelles conditions, à -20°C, on note une forte augmentation de la forme pyranose β. Cependant, la température semble encore permettre une équilibration des formes libres en solution.

Entrée 4, 5 et 7 : nous avons rassemblés ici les conditions les meilleures pour favoriser la formation quasi exclusive de la forme pyranose β. La température idéale est donc de -40°C.
Notons que l'utilisation des cristaux bruts fournit un rendement légèrement inférieur et altère un peu la très bonne sélectivité.

Entrée 2 et 6 : la sélectivité est décevante lorsque les cristaux sont dissouts dès le départ que l'on utilise les conditions classiques ou nouvelles.

Ces résultats nous montrent que l'augmentation de la forme pyranose est liée au piégeage de l'isomère cristallin qui n'a pas le temps de s'équilibrer et non à un effet de la température ou du solvant.

En résumé les résultats présentés dans le **tableau 1** montrent clairement que :
- l'utilisation de cristaux de **217β-Pyr** est indispensable à l'obtention de **211-Pyr** et en particulier de **211β-Pyr** avec une bonne sélectivité
- la température, en défavorisant l'anomérisation, joue un rôle important dans la proportion de **211β-Pyr.**

Nous avons mis au point des conditions d'acétylation qui permettent non seulement d'obtenir essentiellement la forme pyranose du composé souhaité mais aussi de former préférentiellement le pyranose β **(96%)**. Ceci est un grand avantage puisque la purification se fait par simple cristallisation dans l'ether étant donné que c'est le seul des 4 isomères qui cristallise.
Cette mise au point de l'acétylation permet de réaliser des économies de travail, de produit et de temps.

1.1.3 Accès au donneur possédant un brome en position anomérique

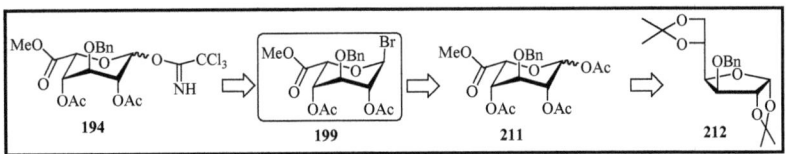

Schéma 74

1.1.3.1 Réaction de bromation

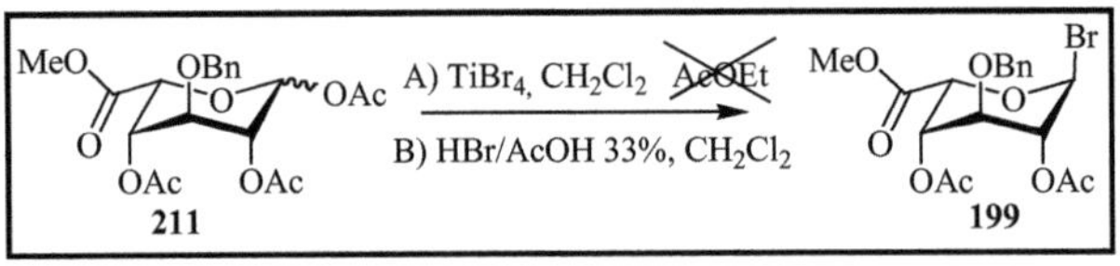

Schéma 75

Deux voies de synthèse du dérivé bromé ont été testées.

Avec l'acide bromidrique la réaction est lente mais totale.

Avec le tétrabromure de titane dans le dichlorométhane la réaction est rapide et totale. L'ajout d'acétate d'éthyle comme dans la publication originale[127] n'est pas nécessaire, de plus dans ce cas le temps de réaction est multiplié par 10.

1.1.4 Accès au donneur possédant une fonction trichloroacétimidate en position anomérique[128]

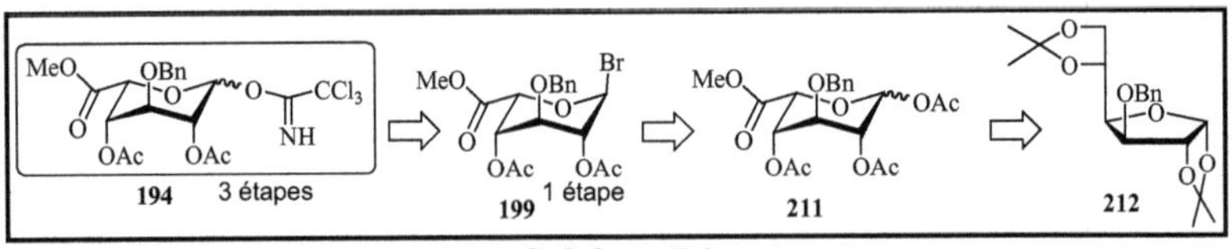

Schéma 76

Ici l'étape clef est l'obtention de l'hydroxyle en position anomérique.

---

[128] A. Dilhas, D. Bonnaffé, *Tetrahedron Lett.*, **2004**, *45*, 3643-3645

1.1.4.1 Obtention de l'hémiacétal

Différentes méthodes ont été utilisées pour libérer la position anomérique : la coupure sélective de l'acétate anomérique du composé **211** (**Schéma 77**) et l'hydrolyse du dérivé halogéné anomérique **199** (**Schéma 78**).

→ 1.1.4.1.1 Tentative d'hydrolyse de l'acétate anomérique

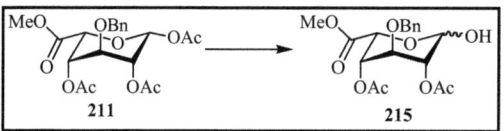

Schéma 77

Réactifs	Solvants	Température °C	Commentaires
Benzylamine	Et₂O/CH₂Cl₂	ta	Dégradation
	CH₂Cl₂	ta →30°C	Dégradation
Acétate d'hydrazine	DMF	ta	Dégradation
	DMF	50°C	Dégradation
AlCl₃ [129]	CH₂Cl₂	0°C→ta	Pas de réaction

Tableau 7

Dans le cas de la benzylamine et de l'acétate d'hydrazine, avant que le produit de départ n'ait eu le temps de se convertir totalement dans le composé attendu, il apparaît rapidement de nombreux sous –produits.

→ 1.1.4.1.2 Hydrolyse du dérivé bromé

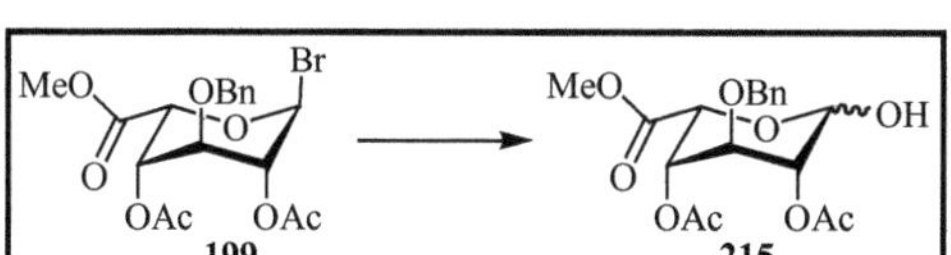

Schéma 78

---
[129] K. Yoshikazu, H. Naoki, *Patent*, **1998**

Réactifs	Solvants	Température °C	Rendements
HgO/HgCl$_2$	Acétone/eau	Temp. ambiante	82%
Silice, NaHCO$_3$	Acétone/eau	Temp. ambiante	60-76%
NaHCO$_3$	Acétone/eau	Temp. ambiante	<60%

Tableau 8

Les sels d'argent sont efficaces pour hydrolyser des dérivés halogénés mais ne sont pas utilisés pour des raisons de coût puisqu'il s'agit de convertir de grosses quantités de produits.

Comme on remarque que le dérivé bromé n'est pas stable et qu'il s'hydrolyse sur plaque, il a été mis en présence de silice dans un mélange acétone/eau 9:1 en rajoutant du bicarbonate de soude jusqu'à neutralité. Une réaction en parallèle sans silice a montré que celle-ci n'était pas nécessaire pour l'hydrolyse.

Bien que la méthode avec les sels de mercure soit toxique, c'est elle qui permet d'obtenir le rendement le plus élevé et qui donne la réaction la plus propre sur CCM.

→**1.1.4.1.3 Introduction de la fonction trichloroacétimidate**

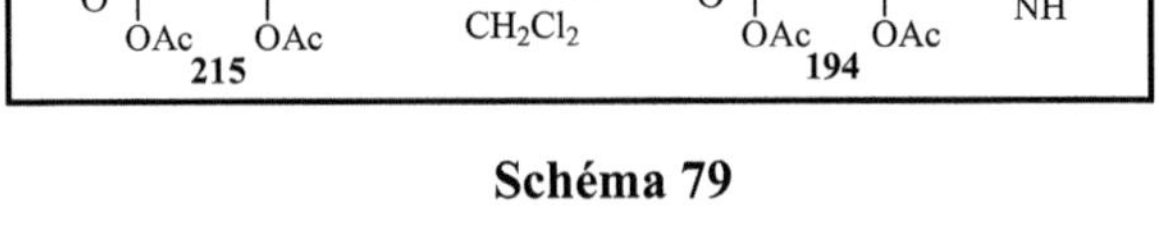

Schéma 79

La réaction se fait simplement dans le dichlorométhane distillé avec du trichloroacétonitrile distillé et du carbonate de potassium pour former l'ion alcoolate nucléophile. Au bout de 4h la réaction est terminée et après purification on a un rendement de 93%. Donc sur deux étapes on peut arriver à un rendement de 76% à partir du composé **211**.

1.2 Couplage conduisant aux disaccharides

1.2.1 Couplage impliquant le donneur possédant une fonction brome en position anomérique

1.2.1.1 Avec l'accepteur acétylé en position 6

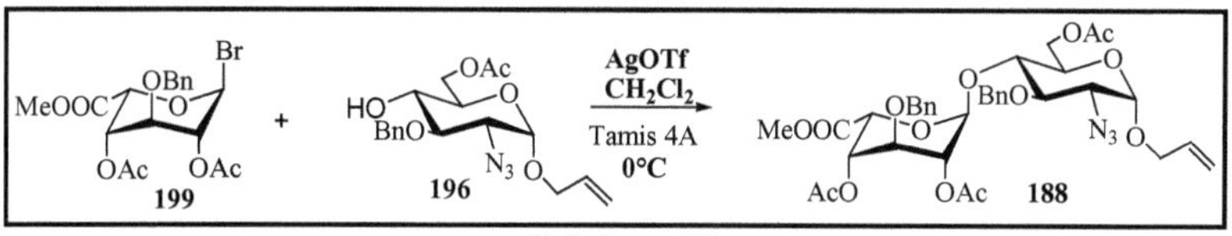

Schéma 80

Cette méthode de couplage à été mise au point au laboratoire.[123] Le couplage est réalisé à 0°C avec un excès d'accepteur **(196)** (1,4 equivalent pour un equivalent de donneur **(199)**) dans le dichlorométhane anhydre en présence de triflate d'argent (1,2 équivalent) et de tamis moléculaire **(schéma 80)**.

Bien que de bons rendements, à l'échelle de 1g, de l'ordre de 75% aient été obtenus auparavant. Il semble malheureusement que les conditions de couplage ne permettent pas d'avoir des résultats reproductibles. Des réactions menées sur 0,12 à 2,25 mmol de donneur n'ont en effet conduit qu'à des rendements de 30 à 53%. La même constatation est faite avec l'accepteur **197**.

1.2.1.2 Avec l'accepteur benzylé en position 6

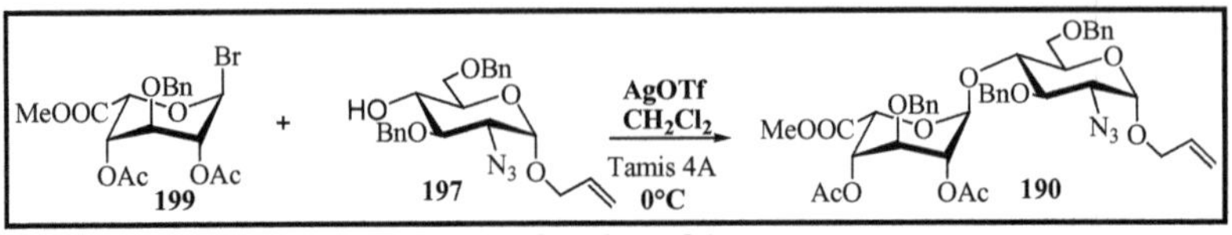

Schéma 81

La même constatation est faite avec l'accepteur **197**. Des réactions menées sur 0,15 à 0,45 mmol de donneur n'ont en effet conduit qu'à des rendements de 30 à 53% au lieu des 81% obtenus auparavant.

Etant donné le manque de reproductibilité, il est nécessaire de trouver d'autres conditions de couplage qui permettent de réaliser des couplages à grande échelle avec de bons rendements et de manière reproductible. Nous avons vu dans la littérature que les donneurs ayant une fonction trichloroacétimidate sont efficaces nous décidons alors d'introduire cette fonction sur le donneur.

1.2.2 Couplage impliquant le donneur possédant une fonction trichloroacétimidate en position anomérique

1.2.2.1 Mise au point des conditions de couplage

→**1.2.2.1.1 Réactions préliminaires**

Les mises au point ont été réalisées à partir de l'accepteur **197** benzylé en position 6 (**schéma 82**).

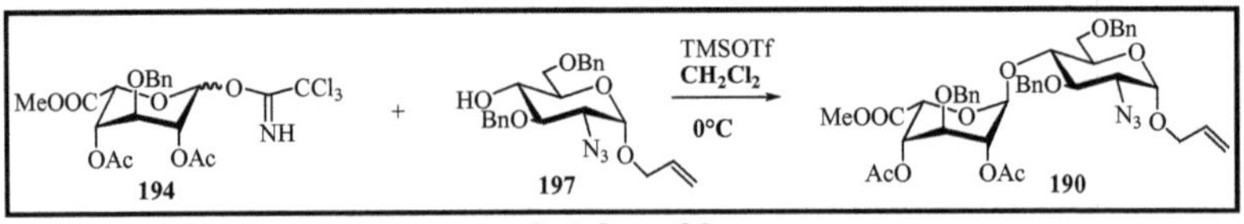

Schéma 82

De nombreuses réactions ont été menées dans différentes conditions et ont permis de caractériser ou de localiser sur plaque CCM les sous produits qui sont apparus dans nos réactions en plus du disaccharide **190**. Ainsi en fonction des conditions, nous avons pu observer la formation du produit d'élimination **216**, de l'accepteur silylé **217**, de l'orthoester **219** et bien entendu de l'acétamide **218**.

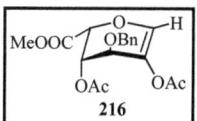

Schéma 83

Globalement nous avons pu remarquer que la température influerait sur la formation du produit d'élimination.

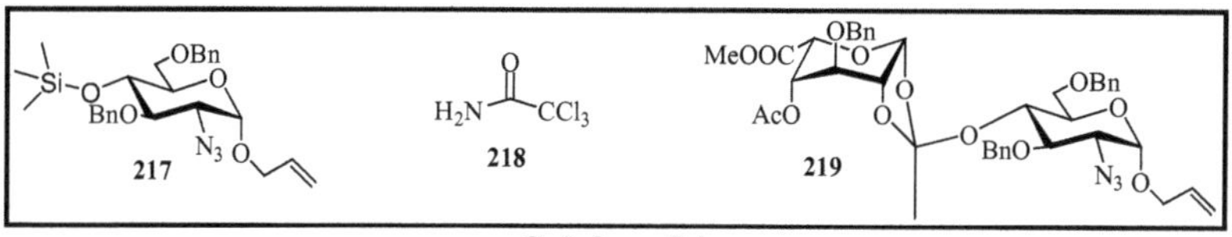

Schéma 84

→**1.2.2.1.2 Mise en évidence de l'importance des concentrations des différents intervenants dans la réaction de glycosylation**

• Avec ces éléments en main, nous avons décidé de faire les réactions à 0°C, pour éviter la formation du produit d'élimination **216** et de faire varier les concentrations et la quantité de catalyseur ajouté. Les résultats sont rassemblés dans le **tableau 9**.

N° Réact°	Donneur [ ]	eq	Accepteur [ ]	eq	Catalyseur [ ]	eq	Solvant	Tamis 4A	Temp	Rendements disaccharide
1	0,09	1,3	0,07	1	0,014	15%	CH₂Cl₂	oui	0°C	25%
2	0,09	1,3	0,07	1	0,005	5%	CH₂Cl₂	oui	0°C	42%
3	0,9	1,3	0,7	1	0,014 début	1,5 à 7,5%	CH₂Cl₂	oui	0°C	46%
4	0,9	1,3	0,7	1	0,046	5%	CH₂Cl₂	oui	0°C	68%
5	0,9	1,3	0,7	1	0,09	10%	CH₂Cl₂	oui	0°C	63%
6	0,9	1,3	0,7	1	0,014 début	1,5 à 4,5%	CH₂Cl₂	non	0°C	81%

Tableau 9

- La réaction 1 est la référence pour les 2 expériences 2 et 3, elle reprend les meilleures conditions déterminées précédemment au niveau du rendement et de la formation des sous produits. Dans ce cas le rendement plus faible parce que la réaction n'est pas restée suffisamment à 0°C et en milieu trop acide (15% de catalyseur par rapport au donneur) le donneur s'hydrolyse. Pour 2, on est passé de 0,15 équivalent (0,014 M) à 0,05 équivalent (0,005 M) de catalyseur pour une même dilution. Pour 10, on a concentré par 10 tout en gardant la même concentration de catalyseur au départ (0,014 M) que pour 1. Pour les réactions 1 et 2, l'accepteur n'est pas consommé en totalité alors qu'il est le réactif limitant. Pour 3 on commence par ajouter 1,5% de catalyseur (0,014 M) et on constate au bout d'1 h que nous avons formé quasi exclusivement de l'orthoester **219** et un peu de disaccharide **190**. De plus **il ne reste plus d'accepteur**. La réaction est laissée 1 nuit mais le un réarrangement en disaccharide n'est pas total. Alors deux ajouts de 3% à 3h d'intervalle ont permis de constater que l'orthoester se réarrangeait en disaccharide à chaque fois, mais avec de la dégradation la deuxième fois.

- La réaction 3 (conditions très concentrées), la plus réussie est maintenant la référence pour la série 4, 5, 6. Pour 4, on est passé à 5% (0,047 M) de catalyseur par rapport au donneur ajoutés en une fois. Pour 5, on est passé à 10% de catalyseur (0,094 M) ajoutés en une fois. Dans ces 2 cas, au bout de 15 min, on observe du disaccharide **190** et de l'accepteur **197**. Pour 6, on travaille sans tamis, avec au début 1,5% de catalyseur (0,014 M). Dans ce dernier cas, au bout de 15 min puis 30 min, on observe de l'accepteur, du donneur, de l'orthoester et du disaccharide. On ajoute alors 3% (0,047M) de catalyseur et au bout d'1h on a un tout petit peu d'orthoester et beaucoup de disaccharide. Ce sont donc les meilleures conditions.

→**1.2.2.1.3 Importance du mode d'addition du catalyseur**

Comme les expériences précédentes semblaient montrer une influence du mode d'addition du catalyseur sur l'issue de la réaction, nous avons décidé de vérifier cela en menant deux réactions en parallèle.

Le nombre d'équivalent du TMSOTf est donné par rapport au donneur (imidate **194**)

Donneur [ ]	eq	Accepteur [ ]	eq	Catalyseur eq	Rendements en disaccharide	Masse obtenue
0,9	1,3	0,7	1	1,5% → 5%	87%	247 mg
0,9	1,3	0,7	1	5%	80%	223 mg
0,9	1,3	0,7	1	1,5% → 5%	94%	2,7 g
Bromure 5 *0,9*	*1,3*	*0,7*	*1*	AgOTf 1,3	35%	96 mg

Tableau 10

Les réactions sont terminées au bout d'un temps d'1h30, nous mettons en évidence que lorsqu'on ajoute 5% de catalyseur en 1 fois, le rendement est inférieur à celui obtenu lorsque l'injection se fait en deux fois. En effet on constate sur CCM que dans le premier cas tout l'accepteur n'est pas consommé. Par contre, lorsqu'on ajoute 1,5%, au bout de 20min, on a quasi exclusivement de l'orthoester **219** et parfois aussi un peu de disaccharide **190**. Au bout d'une demi-heure, les 3,5% de catalyseur restant sont ajoutés afin de convertir l'orthoester **219** en disaccharide **190**.

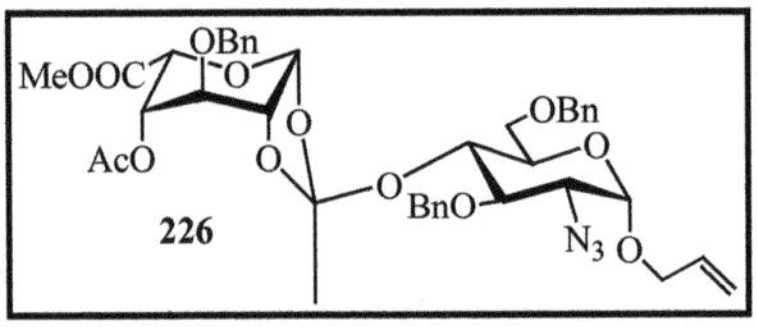

Rappel schéma 85

Après avoir déterminé les conditions optimales du couplage de l'imidate **194** sur l'accepteur **197**, et démontré entre autre l'importance de la concentration et de la température, nous nous sommes demandé si l'utilisation du bromure **199** dans les mêmes conditions de concentration et de température, ne conduirait pas aussi à de bons résultats. Nous donc avons appliqué les mêmes conditions de couplage pour le bromure **199** que pour l'imidate **194** en veillant toutefois à ajouter une quantité stoechiométrique de AgOTf. Dans ce cas le rendement en disaccharide est décevant, ce qui confirme la supériorité de l'activation de l'acide iduronique par un imidate dans cette réaction de glycosylation.

→1.2.2.1.4 Conditions optimales reproductibles à petites et grandes échelle[7]

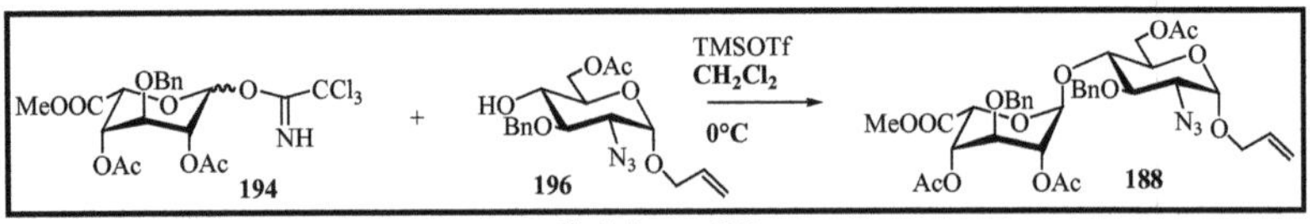

Schéma 86

Les conditions utilisées pour l'obtention du disaccharide **190** ont été utilisées pour l'obtention du second disaccharide **188**.

Le nombre d'équivalent du TMSOTf est donné par rapport au donneur (imidate **6**)

Donneur [ ]	eq	Accepteur [ ]	eq	Catalyseur eq	Rendements en disaccharide	Masse obtenue
0,9	1,3	0,7	1	1,5% → 5%	76%	200 mg
0,9	1,3	0,7	1	1,5% → 5%	84%	1,12 g
0,9	1,3	0,7	1	1,5% → 5%	87%	2,80 g
0,9	1,3	0,7	1	1,5% → 5%	92%	8,82 g

Tableau 11

Le couplage est réalisé dans les mêmes conditions que pour celles utilisées pour obtenir le disaccharide **222**. De la même manière les résultats sont reproductibles et, 20 min après avoir ajouté 1,5% de TMSOTf par rapport au donneur **194**, on constate sur CCM que l'on a majoritairement de l'orthoester et un peu de disaccharide **188**. Une fois les 3,5% restant ajoutés et au bout d'une heure, tout l'orthoester est converti en disaccharide.

Un couplage à grande échelle a aussi été réalisé sur l'accepteur benzylé **197**, ce qui nous a p ermis d'obtenir 9 g de disaccharide **190** en une seule réaction.

Récapitulatif :

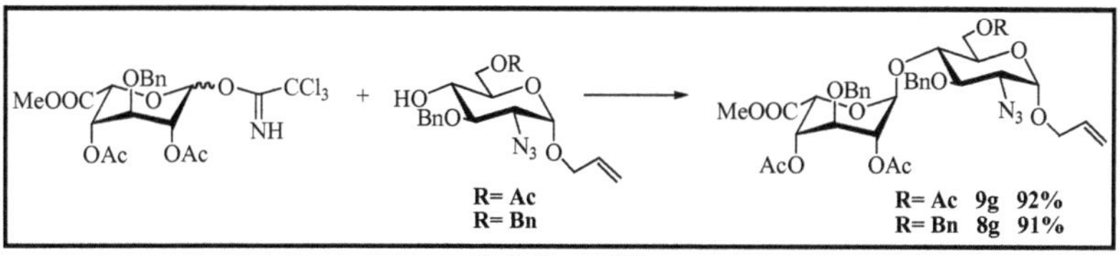

Schéma 87

1.3 Accès aux briques finales : Nouvelle voie de différentiation des positions 2' et 4' de l'unité iduronyle

1.3.1 STRATEGIE n°1 : Méthode de différentiation des positions 2' et 4' via un intermédiaire stannylène

Une première méthode d'accès au disaccharide final **189** a été mise au point au laboratoire.[2] Cette voie a aussi été appliquée pour obtenir le disaccharide final **191** ayant la position 6 de l'unité glucuronique benzylée.[123]

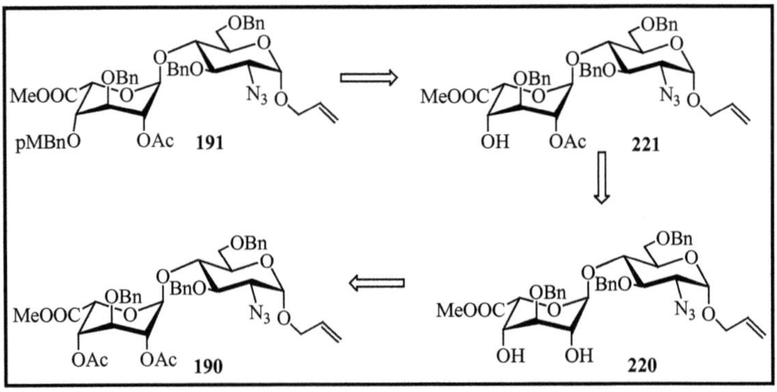

Schéma 88

1.3.1.1 Réaction de désacétylation du disaccharide

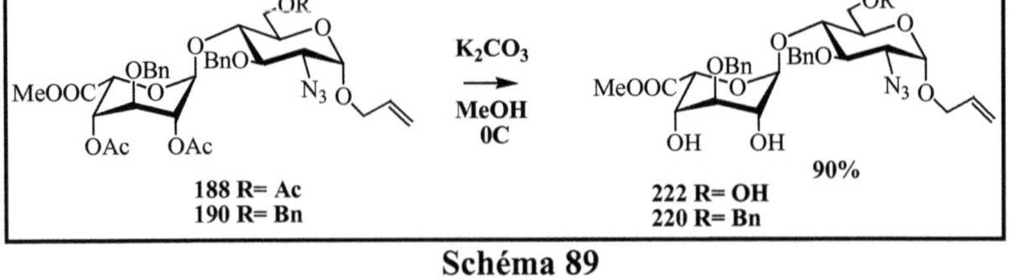

Schéma 89

La réaction se fait de manière presque quantitative à 0°C en 30 min en présence de méthanol anhydre et de carbonate de potassium séché au décapeur thermique. K_2CO_3 est ensuite filtré puis le mélange réactionnel est neutralisé avec de la résine H^+. Celle-ci est filtrée puis le solvant est évaporé et le résidu purifié par chromatographie sur colonne de silice.

1.3.1.2 Acétylation sélective en 2' de l'unité iduronyle

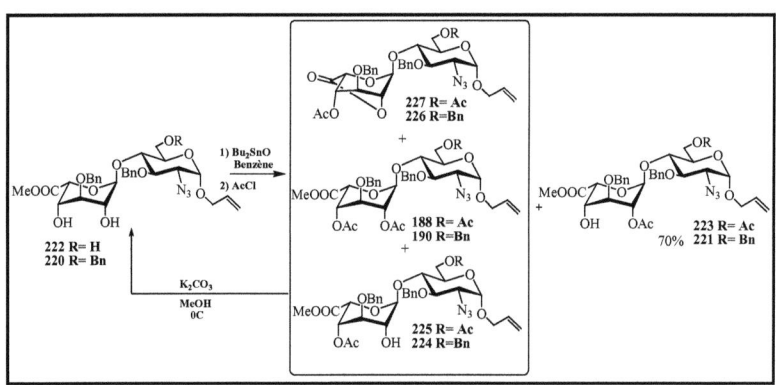

Schéma 90

La réaction se conduit avec un montage Dean-Stark. Le diol **222** en présence de Bu_2SnO est agité à 90°C pendant 30 min plutôt qu'au reflux du benzène pour éviter trop de dégradation. Pendant ce temps le stannylène se forme et l'eau est libérée. Le ballon est ensuite chauffé à 105°C pendant 30 min pour distiller et évacuer petit à petit l'azéotrope eau /benzène grâce au montage. Puis le chlorure d'acétyle est ajouté à température ambiante en quantité stoeckiométrique. En plus du produit désiré **221 (62%)**, on récupère 38% d'un mélange de produit diacétylé **190**, monoacétylé en 4' **224**et de lactone **226**. Ce mélange est alors recyclé pour obtenir une deuxième série de réactions. Le rendement comprenant le recyclage est de 70%.

Le même type de réaction a pu être effectué à partir du triol **222**. Les deux seules différences est que dans ce cas précis 1 équivalent supplémentaire de chlorure d'acétyle et 4 équivalents de triéthylamine ont été ajoutés pour acétyler aussi l'alcool primaire en position 6 de l'unité glucosamine.

1.3.1.2 Introduction du paraméthoxybenzyle en position 4' de l'unité iduronyle

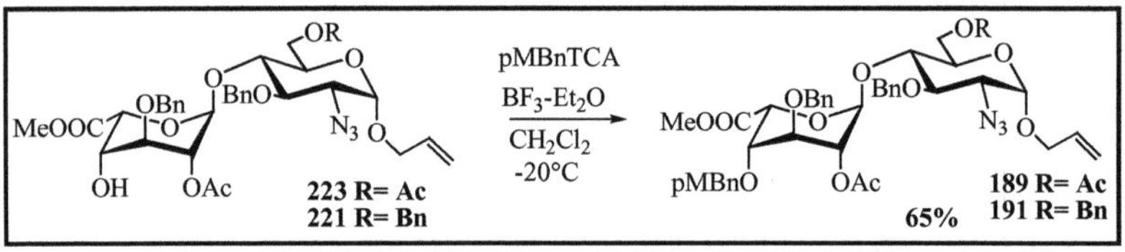

Schéma 91

La réaction est terminée au bout de 15 min, le milieu est alors neutralisé avec une solution de triethylamine dans le dichlorométhane. Après purification, on récupère 32% de produit de départ et 65% de produit d'arrivé.

1.3.1.3 Bilan de la stratégie n°1

Ces réactions ont été réalisées à une échelle de 200 mg. L'étape limitante de cette stratégie est l'acétylation de la position 2' de l'unité iduronyle. Même si le rendement global est de 70%, utiliser ces conditions de réaction à grande échelle n'est pas envisageable puisqu'elles causeraient une perte trop importante de produit de départ. Une autre approche de différentiation des positons 2' et 4' a donc fait l'objet de l'étude suivante.

1.3.2 STRATEGIE n°2 : Méthode régiosélective de différentiation des positions 2' et 4' via un 2',4'-O-paraméthoxybenzylidène

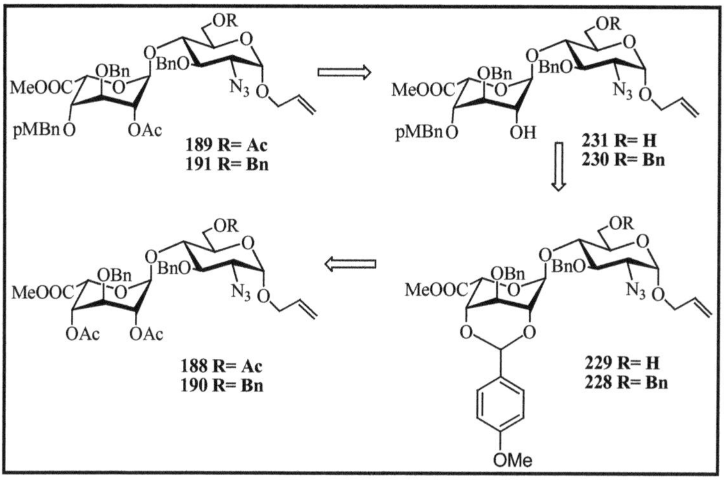

Schéma 92

1.3.2.1 Etudes préalables

→1.3.2.1.1 Première approche

En cas d'ouverture sélective, l'introduction d'un groupe benzylidène est un bon moyen de différentier deux positions.[130] Samuelsson et Johansson ont par la suite décrit deux méthodes de coupure réductrice régiosélective d'un paraméthoxybenzylidène entre les positions 4 et 6 d'un sucre.[131]

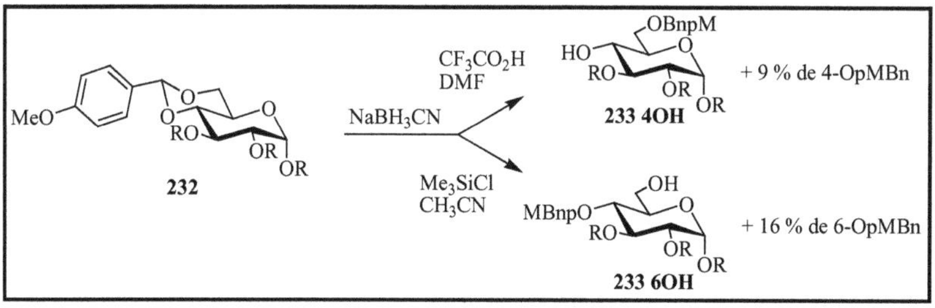

Schéma 93

---

[130] Per J. Garegg, Hans. Hultberg, *Carbohydr. Res.*, **1981**, 93, 1, C10-C11
[131] R. Johansson, B. J. Samuelsson, *J. Chem. Perkin Trans. I.*, **1984**, 2371

Ces deux méthodes ont donc été appliquées au laboratoire au disaccharide **235** et comparées afin de déterminer si l'on peut orienter de façon satisfaisante l'ouverture du paraméthoxybenzylidène.

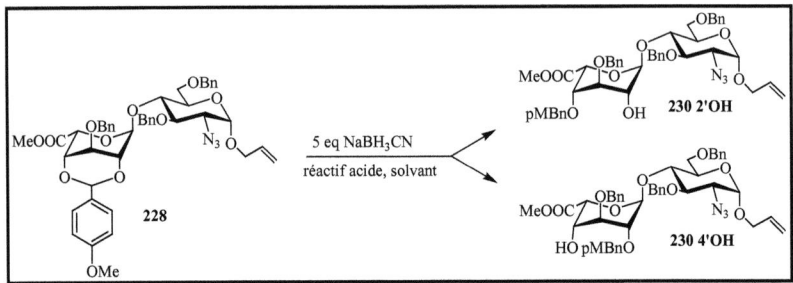

Schéma 94

Couples de réactifs	Solvant	Rapport 237 (4' OH)/(2'OH)
NaBH₃CN/Me₃SiCl	CH₃CN	62/38
NaBH₃CN/CF₃COOH	DMF	60/40
NaBH₃CN/HCl	Et₂O	59/41

Tableau 12

Un mélange des deux produits d'ouverture potentiel **230** 4'OH et 2' OH est obtenu avec des rapports similaires. Ces rapports ont été déterminés par RMN du ^{13}C du mélange brut. Aucune sélectivité n'est obtenue même avec l'utilisation du troisième couple de réactif : acide chlorhydrique/ cyanoborohydrure de sodium qui donne pourtant d'excellents résultats de sélectivité pour l'ouverture du 4,6-benzylidène dans la synthèse de l'accepteur **197**. Le produit **230 (2' OH)** est à chaque fois minoritaire.

Nous avons répété les meilleures conditions du tableau (HCl/Et₂O) sur le disaccharide **228** et confirmé les résultats obtenus. En parallèle nous avons appliqué ces conditions sur l'intermédiaire **192** possédant un groupe 4,6-O-paraméthoxybenzylidène et intervenant dans la synthèse du disaccharide comportant l'unité glucuronique **193**.

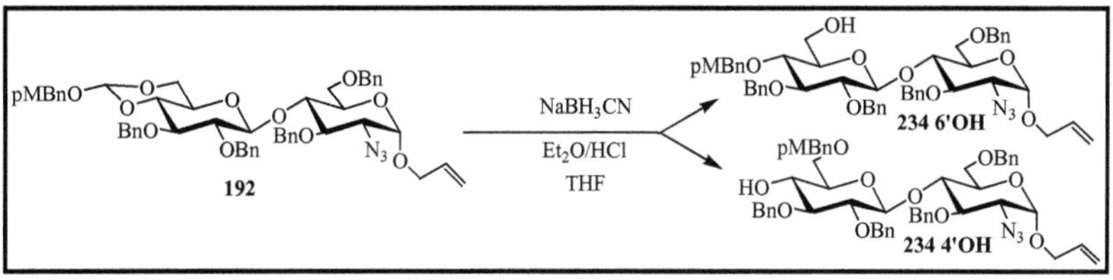

Schéma 95

Cette réaction n'a été faite qu'une fois et a été suivie par plaque CCM. De la même manière, nous n'observons aucune sélectivité et en déduisons par la même occasion que le couple de réactifs NaBH$_3$CN/ HCl est efficace pour ouvrir un benzylidène en position 4,6 d'une unité glucosyle mais ne l'est pas pour ouvrir un paraméthobenzylidène en position 4,6 d'une unité glucosyle.

→ 1.3.2.1.2 **Deuxième approche**

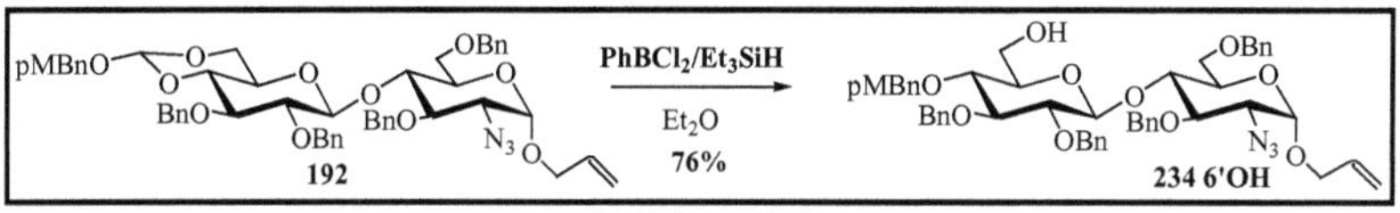

Schéma 96

Justement dans la synthèse de la brique **193**, les positions 4' et 6' sont différentiées par l'ouverture régiosélective du 4',6'-O-parméthoxybenzylidène et cela grâce à l'emploi du couple acide de Lewis / donneur d'hydrure suivant : PhBCl$_2$/EtSiH.[123] Il permet de laisser libre la position la moins encombrée. En effet, le dichlorophénylborane volumineux joue le rôle d'un acide de Lewis qui se lie à l'oxygène le plus accessible stériquement.

L'idée était la suivante : est-il possible d'ouvrir de manière régiosélective un 2', 4'-O-paraméthoxybenzylidène ? L'ouverture conduira t-elle au produit attendu, c'est-à-dire avec la position 2' libre ?

Dans cette réaction, le triéthylsilane joue le rôle de donneur d'hydrogène et le dichlorophényle borane joue le rôle d'acide de Lewis. Ce dernier est utilisé en quantité de 3,4 équivalents. Un premier équivalent se coordinerait sur l'oxygène du carbonyle de l'ester méthylique et un deuxième se coordinerait sur l'oxygène en 2'. Celui-ci est le moins encombré stériquement puisqu'il ne possède pas de substituant en position gauche et est donc le plus accessible pour le dichlorophényle borane volumineux. Sur cette base on pourrait espérer une bonne régiosélectivité de la réaction.

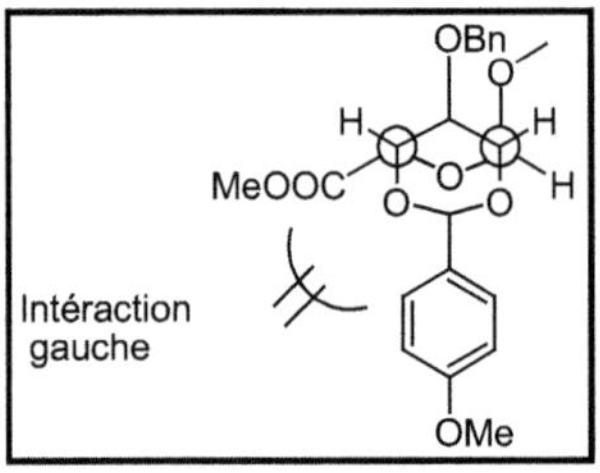

Schéma 97 : Projection de Newman

Notons que, peu avant que nous ne publions nos résultats, le groupe de Martin-Lomas,[132] en utilisant le couple $NaBH_3CN/TMSCl$, a libéré la position 4' sur un monosaccharide iduronique par ouverture réductrice régiosélective d'un 2', 4'-O-paraméthoxybenzylidène avec un rendement de 85%.

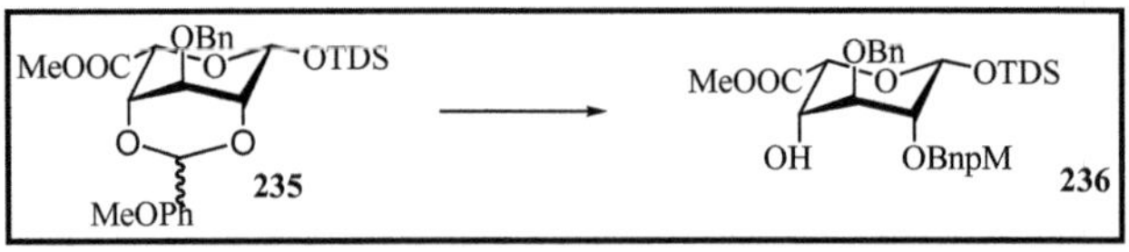

Schéma 98

---

[132] J. L. de Patz, R.Ojeda, N. Reichardt, M. Martin Lomas, *Eur. J. Org. Chem.*, **2003**, 3308-3324

1.3.2.2 Introduction du 4',6'-O-paraméthoxybenzylidène sur l'unité iduronyle[7]

→ **1.3.2.2.1 Conditions réactionnelles initiales d'introduction du groupe paraméthoxybenzylidène**

L'introduction du paraméthoxybenzylidène a d'abord été testée sur le disaccharide **128**, et elle s'est avérée plus difficile que ce qui était attendu. La réaction est effectuée dans le benzène avec un rendement de 83%. Pour favoriser la synthèse du produit, il faut déplacer l'équilibre vers la droite en éliminant le méthanol qui se forme au fur et à mesure. Un montage Dean-Stark est utilisé pour éliminer le méthanol formé. Malheureusement dans ces conditions de chauffage le produit se dégrade en sous –produits provenant probablement de la cycloaddition entre le groupe azide et le groupe allyle.[133]

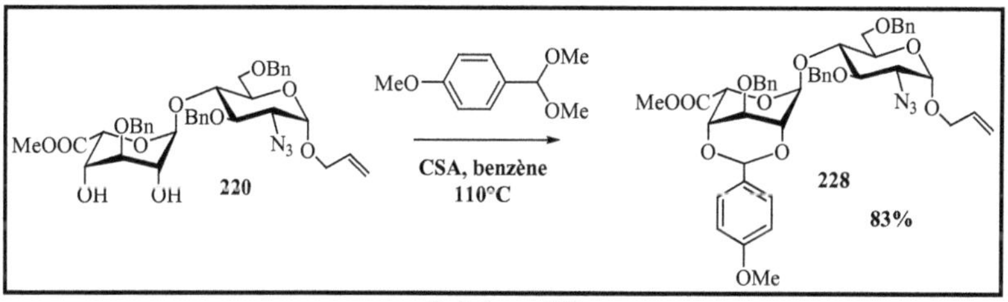

Schéma 99

→ **1.3.2.2.2 Mise au point de la réaction**

• Pour éviter la éviter la formation des sous produits formés à cause d'un chauffage trop élevé, nous avons menées la réaction d'introduction du paraméthoxybenzylidène dans différents solvants ayant une température d'ébullition moins élevée que celle du benzène. Les meilleurs résultats

---

[133] Lamberth, C., Bednarski, M. D. *Tetrahedron Lett.* **1991,** 32, 7369-7372

sont obtenus avec le dichlorométhane et le composé **228** est alors obtenu avec un rendement de 90%.

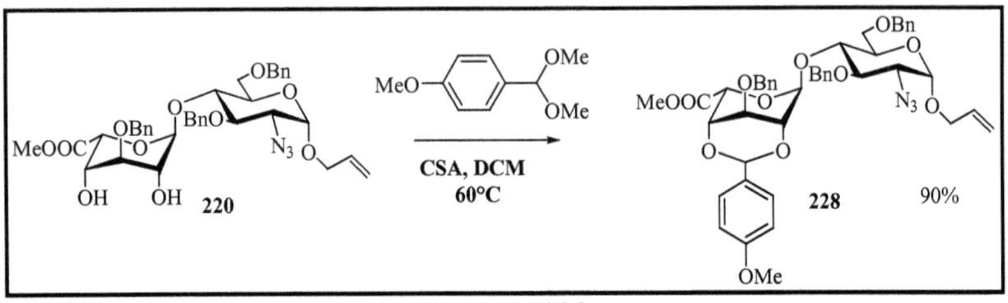

Schéma 100

• Les nouvelles conditions d'introduction du paraméthoxybenzylidène ont été appliquées au triol **222 (schéma 101)**. Mais en plus du composé **229** attendu, protégé en 2'et 4', il se forme deux 'acétals mixtes' **236** et **237** qui ont été isolés et caractérisés **(schéma 102)**.

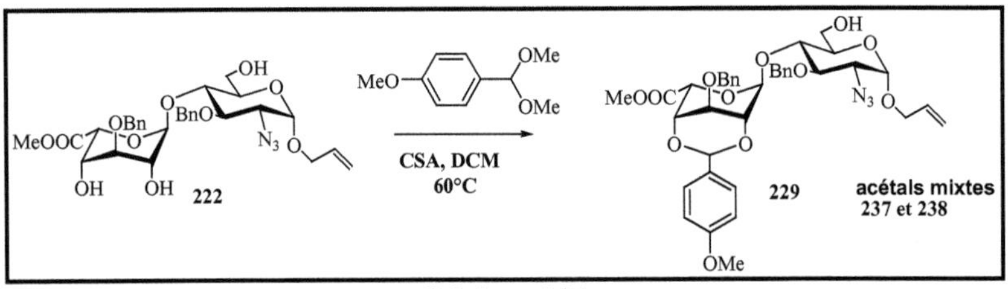

Schéma 101

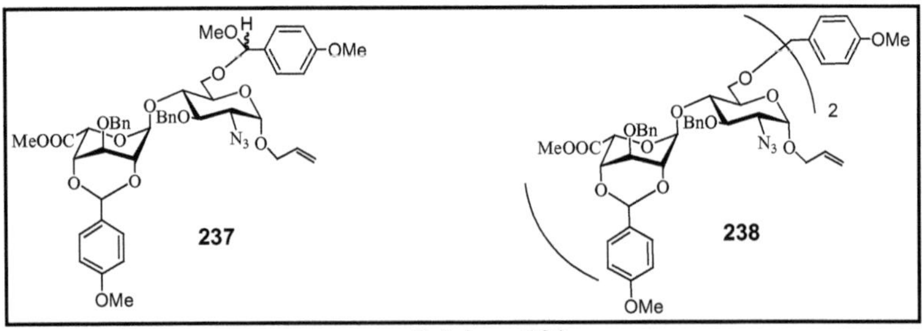

Schéma 102

114

• **Caractérisation des 'acétals mixtes' 237 et 238.**

En RMN du proton, on voit clairement la différence de déplacement chimique entre le pic caractéristique du proton sp3 du paraméthoxybenzylidène placé en 6 et celui placé en α de l'oxygène en 2'. Cette constatation a permis de trouver la structure du composé **238**. Dans un premier temps, ne sachant pas si le produit **237b** minoritaire par rapport à **237a** était un conformère ou un diastéréoisomère, nous avons procédé à plusieurs tests. D'abord, **237a** et **237b** ont été hydolysés indépendamment pour donner les tous deux le produit attendu **229**. Nous avons ensuite chauffé **237b** et vérifié le résultat sur CCM. Ne voyant pas de changement de Rf il ne pouvait s'agir d'un conformère. Enfin le carbone chiral responsable de la diastéréoisomérie a été identifié.

En ce qui concerne le sous-produit **238**, le spectre RMN du proton était très ressemblant à ceux des composés **237a** et **237b** mais tous les signaux semblaient dédoublés. Pour prouver qu'on avait une molécule symétrique, on a effectué plusieurs expériences RMN du proton à différentes températures (de 30°C à 60°C) dans le toluène deutéré. Plus la température est élevée, plus les signaux se simplifient. Une masse en electrospray dans l'acétonitrile seul et non pas dans le mélange dichlorométhane/ méthanol/ eau habituel a permis de donner des résultats concordant avec la structure imaginée. De même ce produit a été traité dans le méthanol à reflux pour redonner le produit **229**.

• **Recyclage des 'acétals mixtes'**

Nous avons alors pensé qu'une méthanolyse sélective des acétals non cycliques pourrait permettre de convertir ces derniers en monoacétal cyclique 229. Nous avons testé trois méthodes opératoires :

-après neutralisation à l'aide de la triéthylamine, le dichlorométhane est évaporé et le résidu est repris dans le méthanol pour être traité à reflux : on obtient alors un rendement maximum isolé de 62%.

- après neutralisation à l'aide de la triéthylamine, les sous produits sont séparés du produit **229** par chromatographie éclair et traités dans le mélange dichlorométhane / méthanol 0°C en présence de PPTS : on obtient alors un rendement maximum isolé de 56%.

- après neutralisation à l'aide de la triéthylamine, le dichlorométhane est évaporé et le résidu est repris dans le mélange dichlorométhane / méthanol 0°C en présence de PPTS : on obtient alors un rendement maximum isolé de 63%.

→ **1.3.2.2.3 Récapitulatif**

Les rendements n'étant pas excellents, nous avons étudié l'acétylation sélective de la position 6 du triol **222** pour éviter le problème de la formation des 'acétals mixtes' et de leur recyclage. L'optimisation de la réaction sera décrite dans la partie suivante. Le diol **239** acétylé sélectivement en position 6 de l'unité glucosamine est alors engagé dans la réaction d'introduction du paramétoxybenzylidène dans les nouvelles conditions plus douces. Les résultats sont excellents.

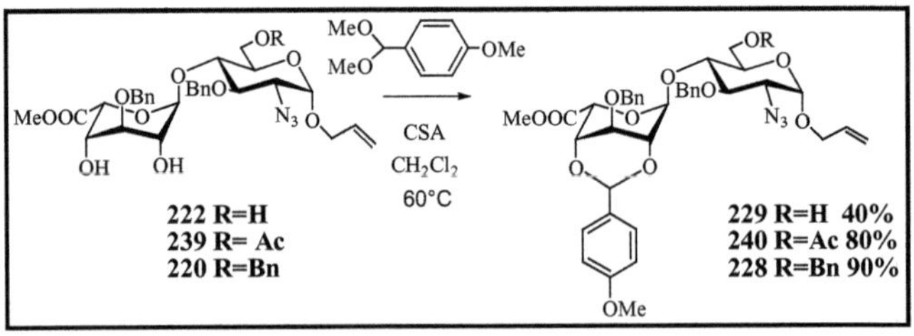

Schéma 103

1.3.2.3 Acetylation sélective de l'alcool primaire à partir du triol

Différentes méthodes d'acétylation de l'alcool primaire ont été essayées :

→ L'utilisation de l'oxyde de bis tributylétain ajouté à une solution de triol dans le benzène suivi de l'ajout de chlorure d'acétyle a conduit à la formation de beaucoup produits.

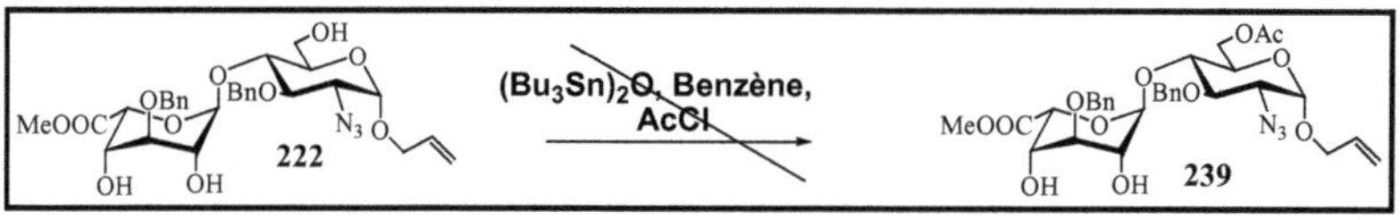

Schéma 104

→ De même, l'utilisation de pyridine et de chlorure d'acéthyle à 0°C n'a pas donné de bons résultats alors que sur le monosaccharide **210** nous avions de très bons rendements.

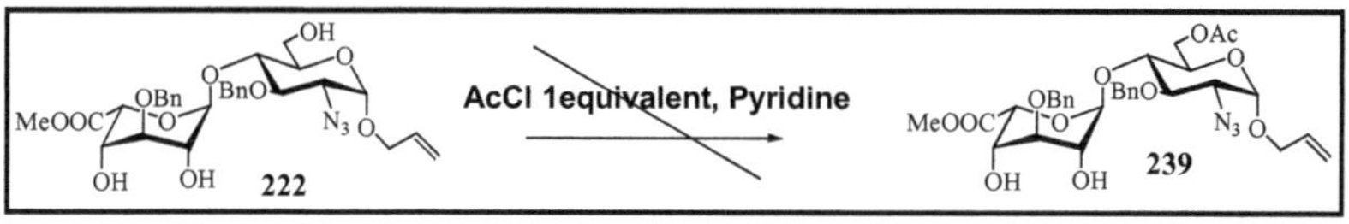

Schéma 105

→ La réaction de Mitsunobu a été efficace.

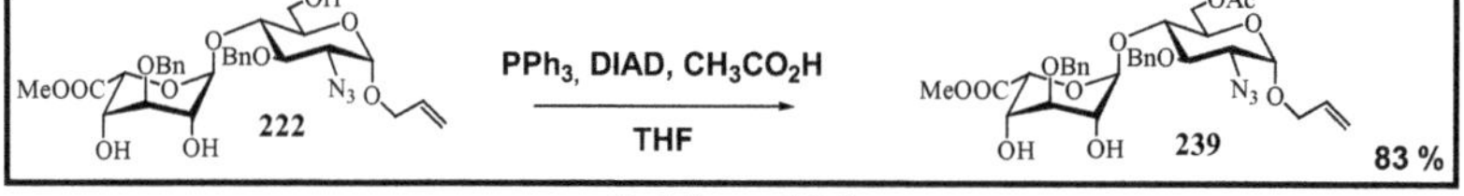

Schéma 106

A partir de 5,2 g de triol on a obtenu 4,4 g de produit acétylé sélectivement.

1.3.2.4 Ouverture réductrice régiosélective[7]

→ **1.3.2.4.1 A partir du disaccharide acétylé en C6**

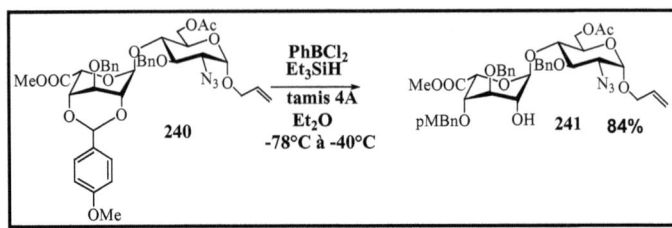

Schéma 107

La réaction d'ouverture réductrice est totalement régiosélective. Le fait que c'est bien la position 2' qui a été libérée est prouvé dans un premier temps par l'acétylation de ce composé **241** qui conduit au composé **189** déjà connu et caractérisé. La libération de la position 2' est aussi prouvée par la RMN du proton. En effet, le signal correspondant à H-2'pour le composé **189** est plus blindé que celui correspondant au composé **241**.

→ **1.3.2.4.2 A partir du disaccharide benzylé en C6**

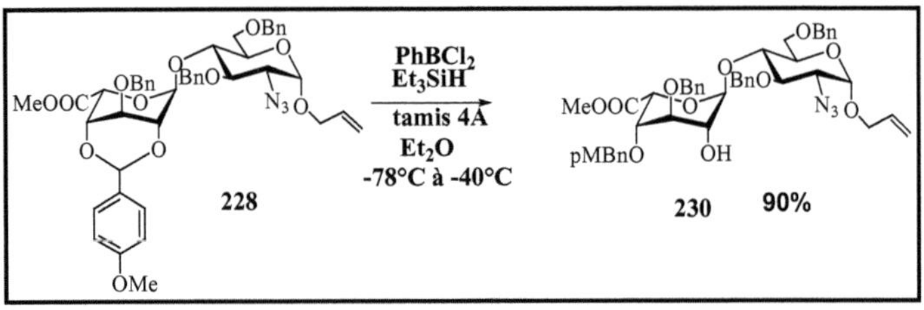

Schéma 108

Comme précédemment la réaction est parfaitement régiosélective et les mêmes analyses que pour le composé **241** ont été réalisées pour prouver la libération de la position 2' de l'unité iduronyle.

→ **1.3.2.4.3 A partir du disaccharide libre en C6**

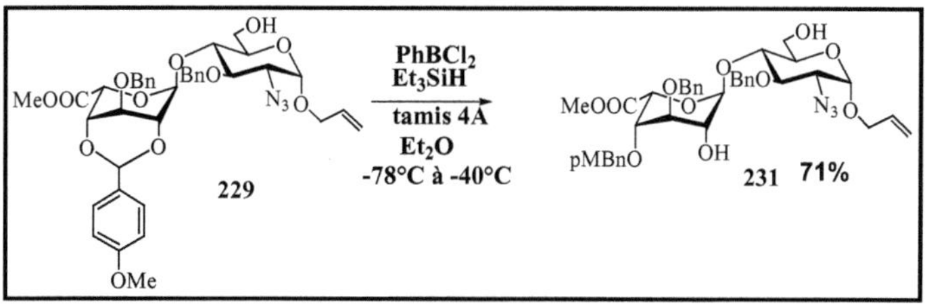

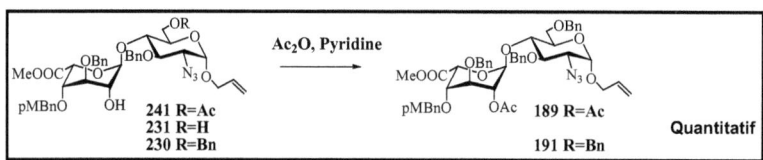

Schéma 109

Cette réaction n'a été réalisée qu'une fois. Elle conduit de manière régiosélective au composé attendu **231**. Le fait que la position 6 de l'unité glucosamine ne perturbe pas la réaction comme il était craint au départ.

Remarque concernant le dichlorophényle borane : A petite échelle la réaction est parfaitement quantitative, à grande échelle on peut observer un peu de produit d'hydrolyse du paraméthoxybenzyle. Toutefois la réaction est parfaitement régiosélective. Cependant certains lots de dichlorophényle borane de mauvaise qualité peuvent hydrolyser jusqu'à la totalité du produit. Il est donc préférable de distiller l'acide de Lewis avant utilisation.

1.2.2.5 Acétylation finale

Schéma 112

Les briques de base sont obtenues de manière quantitative par simple acétylation dans les conditions classiques.

2- STEREOSELECTIVITE ET REACTIVITE DES GLYCOSYLATIONS [2+2]

2.1 Accès aux donneurs et accepteurs disaccharidiques

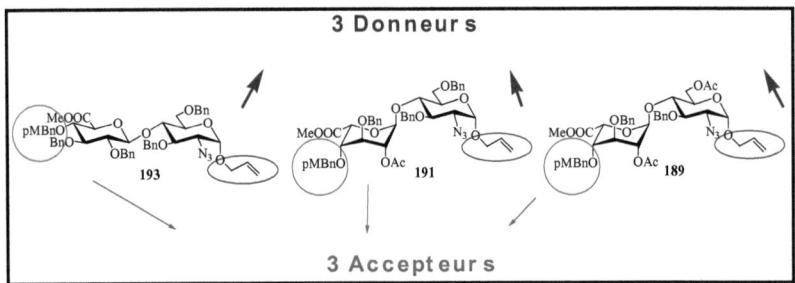

Schéma 113

Les trois briques de base **189**, **191** et **193** vont être chacune transformée en accepteur et en donneur. L'accepteur est obtenu en une étape par hydrolyse du groupe paraméthoxybenzyle. Le donneur est obtenu en trois étapes par isomérisation de la fonction allyle, hydrolyse et introduction de la fonction trichloroacétamide en position anomérique de l'unité glucosamine.

2.1.1 Synthèse de la brique possédant l'unité glucuronique

Cette synthèse a été mise au point au laboratoire et le disaccharide final a été préparé à l'échelle de plusieurs grammes.[123]

2.1.1.1 Préparation du donneur monosaccharidique

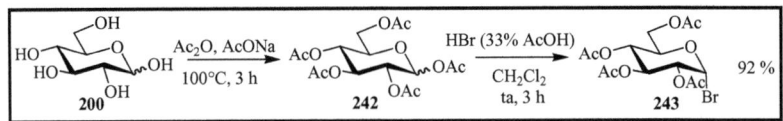

Schéma 114

Le donneur **243** est obtenu en seulement deux étapes à partir du D-glucose avec un excellent rendement. D'abord le glucose **200** est peracétylé grâce à l'emploi d'acétate de sodium dans l'anhydride acétique. Intervient ensuite la bromation sélective du sucre **242**, avec l'emploi d'acide bromhydrique en solution dans l'acide acétique. Le composé α pur est ainsi obtenu grâce à l'effet anomère.

2.1.1.2 Couplage et accès à la brique finale

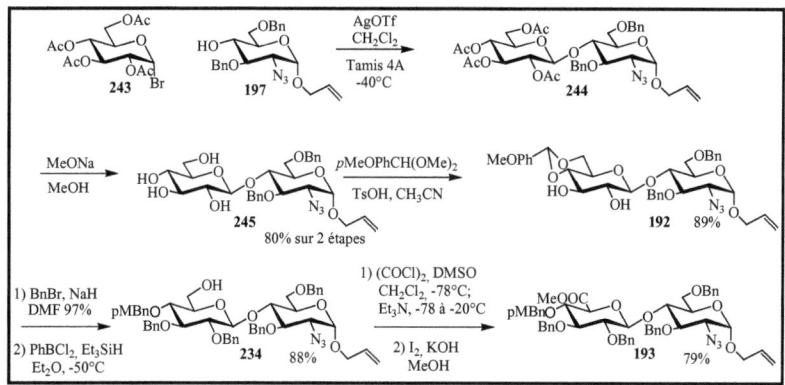

Schéma 115

→ *Glycosylation*

L'accepteur **197** utilisé dans la réaction de glycosylation est le même que celui utilisé pour la synthèse du disaccharide **190**, il est donc facilement disponible. Le groupement azido protège la fonction amine et est facilement transformable en groupes N-acétylés ou N-sulfatés.[134] De plus Crich et Dudkin[135] ont montré que les groupements hydroxyles en position 4 de dérivés N-acétylglucosamine sont de faibles accepteurs alors que les dérivés 2-azido-2-desoxyglucosamine ont une réactivité bien plus élevée dans la glycosylation.

La glycosylation effectuée en présence de tamis est optimale lorsqu'un excès de donneur (2,5 équivalents) est utilisé.

---

[134] R. Lucas, D. Hamza, A. Lubineau, D. Bonnaffé, *Eur. J. Chem.* **2004**, 2107-2117
[135] D. Crich, V. Dubkin, *J. Am. Chem. Soc.*, **2001**, 128, 28, 6819-6825

→ *Désacétylation*

La réaction de désacétylation menant à **245** est effectuée à l'aide d'une quantité catalytique de méthylate de sodium dans le méthanol sans étape de purification intermédiaire du composé **244**. L'excès de donneur est alors entièrement désacétylé en glucose, facilitant sa séparation du produit par simple lavage à l'eau.

→ *Introduction du 4',6'-O-paraméthoxybenzylidène et benzylation de la position 2' et 3'*

Les positions 4 et 6 du composé libre **245** sont ensuite protégées par l'ajout de diméthylacétal du paranisaldehyde dans l'acétonitrile à température ambiante. La réaction est catalysée par l'acide camphorsulfonique et est complète en une heure. La benzylation se fait de manière classique à l'aide de bromure de benzyle dans le DMF en présence d'hydrure de sodium sous forme d'une suspension à 60% dans l'huile.

→ *Ouverture réductrice*

Cette ouverture est une étape clef de la synthèse. Grâce au couple de réactif dichlorophényle borane/triethylsilane dont le mode d'action a été décrit précédemment, le basculement s'effectue régioslectivement de façon à libérer la position 6 la moins encombrée stériquement.

→ *Oxydation de l'alcool en ester*

D'abord, l'oxydation de Swern permet d'obtenir l'aldehyde en position 6, puis cet aldéhyde est oxydé sans purification intermédiaire par une solution alkaline d'iode dans le méthanol selon une méthode décrite par Yamamoto.[136]

---

[136] S. Yamada, D. Morizono, K. Yamamoto, *Tetrahedron Lett.*, **1992**, *30*, *33*, , 4329-4332

2.1.2 Formation des donneurs et accepteurs disaccharidiques

Les accepteurs sont nommés A1 A2 et A3 et les donneurs D1 D2 et D3 dans l'ordre de la polarité décroissante. A1 et D1 sont l'accepteur et le donneur les plus polaires. A3 et D3 sont l'accepteur et le donneur les moins polaires. Cette nomenclature permettra par la suite une lecture facile des chromatogrammes représentant les mélanges combinatoires de tétrasaccharides de différentes compositions.

2.1.2.1 Sur la brique possédant l'unité glucuronique

→*2.1.2.1.1* **Préparation de l'accepteur A3 en une étape**

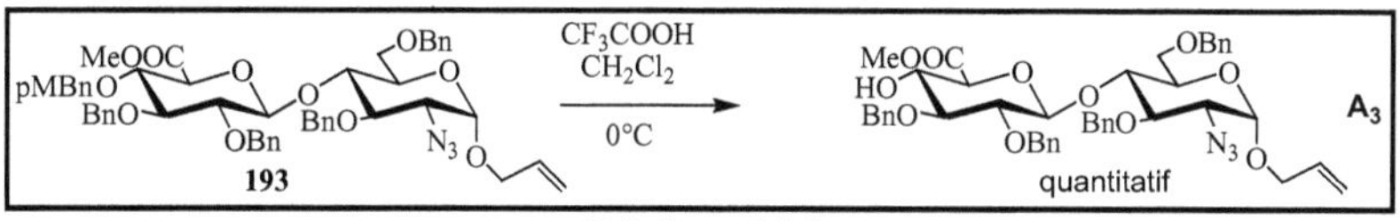

Schéma 116

L'accepteur est obtenu par simple hydrolyse du groupe paraméthoxybenzyle en ajoutant 100 µL d'acide trifluoroacétique pour 100 mg de produit de départ dans la solution de sucre dans le dichlorométhane. Au bout de 30 min la réaction est terminée et le milieu réactionnel est neutralisé avec de la triéthylamine.

→*2.1.2.1.2* **Préparation du donneur D3 en trois étapes**

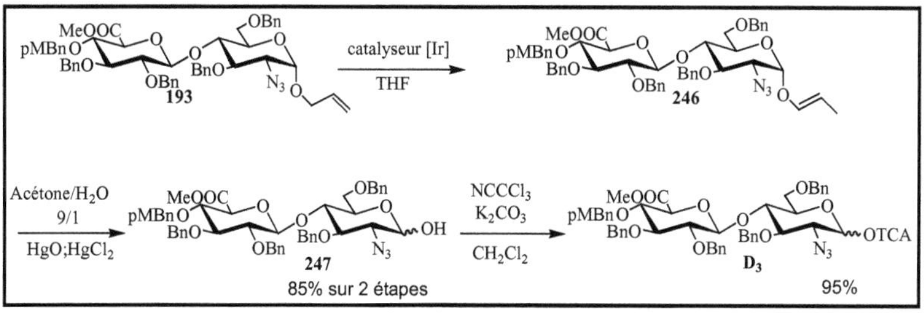

Schéma 117

→ *Isomérisation du groupe allyle*

Le produit de départ doit être parfaitement pur sinon la réaction n'a pas lieu. Il est important que le tétrahydrofurane fraîchement distillé soit dégazé à l'aide d'un barbotage d'argon pendant 20 min avant d'être ajouté au mélange sucre + catalyseur. La solution orange à cause du catalyseur est ensuite dégazée de la même manière pendant 10 min. Ensuite l'hydrogène est mis à barboter jusqu'à décoloration de la solution c'est-à-dire 2 min. Il est important de ne pas mettre trop de catalyseur et de ne pas laisser trop longtemps le barbotage d'hydrogène sous peine de réduire le groupe l'allyle en groupe propyle. Au bout d'une à deux heure d'agitation sous atmosphère d'argon le solvant est évaporé et le résidu est de suite engagé dans la réaction d'hydrolyse.

→ *Hydrolyse*

Le résidu **246** est repris dans un mélange acétone/eau 9/1, puis les sels de mercure sont ajoutés à température ambiante. Au bout de 30 min, la réaction est terminée. Le produit attendu est obtenu avec rendement de l'ordre de 90 %. Les 10 % restant peuvent être le disaccharide de départ avec le groupe allyle ou le disaccharide avec un groupe propyle.

→ *Introduction du groupe trichloroacétimidate*

L'introduction du groupe partant se fait dans des conditions classiques avec un rendement de 95%.

2.1.2.2 Sur les briques possédant l'unité iduronique

→ **2.1.2.2.1 Préparation des accepteurs A1 et A2**

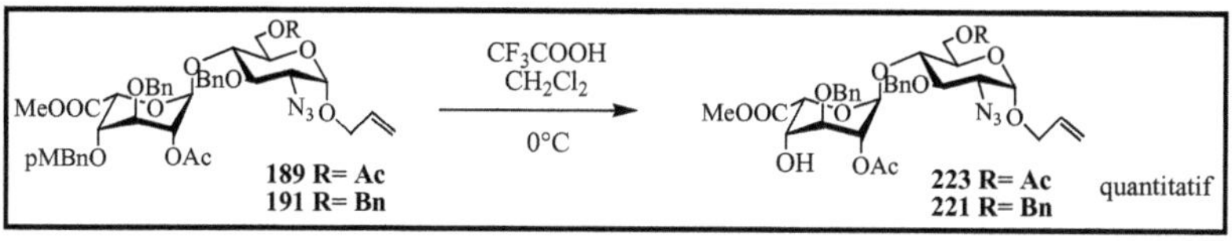

Schéma 118

La méthode d'hydrolyse du paraméthoxybenzylidène utilisé sur le disaccharide **192** possédant l'unité glucuronique est appliquée avec succès sur les deux disaccharides possédant l'unité iduronique.

→*2.1.2.2.2* **Préparation des donneurs D1 et D2**

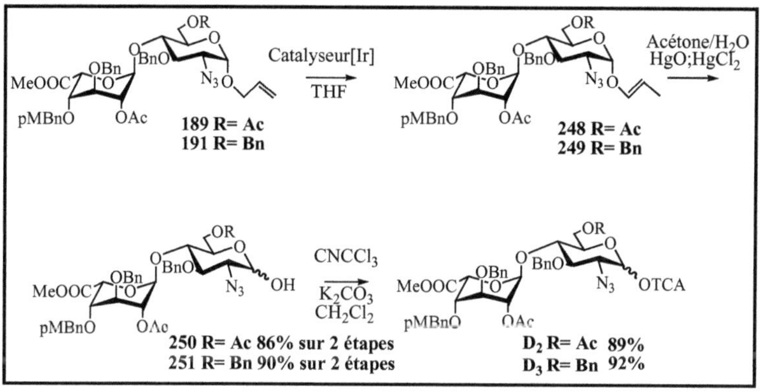

Schéma 119

De la même manière, on utilise les mêmes conditions réactionnelles pour accéder aux donneurs D_1 et D_2 que celles utilisées pour obtenir D_3.

2.2 Principe de chimie combinatoire et méthodes analytiques utilisées

2.2.1 Stratégie et objectif à atteindre

2.2.1.1 Principe

Nous avons mis en réaction les donneurs **D₁**, **D₂** et **D₃** ainsi que les accepteurs **A₁**, **A₂** et **A₃** dans différentes combinaisons afin d'étudier leur comportement. Cette étude nous a permis de mettre au point les conditions optimales pour la préparation de deux chimiothèques de tétrasaccharides.

Le modèle de couplage combinatoire est le suivant :

Il s'agit de faire réagir chacun des trois accepteurs avec l'ensemble des trois donneurs et chacun des trois donneurs avec l'ensemble des trois accepteurs **(schéma 120)**.

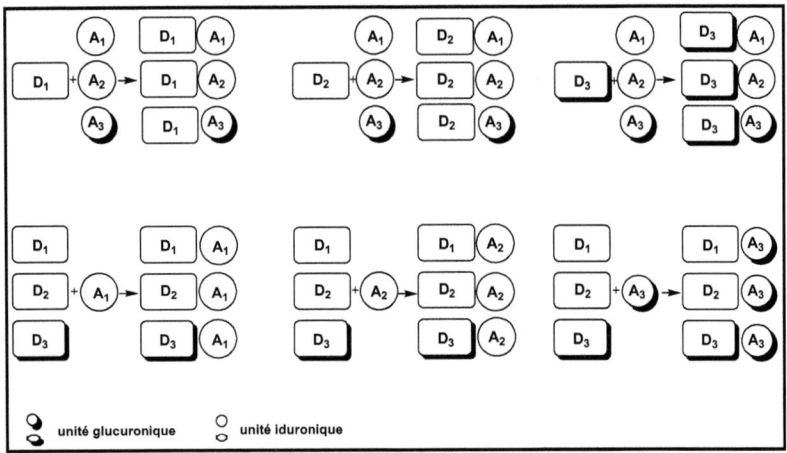

Schéma 120

La nomenclature des tétrasaccharides obtenus est **T**$_{DA}$ soit **T**$_{13}$ si le tétrasaccharide est issu du couplage entre le donneur **D₁** et l'accepteur **A₃**.

Une fois les couplages [2+2] et les purifications nécessaires (exclusion stérique) effectués, nous sommes en présence de mélange de tétrasaccharides. Une méthode analytique est alors nécessaire pour :
- déterminer le nombre de tétrasaccharides formés (l'ensemble des accepteurs ou des donneurs ont-ils réagi?; a-t-on des anomères α et β?
- caractériser les tétrasaccharides (a-t-on les tétrasaccharides attendus?)
- donner la proportion de chaque tétrasaccharide obtenu

2.2.1.2 Etapes préparatives

Certains des tétrasaccharides obtenus par les glycosylations combinatoires ont été préparés préalablement (T_{11}, T_{13}, T_{32} et T_{33} (**schéma 121**)) ce qui a permis d'avoir des points de repères sur l'efficacité de la méthode et préparer une première approche de quantification des tétrasaccharides en mélange.

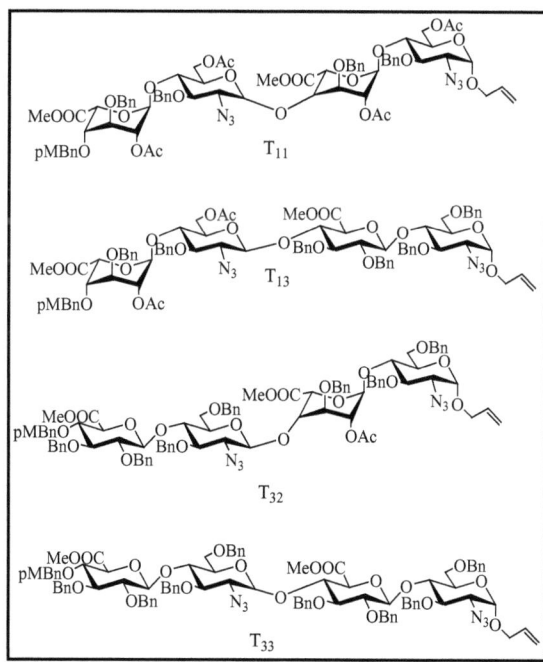

Schéma 121

L'étape de glycosylation des tétrasaccharides seuls a fait l'objet d'une étude (température, solvant, catalyseur) visant à obtenir pour chacun d'eux l'anomère α préférentiellement avec les meilleurs rendements. Il a été mis en évidence que le couplage entre deux disaccharides possédant une unité iduronique (D_1+A_1) est réussi en utilisant comme solvant le dichlorométhane et comme catalyseur le triflate de terbutyldiméthylsilyle.[80] On obtient ainsi uniquement l'anomère α avec un bon rendement. Par contre pour les couplages impliquant D_3 + A_3 possédant l'unité glucuronique, il faut uliliser le mélange de solvant THF/dichlorométhane avec le même catalyseur pour obtenir préférentiellement l'anomère α avec un peu de β malgré tout.

Nous avons repris ces conditions réactionnelles et les avons appliquées en synthèse combinatoire. Cela nous a permis de faire une étude de la réactivité des différents donneurs et accepteurs possédant une unité glucuronique ou iduronique dans un système de solvant donné.

Nous avons aussi pu comparer entre eux la réactivité des blocs possédant une unité iduronique différant simplement par la position 6 de la glucosamine qui est soit benzylée soit acétylée.

L'intérêt de la stratégie combinatoire est la préparation de nombreux tétrasaccharides en mélange (dont certains jamais synthétisés auparavant) et l'engagement de ces mélanges dans les réactions aboutissant à des fragments déprotégés et sulfatés présentant une éventuelle activité biologique. La séparation et la caractérisation parfaite des produits n'interviennent que dans les dernières étapes. Il est donc nécessaire d'avoir des techniques qui permettent de suivre correctement les réactions.

2.2.2 Méthodes analytiques utilisées pour la caractérisation des tétrasaccharides en mélange et leur quantification

2.2.2.1 HPLC et détection par spectrométrie UV

Avec un gradient d'elution adapté, la chromatographie liquide haute performance utilisant une colonne C18 associée à une détection UV est un bon moyen de rendre compte de la composition des mélanges de tétrasaccharides obtenus par chimie combinatoire. La séparation des produits se fait alors en fonction de leur lipophilie. On obtient effectivement des chromatogrammes qui permettent de déterminer le nombre de produits formés puisque la séparation des pics est relativement bonne. Par contre, même si dans certains cas les anomères α et β sont séparés, il n'est pas exclu qu'ils aient dans d'autres cas le même temps de rétention. Cette technique permet aussi de vérifier s'il s'agit bien du tétrasaccharide attendu s'il existe un échantillon synthétisé au préalable. En effet, la simple coinjection permet de donner un élément de réponse.

Dans un premier il a été envisagé de donner la proportion de chaque tétrasaccharide grâce à une détection UV, basée sur l'absorption des groupes phényles. Cependant, il n'y a pas deux tétrasaccharides ayant le même nombre de groupes benzyles dans chaque mélange. La stratégie était la suivante :

Il s'agissait de mettre en évidence une corrélation entre le coefficient d'extinction molaire de chaque tétrasaccharide et le nombre de benzyle pour une longueur d'onde donnée. En HPLC, la surface des pics obtenus après une bonne séparation est fonction de la concentration et du coefficient d'extinction molaire du produit. Si une relation linéaire est prouvée à une longueur donnée entre ε et le nombre de benzyle, dans le cas le plus simple, nous aurons alors directement accès à la concentration et donc aux proportions des produits de couplage.

Nous avions donc besoin d'accéder aux coefficients d'extinction molaire des tétrasaccharides individuellement. Nous avons procédé à des mesures de la densité optique en fonction de la concentration pour différentes longueurs d'onde. Les pentes de ces droites pour une même longueur d'onde correspondent à ε qui sera ensuite exprimé en fonction du nombre de benzyle. Dans le cas où une relation était prouvée, nous pourrions alors procéder à une extrapolation.

Suite à ces mesures, nous nous heurtons à plusieurs problèmes :
- A toutes les longueurs d'ondes, les points correspondant aux tétrasaccharides T_{13} et T_{11} se démarquent sur les graphiques exprimant le coefficient d'extinction molaire en fonction du nombre de benzyles

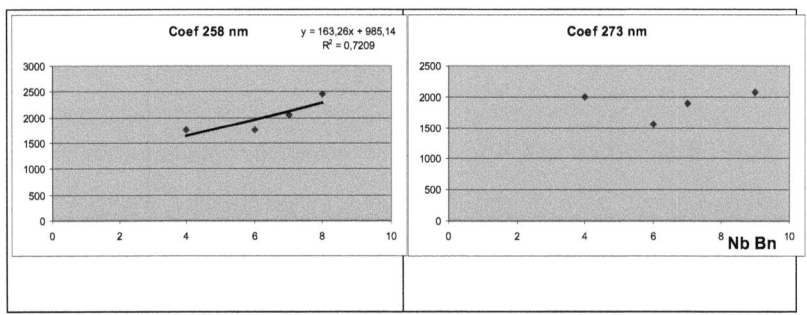

Schéma 122

- Si on regarde les pentes des droites DO=f(Concentration) pour λ= 224 nm pour les tétrasaccharides du moins benzylé au plus benzylé, la valeur va en diminuant, ce qui n'est pas logique. En effet plus on a de benzyles en fonction des différents tétrasaccharides, plus les pentes devraient être fortes et on assiste au contraire. De ce fait la courbe représentative de la fonction ε= f(nombre de benzyle) n'évolue pas dans le bon sens.

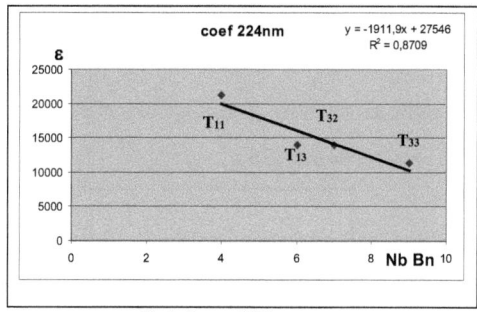
Schéma 123

Explication

Lorsqu'on regarde précisément les spectres UV, on se rend compte qu'ils ne sont pas identiques et que contrairement à ce que nous pensions les benzyles ne présentent pas tous la même longueur d'onde d'absorption maximale. Et on observe même plusieurs maxima d'absorption entre 240 et 310 nm. Ceci explique que l'on n'a pas un effet cumulatif en fonction du nombre de benzyle. Il est alors difficile de comparer les quatre tétrasaccharides. Il n'est pas possible par cette méthode de trouver une corrélation entre le coefficient d'extinction molaire et le nombre de benzyle. On ne peut donc pas déterminer la proportion des tétrasaccharides pour lesquels on n'aurait pas déterminé le coefficient d'extinction molaire.

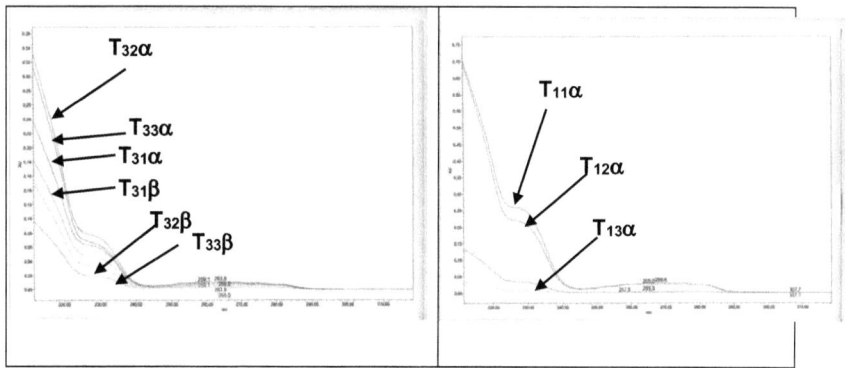

Schéma 124 a et b: Spectres UV de 210 à 320 nm

Ces spectres UV de différents tétrasaccharides montrent qu'il est difficile de choisir une longueur d'onde unique pour mesurer la concentration de tous les tétrasaccharides. C'est encore plus clair sur l'agrandissement de 240 à 310 nm **(schéma 125)**.

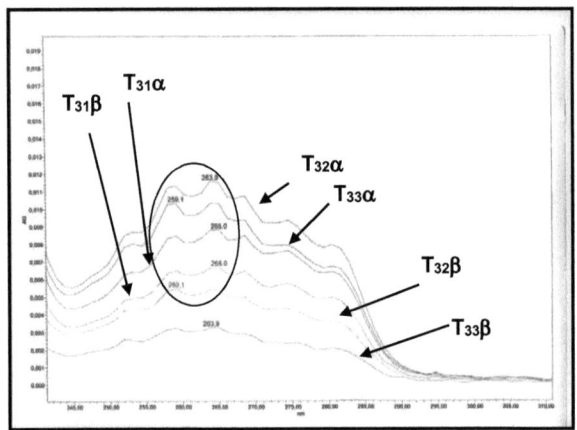

Schéma 125 : Spectre UV 240 à 310 nm agrandissement 124a

Les deux agrandissements des spectres UV précédents entre 240 et 310 nm montrent clairement que les tétrasaccharides ont des spectres totalement différents qui ne permettent pas de travailler par comparaison à une longueur d'onde donnée.

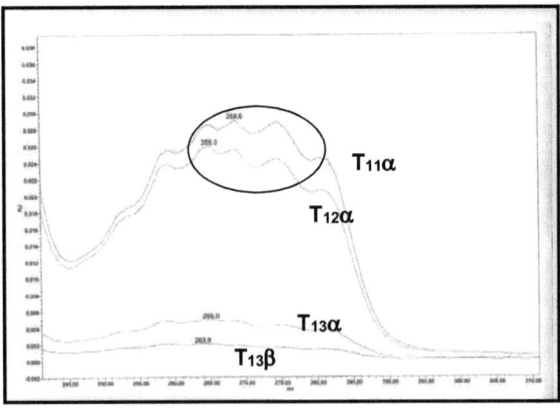

Schéma 126 : Spectre UV 240 à 310 nm agrandissement 124b

2.2.2.2 HPLC et détection utilisant un détecteur évaporatif à diffusion de lumière

La majorité des molécules synthétisées en chimie combinatoire est nouvelle et, pour cause, aucun standard de celles-ci n'existe. Aussi les méthodes classiques de quantification par calibration d'une gamme de standards ne peuvent être mise en œuvre. Les composés générés par la chimie combinatoire sont souvent analysés par l'HPLC associée à une détection UV, à faible longueur d'onde, ou de masse (MS). Ces deux modes de détection, s'ils permettent une bonne détermination qualitative des produits (surtout la MS), ne permettent de procéder à une analyse quantitative de ces produits. La réponse UV est fonction des chromophores présents dans la molécule et en MS, de l'efficacité d'ionisation de ces molécules. Aussi la détection universelle du Détecteur à Diffusion de Lumière élimine ces problèmes, en effet pour l'ensemble des composés moins volatiles que la phase mobile, la réponse de ceux-ci est quasiment proportionnelle à leur masse injectée dans le système chromatographique (à 20% près en moyenne).[137]

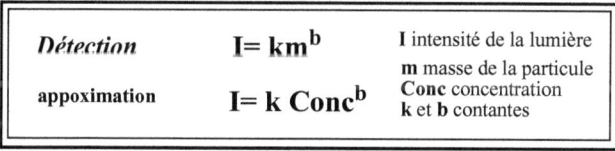

Détection	$I = km^b$	I intensité de la lumière m masse de la particule
appoximation	$I = k\,Conc^b$	Conc concentration k et b contantes

Ainsi, avec le Détecteur à diffusion de lumière, la réponse des composés peut-être quantifiée par rapport à un étalon interne ajouté en quantité connue dans les solutions injectées, en outre avec cette méthode, l'utilisation de gradient rapide ne provoque aucune dérive de la ligne de base. Le Détecteur à Diffusion de Lumière, dont la sensibilité est équivalente est équivalente à celle d'un UV, permet donc la quantification des bibliothèques issues de synthèses combinatoires.

---

[137] M. Lafosse, M. Dreux, L. Morin-Allory, laboratoire de Chromatographie Orléans

Nous utilisons le DDL pour déterminer non pas la quantité mais le rapport des tétrasaccharides en mélange. Le rapport des aires des pics nous donne l'accès au rapport massique, mais il est aussi intéressant d'obtenir le rapport molaire. Pour cela, étant donné que la masse molaire des térasaccharides varie entre 1400 et 1600, l'aire de chaque pic est divisée par la masse molaire du tétrasaccharide auquel il est attribué.

2.3 Résultats : Etude de la réactivité et de la stéréosélectivité

2.3.1 Préambule

• Toutes les réactions décrites par la suite dans l'étude de la réactivité ont lieu à 0°C et sont stoppées au bout de trois heures. Au bout de cette durée la réaction n'évolue plus sur plaque CCM. Pour les réactions qui ont lieu dans le dichlorométhane, les réactifs limitants (donneurs ou accepteurs) ont complètement disparu sur plaque CCM au bout de cette durée. Pour les réactions qui ont lieu dans le mélange de solvants THF/dichlorométane (4 :1), lorsque les accepteurs sont en défaut, la plaque CCM montrent qu'ils ont disparu. Par contre lorsque ce sont les donneurs qui sont en défaut, la réaction paraît bloquée puisqu'il semble rester du donneur et on n'observe aucune évolution sur plaque entre une heure et trois heures de réaction. Faute de temps, nous n'avons pas pu effectuer les analyses nécessaires pour vérifier que ces produits étaient bien les donneurs et non un produit de réarrangment ou de départ.

• Pour toute la série de réactions impliquant les couplages entre D_1, D_2, D_3 (mélange équimolaire) et A_n (2 équivalents par rapport à l'ensemble des donneurs), les réactions sont réalisées en parallèle dans le dichlorométhane et dans le mélange de solvants tétrahydrofurane/dichlorométhane. Comme il a été dit précédemment, c'est dans la dichlorométhane que les meilleurs rendements ont été obtenus pour l'obtention du T_{11} α pur. Par contre, c'est dans le tétrahydofurane/dichlorométhane 4/1 qu'ont été obtenus les meilleurs résultats pour les tétrasaccharides T_{32} et T_{33}, c'est-à-dire la meilleure sélectivité α pour le meilleur rendement.[134]

- Les réactions impliquant les couplages entre A_1, A_2, A_3 et D_n sont réalisées dans le dichlorométhane sauf pour D_3 pour lequel la réaction a aussi été réalisée dans le THF/dichlorométhane.

- Ces réactions ont pour objectif de comparer la réactivité soit de chaque donneur par rapport à l'un des accepteurs (D_1, D_2, D_3, A_n) dans un solvant donné, soit de chaque accepteur par rapport à l'un des donneurs (A_1, A_2, A_3, D_n).

Tous les résultats des couplages sont résumés dans le tableau p121.

- Nous avons supposé que l'anomère α était toujours majoritaire, en accord avec les données de la littérature,[138, 139, 140, 141, 142, 143, 144, 145, 146] et

---

[138] M. Petitou, P. Duchaussoy, P.A. Driguez, G. Jaurand, J.-P.Hérault, J. C. Lormeau, C.A.A van Boeckel, J. M. *Angew. Chem. Int. Ed.* **1998**, *37*, 3009-14
[139] P. Duchaussoy, G. Jaurand, P. A. Driguez, I. Lederman, F. Gouvernec, J.-M. Strassel, P. Sizun, M. Petitou, J.M. Herbert, *Carbohydr. Res.,* **1999**, *317*, 63-84
[140] M. Petitou, P. Duchaussoy, I. Lederman, J. Choay, P. Sinaÿ, *Carbohydr. Res.*, **1988**, *179*, 163-172
[141] C. A. A. van Boeckel, T. Beetz, S. F. Aelst, *Tetrahedron Lett.*, **1988**, *29*, 803-806
[142] N. J. Davis, S. L. Flitsch, *J. Chem. Soc., Perk. Trans. I* 1994, 359-368
[143] J. Kovensky, P. Duchaussoy, F. Bono, M. Salmivirta, P. Sizun, J.M. Herbert, M. Petitou, P. Sinaÿ, *Bioorg. Med. Chem.,* **1999**, *7*, 1567-1580
[144] M. Nilsson, C. M. Svahn, J. Westaman, *Carbohydr. Res.,* **1993**, *246*, 161-172
[145] M. Petitou, G. Jaurand, M. Derrien, P. Duchaussoy, J. Choay, *Bioorg. Med. Chem. Lett.*, **1991**, *1*, 95-98
[146] P. Duchaussoy, P. S. Lei, M. Petitou, P. Sinaÿ, J. C. Lormeau, Choay, *Bioorg. Med. Chem. Lett.*, **1991**, 1, 99-102

celles issues des couplages réalisés au laboratoire réalisés pour obtenir les tétrasaccharides individuellement.

• Des coinjections en HPLC par détection UV de certains mélanges combinatoires avec des tétrasaccharides synthétisés individuellement, des masses basse résolution obtenues en electrospray ainsi que des premières expériences en HPLC-MS ont permis de confirmer l'attribution des pics de chromatogrammes aux tétrasaccharides T_{11}, T_{12}, T_{13}, T_{21}, T_{22}, T_{23}, T_{31}, T_{32} et T_{33}.

• Les rendements de chaque couplage ont été calculés de la façon suivante : nous utilisons les chromatogrammes obtenus en utilisant le détecteur à diffusion de lumière. Le rapport des aires des pics correspond au pourcentage massique (%massique) pour chaque tétrasaccharide. Connaissant la masse du mélange de tétrasaccharides pour un couplage donné (m mélange) et la masse théorique devant être obtenue pour chaque tétrasaccharide pour un rendement de 100% (m théorique), le pourcentage massique permet de calculer le rendement réel (Rdt réel) de chaque couplage.

(M mélange * % massique)/ m théorique= Rdt réel

2.3.2 Etude du comportement réactionnel de chaque accepteur face aux trois donneurs

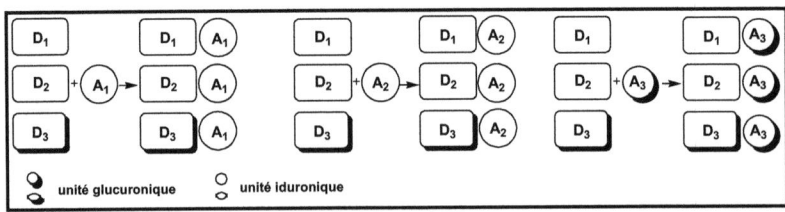

Schéma 127

2.3.2.1 Etude du couplage combinatoire impliquant D1, D2, D3 et A1

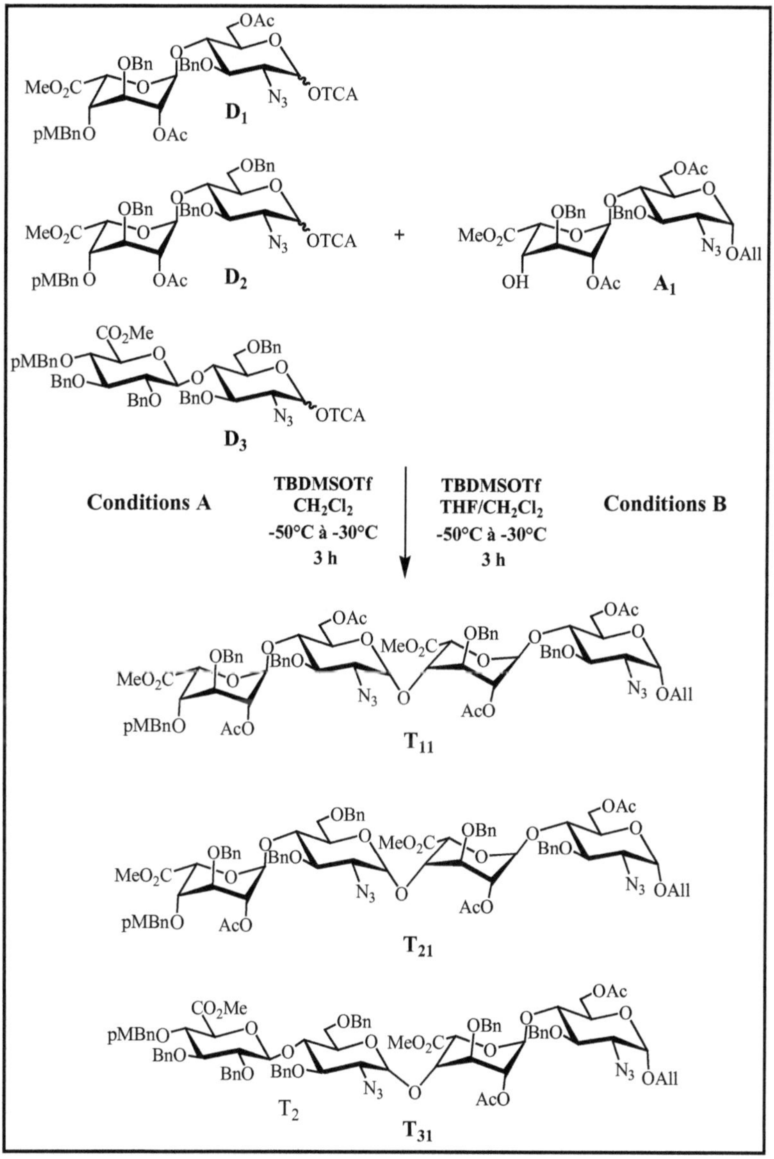

Schéma 128

→ 2.3.2.1.1 Résultats

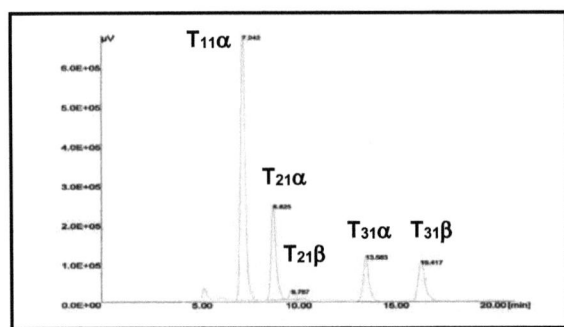

Schéma 129 : Réaction dans le dichlorométhane

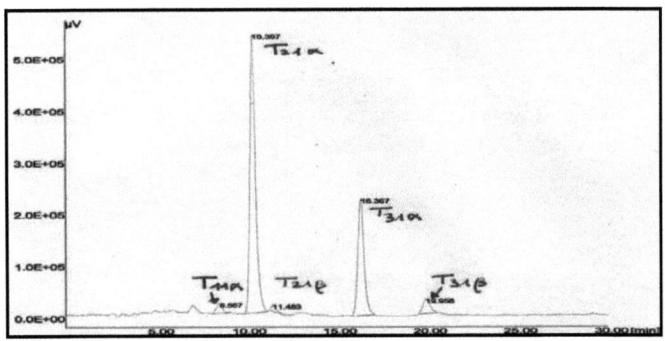

Schéma 130 : Réaction dans le mélange de solvant THF/ dichlorométhane 4/1

		CH₂Cl₂		THF/CH₂Cl₂	
		Rendements	Rapport α/β	Rendements	Rapport α/β
D_1	A_1	100%	α pur	1%	α pur
D_2		41%	91/9	20%	98/2
D_3		39%	50/50	10%	96/14

Tableau 13

→ **2.3.2.1.2 Interprétation**

• Les conditions de réaction que nous avons utilisées ne nous permettent pas de conclure sur la réactivité des donneurs. En effet, nous devons considérer la dégradation des donneurs que ce soit dans le dichlorométhane pur ou en présence de THF. Celle-ci prend en compte des processus tels que le réarrangement de l'imidate en trichloroacétamide, l'hydrolyse ou encore la réaction des donneurs activés avec le THF et qui sont tous en compétition avec les réactions de glycosylation. Les chromatogrammes sont donc la résultante d'un mélange de réactivité et de dégradation des donneurs. Cependant nous avons des informations sur la réactivité du nucléophile. En effet, plus l'accepteur est réactif avec un donneur donné, plus le rendement global du couplage sera élevé, et moins la dégradation du donneur aura d'influence.

• Le couplage impliquant D_1 et A_1 dans le dichlorométhane donne de très bons résultats au niveau de la stéréoselectivité et du rendement ce qui confirme les précédents travaux du laboratoire.[80] Pour les couplages impliquant D_2 A_1 et D_3 A_1, les rendements sont équivalents. La stéréosélectivité est légèrement moins bonne avec D_2 qu'avec D_1 et chute avec D_3. Si on considère le dernier cas, on peut dire que ce résultat va à l'encontre de ce qui est décrit dans la littérature[49] puisque même si on couple sur la position 4 de l'unité iduronique de l'accepteur, il se forme beaucoup d'anomère β. La stéréosélectivité ici ne dépend pas de l'accepteur et la présence d'un acide glucuronique dans le donneur et même loin du centre réactif augmente la quantité d'anomère β.

• En présence de THF, les rendements sont beaucoup moins bons. Les réactions de couplage semblent plus lentes[134] car l'acide de Lewis doit être moins efficace parce qu'il doit être en partie complexé au THF. La réactivité de A_1 est fortement affecté et en particulier par rapport à D_1

puisque T_{11} ne se forme presque pas. On remarque que pour les tétrasaccharides T_{21} et T_{31}, les rapports α/β passent respectivement de 91/9 et 50/50 dans le dichlorométhane, à 98/2 et 86/14 dans le THF. Ce solvant favorise donc l'anomère α.

2.3.2.2 Etude du couplage combinatoire impliquant D1, D2, D3 et A2

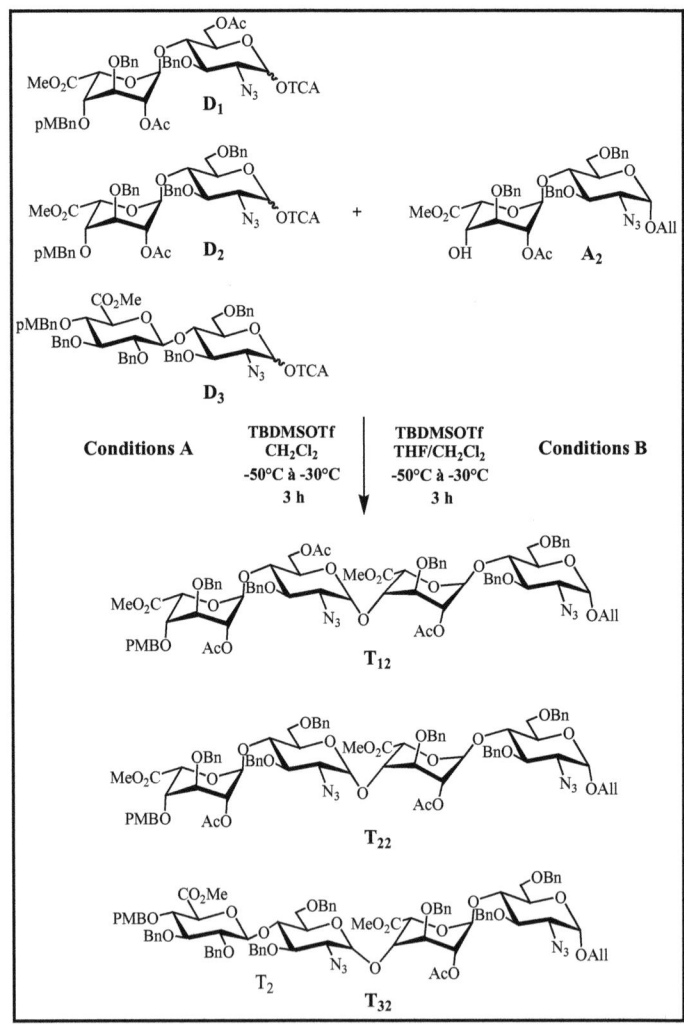

Schéma 131

→ 2.3.2.2.1 Résultats

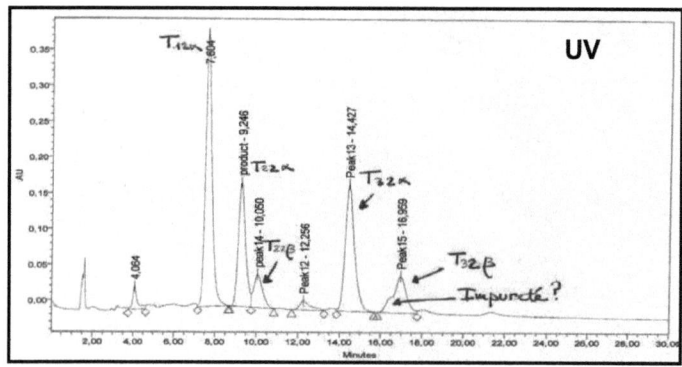

Schéma 132 : Réaction dans le dichlorométhane

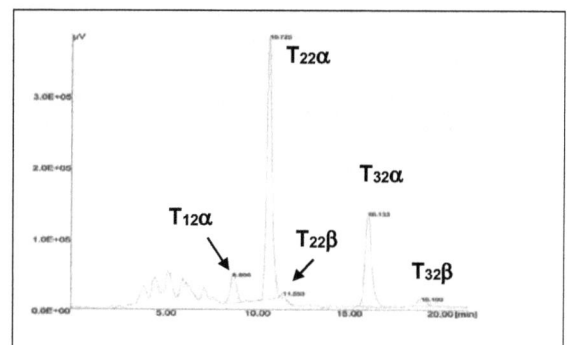

Schéma 133 : Réaction dans le dichlorométhane/THF

		CH_2Cl_2		THF/CH_2Cl_2	
		Rendements	Rapport* α/β	Rendements	Rapport α/β
D_1	A_2	100%	α pur	2%	α pur
D_2		56%	75/25	16%	98/2
D_3		55%	>71/29	8%	90/10

Tableau 14

* Les rapports α/β ont été calculés à partir du chromatogramme obtenu par détection UV à titre indicatif et ne peuvent être comparés à ceux calculés à partir du chromatogramme obtenu par détection à diffusion de lumière.

→ **2.3.2.2.2 Interprétation**

• Pour la réaction ayant lieu dans le dichlorométhane, nous disposons du spectre UV uniquement et il donne une idée des proportions des anomères. Les pourcentages massiques ont été recalculés à partir de la comparaison des chromatogrammes UV et DDL de la même réaction réalisée en présence de THF. Comme on peut le voir sur le chromatogramme le pic correspondant à l'anomère β est dédoublé. Des analyses complémentaires en LC-MS vont permettrent d'élucider ce problème.

• On observe globalement la même tendance avec A_2 qu'avec A_1 mais en moins marqué.

2.3.2.3 Etude du couplage combinatoire impliquant D1, D2, D3 et A3

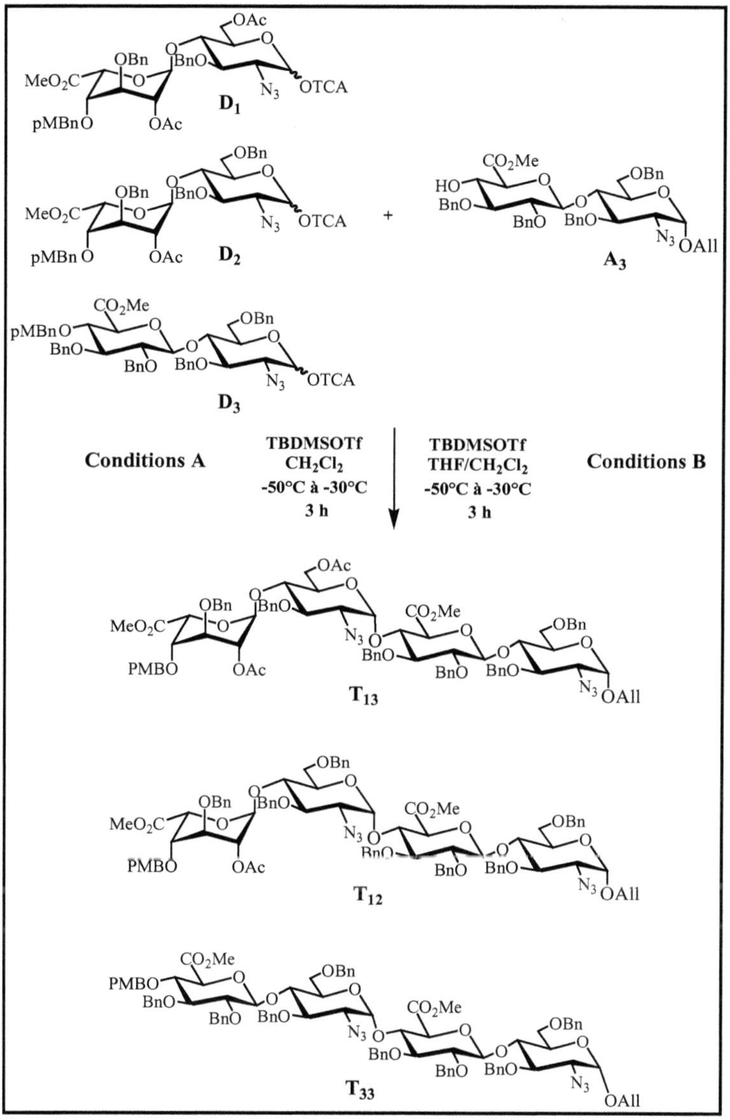

Schéma 134

→ *2.3.2.3.1 Résultats*

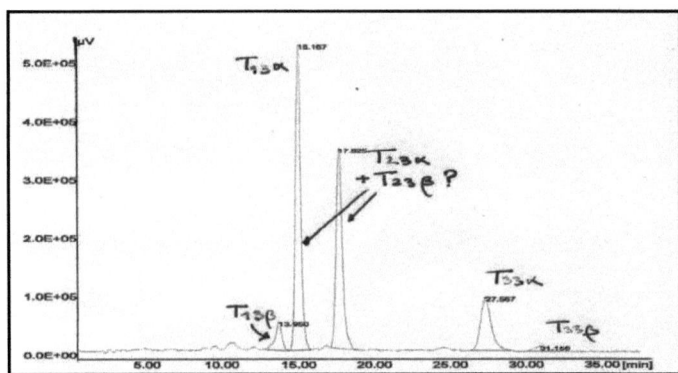

Schéma 135 : Réaction dans le dichlorométhane

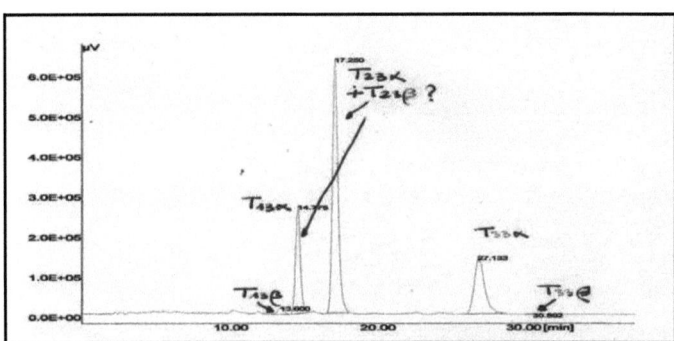

Schéma 136 : Réaction dans le dichlorométhane/THF

		CH_2Cl_2		THF/CH_2Cl_2	
		Rendements	Rapport α/β	Rendements	Rapport α/β
D_1		78%	89/11	27%	92/8
D_2	A_3	55%	–	64%	–
D_3		27%	90/10	25%	99/1

Tableau 15

→ *2.3.2.3.2 Interprétation*

• La tendance est différente en ce qui concerne la réaction de A_3 avec les trois donneurs. Dans le dichlorométhane, le couplage avec D_1 donne les meilleurs résultats au niveau du rendement. Par contre on a la formation de l'anomère β. En ce qui concerne T_{23}, le rendement du couplage est meilleur que pour T_{33}. On sait qu'il se forme du β (voir $D_2+A_1+A_2+A_3$) mais nous n'avons pas assez de données pour savoir si les deux anomères coéluent ou si $T_{23β}$ coélue avec T_{13}. On constate pour la synthèse de T_{33} que bien que A_3 et D_3 soient tous deux constitués d'une unité glucuronique le rapport α/β est de 90/10 ce qui est plus élevé que ce que nous avions reporté précédemment[134,] mais les conditions de réaction sont différentes. Ce couplage conduit à plus d'anomère α que pour T_{31} et T_{32} dans les mêmes conditions, par contre le rendement est inférieur.

- En présence de THF, l'anomère α est favorisé.

- Globalement la présence de D_3 donc d'un acide glucuronique sur le donneur a une influence encore plus mauvaise que A_3 sur la stéréosélectivité puisqu'il augmente la quantité de l'anomère β.

→*2.3.2.4* **Bilan général**
- Globalement les rendements sont meilleurs dans le dichlorométhane.
- Dans le THF, la réactivité de A_1 et de A_2 diminue mais pas celle de A_3. Si la réactivité du nucléophile diminue, alors les réactions de dégradations des donneurs deviennent prépondérantes.
- Pour D_1 et D_2 la réactivité/stabilité est changé en présence de THF et c'est pire pour D_1 qui possède un groupe désactivant comme l'acétate en position 6 de la glucosamine.
- La présence d'un acide glucuronique sur l'accepteur perturbe la stéréosélectivité[147,148, 149] et c'est en accord avec ce qui est dans la

---
[147] M. Petitou, P. Duchaussoy, I. Lererman, J. Choay, P. Sinaÿ, J.-C. Jacquinet, Carbohydr. Res., **1986**, 147, 221
[148] M. Petitou, P. Duchaussoy, I. Lererman, J. Choay, J.-C. Jacquinet, P. Sinaÿ, G. Torri, Carbohydr. Res., **1986**, 167, 67-75

littérature, par contre nous mettons en évidence que la présence d'un acide glucuronique sur le donneur la perturbe davantages. Cela signifie que la stéréosélectivité ne dépend pas seulement de l'accepteur et qu'il ne suffit pas que sa conformation soit bloquée en $^1C_4$ pour éviter la formation de l'anomère β.[49]

2.3.3 Etude du comportement réactionnel de chaque accepteur face aux trois donneurs

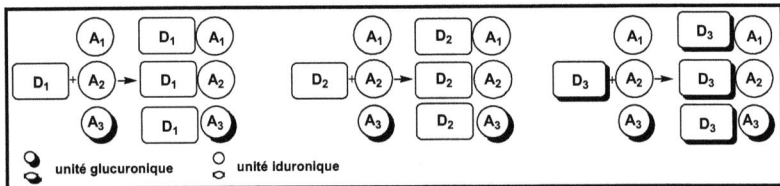

Schéma 138

Dans cette série de couplages que nous avons effectués presque exclusivement dans le dichlrométhane, le donneur est en excès et les accepteurs se dégradent peu. Ces conditions nous permettent de conclure sur la réactivité des accepteurs par rapport aux donneurs.

2.3.3.1 Etude du couplage combinatoire impliquant A1, A2, A3 et D1

---

[149] J. Westaman, M. Nilsson, D. M. Ornitz, C. M. Svahn, J. Carbohydr. Chem., 1995, 14, 95-113

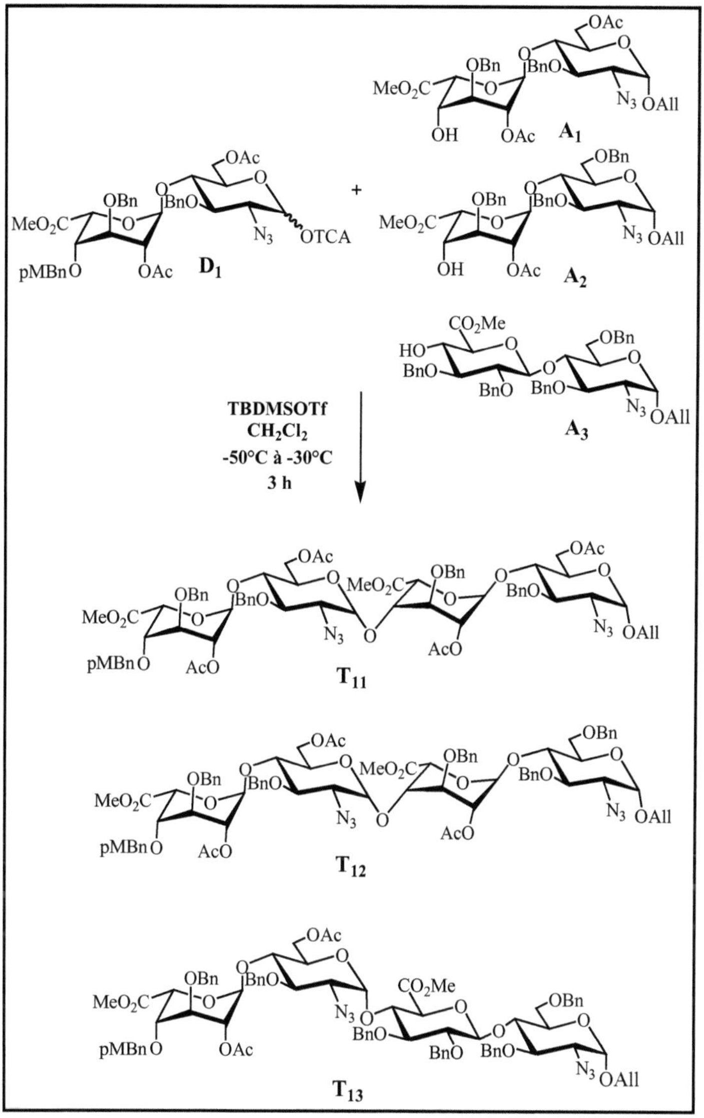

Schéma 139

→2.3.3.1.1 Résultats

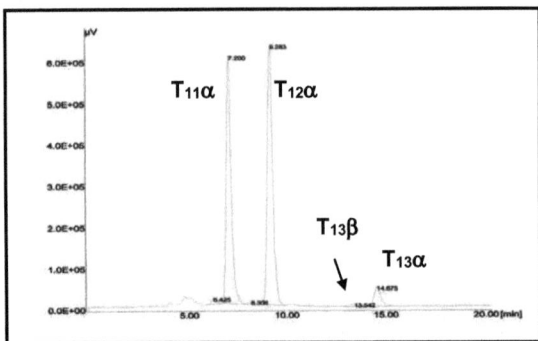

Schéma 140 : Réaction dans le dichlorométhane

		CH$_2$Cl$_2$		T_{1n} ^{A}	CH$_2$Cl$_2$
		Rendements	Rapport α/β		Rapport α/β
D$_1$	A$_1$	100%	α pur	T$_{11}$	α pur
	A$_2$	100%	α pur	T$_{12}$	α pur
	A$_3$	18%	89/11	T$_{13}$	90/10

A : tétrasaccharides obtenus précédemment dans les couplages impliquant D$_1$ D$_2$ D$_3$ et A$_n$

Tableau 16

• Ce couplage a été réalisé deux fois et les résultats sont parfaitement reproductibles.

→2.3.3.1.2 Interprétation

• Plus le nucléophile est réactif, plus le rendement du couplage est élevé. L'accepteur A$_3$ qui possède un acide glucuronique est beaucoup moins réactif que A$_1$ et A$_2$ dans le dichlorométhane.

• Au niveau de la stéréosélectivité, les résultats concordent avec ceux obtenus précédemment dans les couplages impliquant D$_1$ D$_2$ D$_3$ et A$_n$. On peut conclure que la stéréosélectivité dépend de l'accepteur dans ce schéma de couplage précis.

2.3.3.2 Etude du couplage combinatoire impliquant A1, A2, A3 et D2

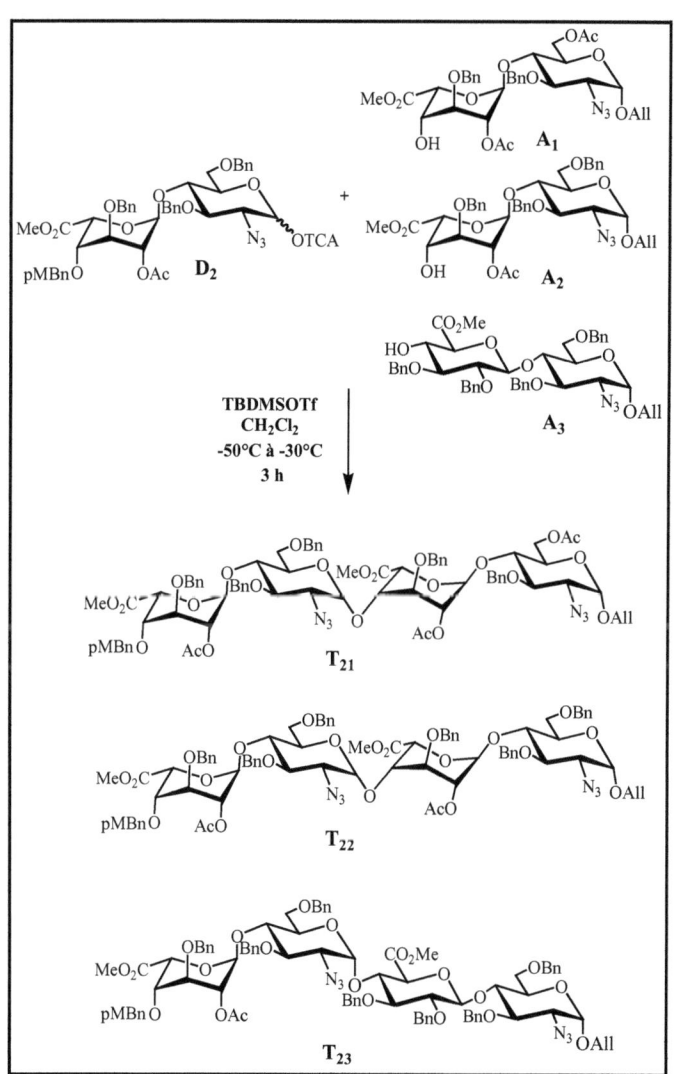

Schéma 141

→ **2.3.3.2.1 Résultats**

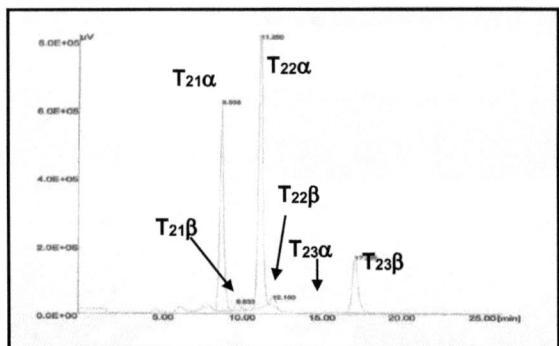

Schéma 142 : Réaction dans le dichlorométhane

		CH$_2$Cl$_2$		T$_{2n}$ ^{A}	CH$_2$Cl$_2$
		Rendements	Rapport α/β		Rapport α/β
D$_2$	A$_1$	81%	94/6	T$_{21}$	91/9
	A$_2$	100%	97/3	T$_{22}$	75/25*
	A$_3$	33%	95/5	T$_{23}$	–

A : tétrasaccharides obtenus précédemment dans les couplages impliquant D$_1$ D$_2$ D$_3$ et A$_n$
* Les rapports α/β ont été calculés à partir du chromatogramme obtenu par détection UV à titre indicatif et ne peuvent être comparés à ceux calculés à partir du chromatogramme obtenu par détection à diffusion de lumière.
Tableau 17

→ **2.3.3.2.2 Interprétation**

• Globalement les tendances sont les mêmes que pour le couplage avec **D$_1$** sauf que l'anomère β est présent pour chacun des trois tétrasaccharides formés. Il semblerait que la présence d'un benzyle en position 6 de la glucosamine au niveau du donneur iduronique influencerait légèrement la stéréosélectivité conformément à ce qui est déjà décrit dans la littérature.[138, 139, 150] Cependant nous devons rester prudent puisque bien que de premières expériences HPLC-MS ont permis d'attribuer sans faute les pics les plus importants du chromatogramme, la méthode utilisée n'était pas suffisamment précise pour déterminer avec exactitude à quoi correspondent les petits pics et en particulier ceux que nous avons considérés comme étant les $T_{21\beta}$ et $T_{22\beta}$.

• Après désacétylation de ce mélange le pic correspondant à $T_{23\alpha}$ présente un dédoublement. Pour l'instant nous ne sommes pas en mesure de dire s'il s'agit d'une impureté, ou si cela met en évidence que $T_{23\beta}$ et $T_{23\beta}$ coéluent avant désacétylation. En effet, ces trois pics présentent la même masse en HPLC-MS, mais nous avons un problème de résolution des pics avec le détecteur MS.

2.3.3.3 Etude du couplage combinatoire impliquant A1, A2, A3 et D3

---

[150] M. Petitou, A. Imberty, P. Duchaussoy, P. A. Driguez, M. Ceccato, F. Gouvernec, P. Sizun, J. P. Hérault, P. Perez, J. M. Herbert, *Chem. Eur. J.* **2001**, *7*, 858-873

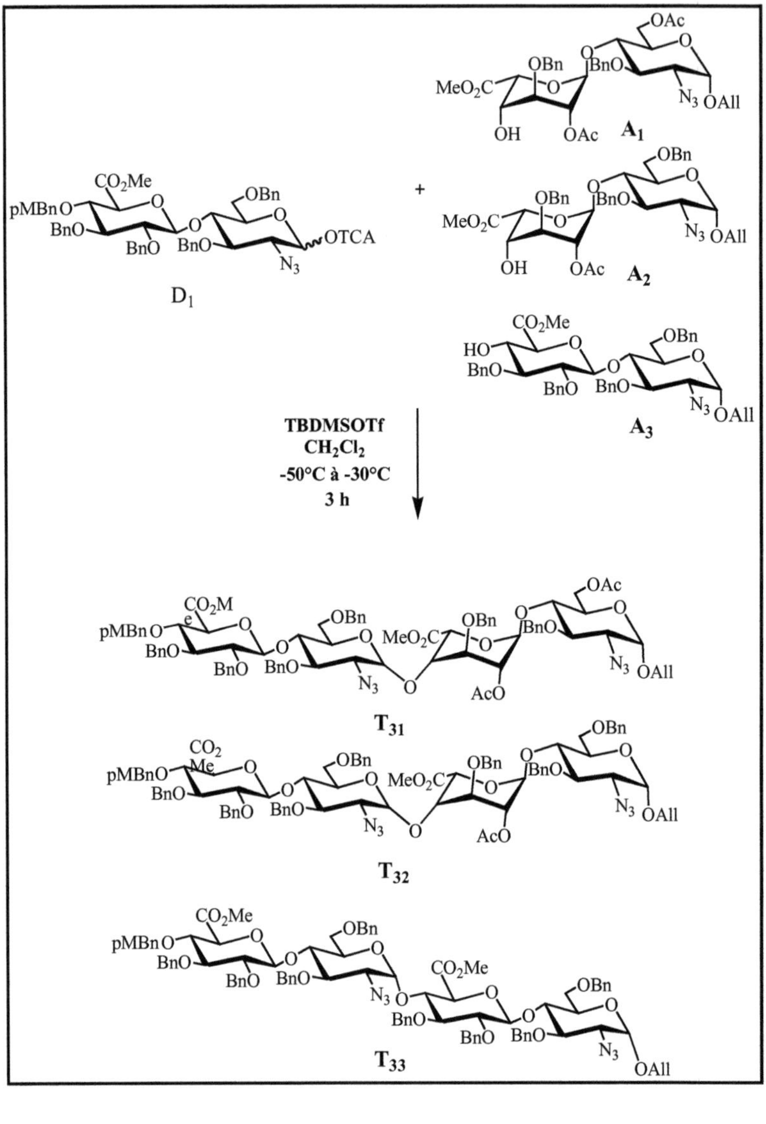

Schéma 143

→ 2.3.3.3.1 Résultats

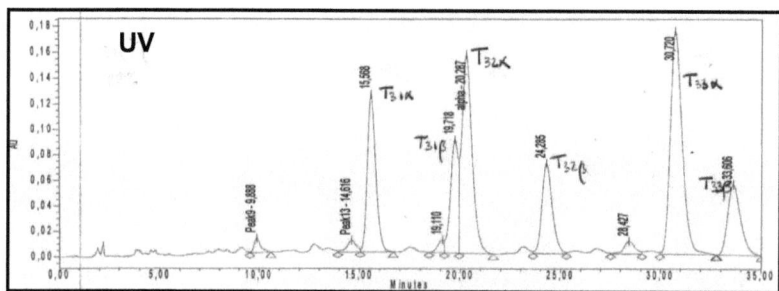

Schéma 144 : Réaction dans le dichlorométhane (détection UV)

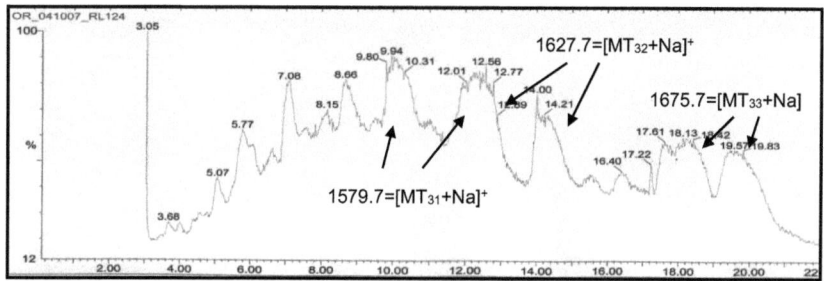

Schéma 145 : Chromatogramme HPLC-MS du mélange non désacétylé

Comme tous les tétrasaccharides ne sont pas bien séparés en HPLC (**schéma 144**), les proportions ne peuvent être calculées avec exactitude. Le mélange de tétrasaccharides est alors engagé dans une réaction de désacétylation en utilisant K_2CO_3/ MeOH, en espérant que la séparation sera meilleure ce qui est le cas. Une expérience en HPLC-MS sur le mélange non désacétylé semble confirmer l'attribution de tous les pics du chromatogramme (**schéma 145**), mais nous devons résoudre les problèmes liés à la nébulisation/ionisation des composés pour être parfaitement sûrs de nos attributions.

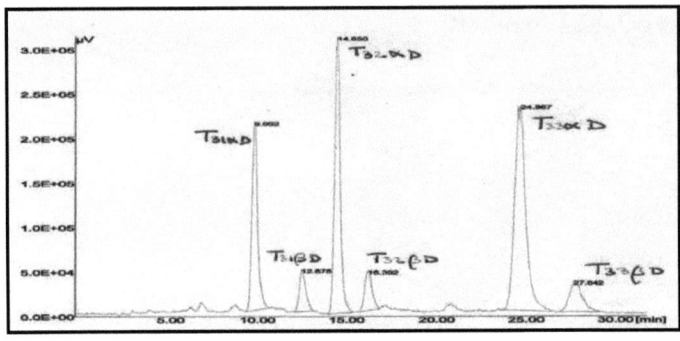
Schéma 146 : mélange désacétylé

		CH$_2$Cl$_2$		T$_{3n}$ ^{A}	CH$_2$Cl$_2$
		Rendements	Rapport α/β		Rapport α/β
D$_3$	A$_1$	55%	79/21	T$_{31}$	50/50
	A$_2$	74%	85/15	T$_{32}$	> 71/29*
	A$_3$	99%	85/15	T$_{33}$	90/10

A : tétrasaccharides obtenus précédemment dans les couplages impliquant D$_1$ D$_2$ D$_3$ et A$_n$

* Les rapports α/β ont été calculés à partir du chromatogramme obtenu par détection UV à titre indicatif et ne peuvent être comparés à ceux calculés à partir du chromatogramme obtenu par détection à diffusion de lumière.

Tableau 18

→ **2.3.3.3.2 Interprétation**

• A1 et A2 ne sont pas suffisamment réactifs par rapport à D$_3$ dans le dichlorométhane. De plus la stéréosélectivité n'est pas assez bonne pour envisager des transformations sur ce mélange de tétrasaccharides. La nature du donneur semble là encore influencer la stéréosélectivité. Une expérience a alors été réalisée en présence de THF étant donné que c'est un solvant adapté pour D$_3$ et A$_3$.[134]

→ 2.3.3.3.3 Résultats

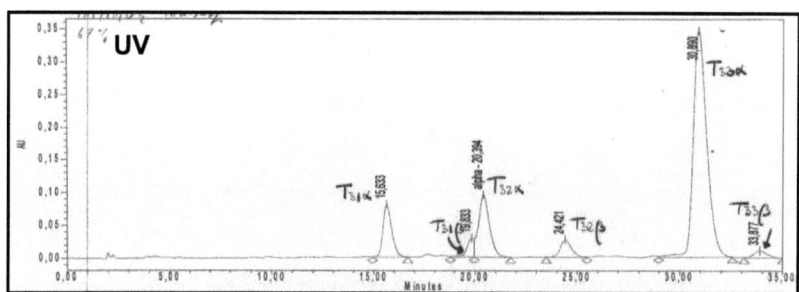

Schéma 147 Réaction dans le dichlorométhane/THF

		THF/CH$_2$Cl$_2$ Rendements^B	T$_{3n}$ ^{A}	THF/CH$_2$Cl$_2$ Rapport α/β
	A$_1$	40%	T$_{31}$	86/14
D$_3$	A$_2$	40%	T$_{32}$	90/10
	A$_3$	100%	T$_{33}$	99/1

A : tétrasaccharides obtenus précédemment dans les couplages impliquant D$_1$ D$_2$ D$_3$ et A$_n$

B : rendements calculés à partir du couplage A$_1$ A$_2$ A$_3$ et D$_3$ dans le dichlorométhane

Tableau 19

→ 2.3.3.3.4 Interprétation

Nous disposons uniquement du chromatogramme obtenu avec détection UV. Dans ces conditions malheureusement, la stéréosélectivité et le rendement de la formation des tétrasaccharides T$_{31}$ et T$_{32}$ ne sont pas suffisants Par contre, il se forme majoritairement le tétrasaccharide T$_{33}$ avec une très bonne stéréosélectivité, ce qui confirme les résultats obtenu au laboratoire.[134]

→2.3.3.3.5 Bilan général

Nous avons pu mettre en évidence les faits suivants :

• Dans le dichlorométhane, les accepteurs constitués en partie d'une unité iduronique A_1 et A_2 sont plus réactifs que l'accepteur A_3 constitué d'un acide glucuronique par rapport aux donneurs D_1 et D_2. Par contre l'accepteur A_3 est très réactif par rapport D_3 aussi bien dans le dichlorométhane qu'en présence de THF. Ces résultats diffèrent de ce que nous reportés précédemment[134] mais les conditions de réaction sont différentes.

• D_1 et D_2 sont différents par la position 6 de la glucosamine qui est respectivement acétylée et benzylée. Il semble que la nature du groupement protecteur en position 6 de la glucosamine du donneur a une influence sur la stéréosélectivité puisque la quantité de l'anomère β augmente.

• D'autre part, nous mettons en évidence que D_3, comparativement à D_1 et D_2, couplé sur les mêmes accepteurs, fait augmenter la quantité de l'anomère β. La stéréosélectivité ne dépendrait donc d'une unité glucuronique placée loin du centre réactif du le donneur.

2.3.4 Récapitulatif

Tous les résultats des couplages sont regroupés dans le **tableau 20** suivant.

Donneurs	Accepteurs	Solvant	masse obtenue	Tétra	Aires DDL	Masse mol	Aires DDL / M	% u+j molaire	% u-j molaire	% massique	Rdts réels	rapport u:lj
D1				T11 a	11395251	1461,47	7797	56%	56%	56%	100%	100%
				T11 b								0%
D2	A1	Cl2Cl2	105 mg	T21 a	4294868	1509,54	2845	20%	22%	22%	41%	91%
				T21 b	408762		271	2%				9%
D3				T31 a	2302269	1557,64	1478	11%	22%	23%	39%	63%
				T31 b	2507007		1609	11%				37%
D1				T11 a	425852	1461,47	291	2%	2%	2%	1%	100%
				T11 b								0%
D2	A1	THF/Cl2Cl2	18 mg	T21 a	11368107	1509,54	7531	63%	65%	64%	20%	98%
				T21 b	227522		151	1%				2%
D3				T31 a	5266658	1557,64	3381	29%	33%	34%	10%	86%
				T31 b	824704		529	5%				14%
D1				T12 a	8374247UV	1509,56				34%	66%	100%
				T12 b	0UV			% massique				0%
D2	A2	Cl2Cl2	70 mg	T22 a	4203724UV	1557,64		recalculé		30%	56%	?
				T22 b	1367889UV			à partir de				?
D3				T32 a	5621318UV	1605,73		D1,D2,D3 +A2		30%	55%	
				T32 b	2332873UV			ds THF/CH2CL2				
D1				T12 a	965494	1509,56	640	8%	9%	8%	2%	100%
				T12 b	0							
D2	A2	THF/Cl2Cl2	12 mg	T22 a	7461901	1557,64	4791	61%	62%	62%	16%	98%
				T22 b	132320		85	1%				2%
D3				T32 a	3382454	1605,73	2106	27%	30%	31%	8%	90%
				T32 b	392812		245	3%				10%
D1				T13 a	12105501	1557,64	7772	44%	49%	48%	78%	89%
				T13 b	1436596		922	5%				11%
D2	A3	Cl2Cl2	75 mg	T23 a	9718016	1605,73	6052	34%	34%	35%	55%	
D3				T33 a	4387536	1653,82	2653	15%	17%	17%	27%	
				T33 b	476972		288	2%				
D1				T13 a	5970989	1557,64	3833	20%	22%	22%	27%	92%
				T13 b	507193		326	2%				8%
D2	A3	THF/Cl2Cl2	56 mg	T23 a	16619646	1605,73	10350	55%	55%	55%	64%	coelution ?
D3				T33 a	6850068	1653,82	4142	22%	22%	22%	25%	99%
				T33 b	93235		56	0%				1%
	A1			T11 a	7143947	1461,47	4888	42%	42%	42%	100%	100%
				T11 b								0%
D1	A2	Cl2Cl2	39 mg	T12 a	8826752	1509,56	5847	51%	51%	51%	100%	
				T12 b								
	A3			T13 a	1118701	1557,64	718	6%	7%	7%	18%	89%
				T13 b	144477		93	1%				11%
	A1			T11 a	10213385	1461,47	6988	44%	44%	43%	100%	100%
				T11 b								0%
D1	A2	Cl2Cl2	116 mg	T12 a	12152903	1509,56	8051	51%	51%	51%	100%	
				T12 b								
	A3			T13 a	1094317	1557,64	703	4%	5%	5%	12%	86%
				T13 b	177932		114	1%				14%
	A1			T21 a	10480024	1509,56	6942	34%	36%	35%	81%	94%
				T21 b	658721		436	2%				6%
D2	A2	Cl2Cl2	122 mg	T22 a	15434074	1557,64	9909	48%	49%	50%	100%	97%
				T22 b	528233		339	2%				3%
	A3			T23 a	4333861	1605,73	2699	13%	15%	15%	23%	
				T23 b	619123		386	2%				
	A1			T31 a	4650422	1557,64	2986	19%	23%	23%	55%	
				T31 b	1199798		770	5%				21% calcul à partir
D3	A2	Cl2Cl2	97 mg	T32 a	7073471	1605,73	4405	28%	32%	32%	74%	85% du mélange
				T32 b	1242461		774	5%				15% désacitylé
	A3			T33 a	9992701	1653,82	6041	38%	44%	44%	99%	
				T33 b	1702429		1032	6%				
	A1			T31 a	2449936UV	1557,64				19%	40%	78%UV
				T31 b	699796UV							22%UV
D3	A2	Cl2Cl2/THF	87 mg	T32 a	3489690UV	1605,73		% massique		20%	40%	77%UV
				T32 b	1028072UV			recalculé				23%UV
	A3			T33 a	15409779UV	1653,82		à partir de		60%	100%	97%UV
				T33 b	487691UV			D1,D2,D3 +A2 ds THF/CH2CL2				3%UV

Tableau 20

2.3.5 Conclusion

Réactivité/Stabilité

• Les conditions de couplage impliquant les trois donneurs sur un accepteur ne nous permettent pas de conclure sur la réactivité des donneurs puisque les informations provenant des chromatogrammes sont la résultante d'une compétition entre les réactions de dégradation et de glycosylation. Cependant, on peut dire que pour les donneurs possédant un acide iduronique la réactivité/stabilité est changé en présence de THF et c'est pire pour D_1 qui possède la présence d'un groupe désactivant comme l'acétate en position 6 de la glucosamine.

• Globalement, le rendement des couplages est meilleur dans le dichlorométhane.

• Dans le THF, La réactivité de A_1 et de A_2 diminuent mais pas celle de A_3. Si la réactivité du nucléophile diminue, alors les réactions de dégradations des donneurs ou de blocage de réaction deviennent prépondérantes.

• Pour les couplages impliquant un donneur sur trois accepteurs dans le dichlorométhane, les accepteurs possédant un acide iduronique sont plus réactifs que l'accepteur constitué d'un acide glucuronique par rapport aux donneurs D_1 et D_2. Par contre l'accepteur A_3 est très réactif par rapport D_3 aussi bien dans le dichlorométhane qu'en présence de THF.

Stéréosélectivité

• La présence d'un acide glucuronique sur l'accepteur perturbe la stéréosélectivité.

- Il semble que la nature du groupement protecteur en position 6 de la glucosamine du donneur a une influence sur la stéréosélectivité puisque la quantité de l'anomère β augmente.

- D'autre part, la présence d'un acide glucuronique sur le donneur, même loin du centre réactif, fait augmenter la quantité de l'anomère β. La stéréosélectivité ne dépend donc pas toujours uniquement de l'accepteur et qu'il ne suffit pas que sa conformation soit bloquée en $^1C_4$ pour éviter la formation de l'anomère β.

3- APPROCHE COMBINATOIRE POUR ACCELERER LA SYNTHESE DE FRAGMENTS D'HEPARINE/HEPARANE SULFATE

3.1 Couplages combinatoires

3.1.1 Sélection des couplages combinatoires

Nous nous appuyons sur des résultats obtenus dans le chapitre précédent traitant de la réactivité des différents donneurs et accepteurs et de la stéréosélectivité des couplages pour mettre en place les chimiothèques de tétrasaccharides. Nous avons constaté qu'avec **D$_3$** et **A$_3$**, du fait de la présence d'une unité glucuronique, les couplages les impliquant ne satisfont pas nos attentes. En effet, ils ne sont pas de bons candidats parce qu'ils fournissent plus d'anomère β dans les couplages que les donneurs et accepteurs en partie composés d'une unité iduronique. Le couplage mettant en jeu D_3 avec les trois accepteurs nécessite une optimisation pour augmenter les rendements et la stéréosélectivité α des tétrasaccharides T_{31}, T_{32} et T_{33}. De ce fait il n'est pas retenu pour la formation des chimiothèques.

Par contre les deux couplages combinatoires suivants : $D_1+A_1+A_2+A_3$ et $D_2+A_1+A_2+A_3$ réalisés dans le dichlorométhane sont retenus pour la stratégie combinatoire. En effet, ils fournissent les tétrasaccharides T_{11}, T_{12}, T_{21} et T_{22} avec de très bons rendements (de 80% à 100%) et une excellente stéréosélectivité α (100% α à 96/4 α/β). Par contre les tétrasaccharides T_{13} et T_{23} sont formés avec de faibles rendements (18% et 33%) et une stéréosélectivité α pas assez satisfaisante (86/14 et 87/13).

3.1.2 Tests en vue de l'augmentation de la proportion molaire de T_{13} par rapport à T_{11} et T_{12} et de T_{23} par rapport à T_{21} et T_{22}

On décide d'augmenter le rendement de tétrasaccharides T_{13} et T_{23} en ajoutant plus d'accepteur A_3 que d'accepteurs A_1 et A_2 au lieu de les ajouter tous les trois en quantité équimolaire. La quantité de donneur utilisée est toujours de 1,3 équivalent par rapport à l'ensemble des accepteurs et 10% de catalyseur par rapport au donneur sont ajoutés. Dans ces conditions, le milieu est un peu trop acide et provoque l'hydrolyse d'une partie des groupes paraméthoxybenzyles **(schémas 148 et 149)**. On obtient alors un mélange de tétrasaccharides attendus avec les tétrasaccharides ayant le groupe paraméthoxybenzyle hydrolysé. Cependant, la proportion de T_{13} ou T_{23} a augmenté. L'optimisation de ces couplages n'a pu être mise au point par manque de temps mais une des solutions envisagées était d'ajouter du tamis 4A pour diminuer l'acidité du milieu.

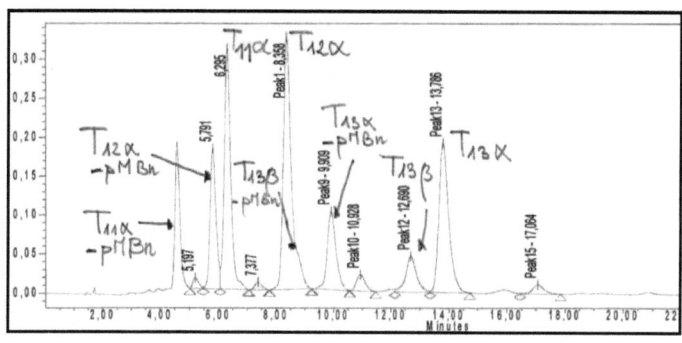

Schéma 148 :
A_1 1eq+A_2 1eq+A_3 1,3 eq+D_1 4,3 eq avec 10% de catalyseur par rapport à D_1

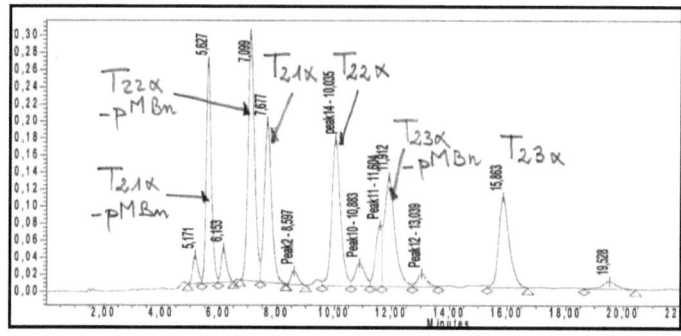

Schéma 149 :
A_1 1eq+A_2 1eq+A_3 1,3 eq+D_2 4,3 eq avec 10% de catalyseur par rapport à D_1

3.1.3 Début de la stratégie combinatoire

Les couplages **D1+ A1+A2+A3** et **D2+ A1+A2+A3 (schéma 150)** sont reproduits en parallèle dans les conditions initiales sur de plus grosses quantités afin d'obtenir dans les deux cas environ 120 mg de tétrasaccharides en mélange **(banque T_{1n} et banque T_{2n} avec n=1,2,3** pour les différents accepteurs). Ces mélanges seront ensuite engagés dans différentes réactions (désacétylation D, réduction R, sulfatation S et saponification Sa) pour arriver aux tétrasaccharides sulfatés et saponifiés.

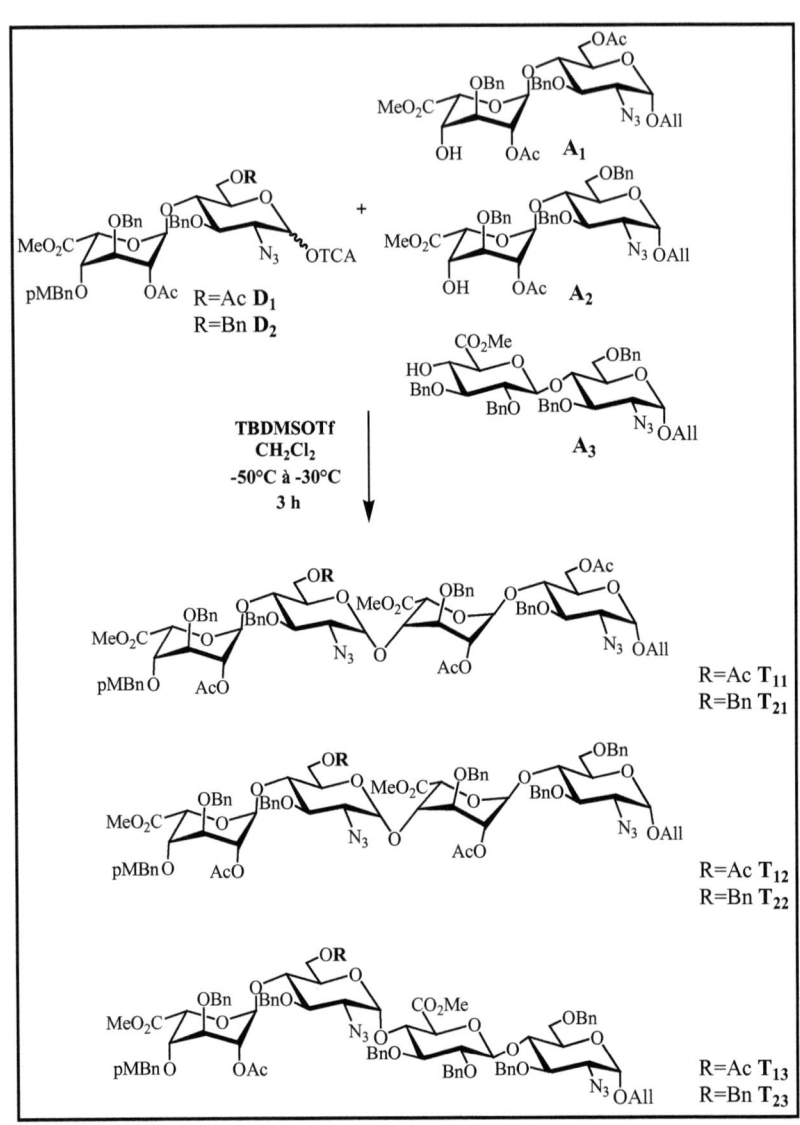

Schéma 150

Banque T_{1n} : T_{11} T_{12} T_{13}

Banque T_{2n} : T_{21} T_{22} T_{23}

3.2 Réaction de désacétylation

3.2.1 Banque T_{1n} : T_{11} T_{12} T_{13} → banque T_{1n} D : T_{11}D T_{12}D T_{13}

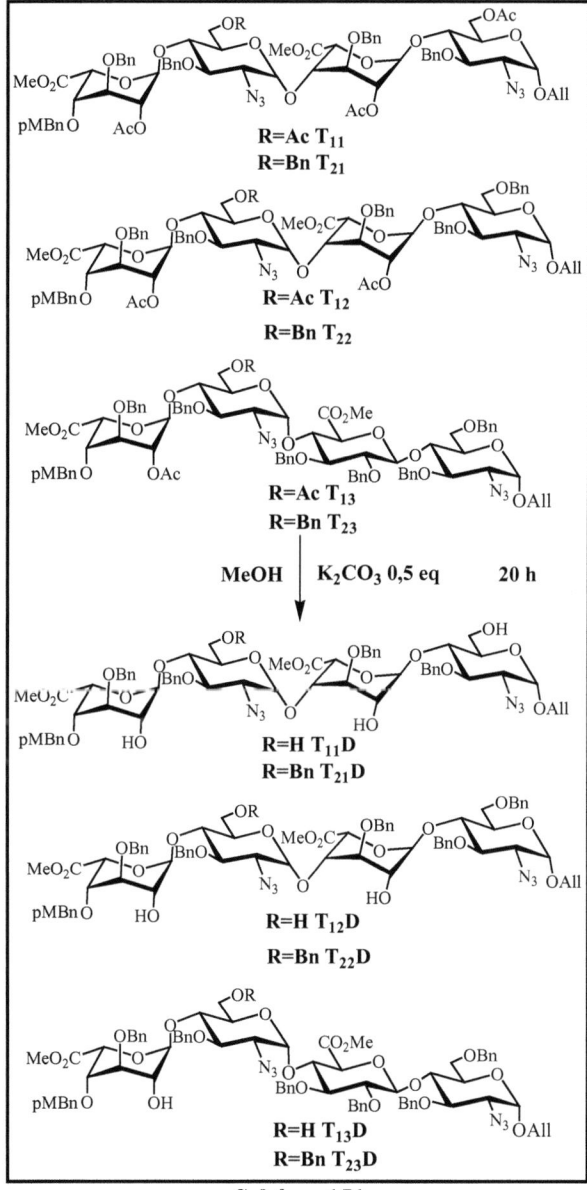

Schéma 151

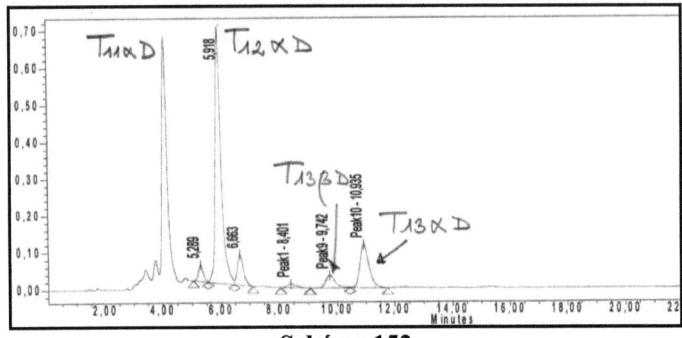

Schéma 152

A 100 mg de mélange de tétrasaccharides obtenu après couplage est ajouté du méthanol. La dissolution est très lente et dure tout au long de la réaction. Un demi équivalent de K_2CO_3 est ajouté à température ambiante. Cette quantité de base est calculé par rapport au tétrasaccharide le plus acétylé T_{11}. La réaction est terminée au bout de 20 h. La base est alors filtrée, le milieu est neutralisé avec de la résine H^+ qui est ensuite filtrée. Le solvant est évaporé et le résidu est repris dans le mélange $CH_2CL_2/MeOH$ pour être purifié par chromatographie d'exclusion stérique sur gel LH20. On récupère 95 mg de mélange désacétylé (**$T_{11}D$ $T_{12}D$ $T_{13}D$**). On réalise un chromatogramme HPLC-UV, un spectre infra rouge ainsi qu'une RMN du proton du mélange qui confirme la disparition des groupes acétyles.

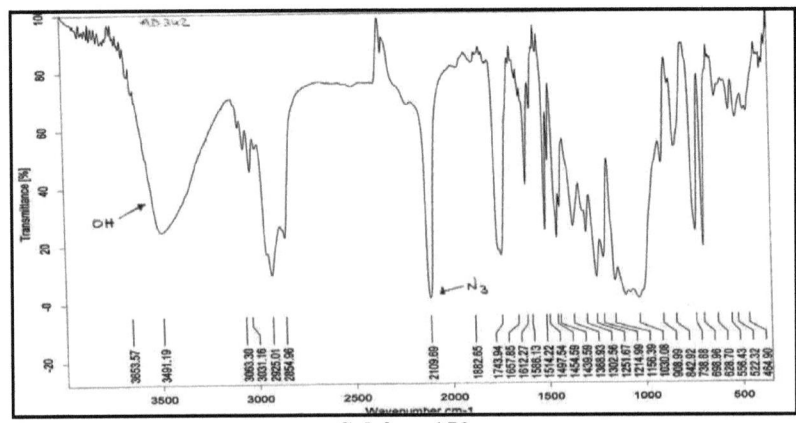

Schéma 153

3.2.2 Banque T_{2n} : T_{21} T_{22} T_{23} → banque T_{2n} D : $T_{21}D$ $T_{22}D$ $T_{23}D$ (schéma 151)

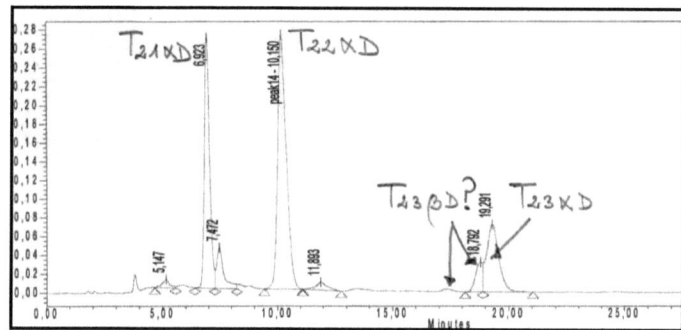

Schéma 154

La chimiothèque T_{2n} a été désacétylée de la même manière que la chimiothèque T_{1n}.

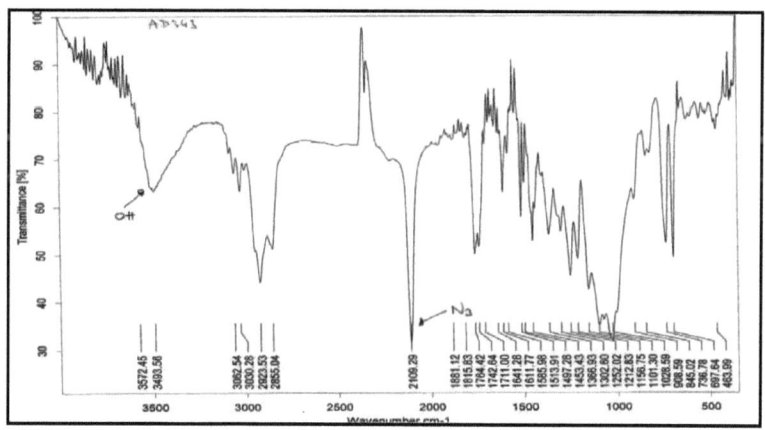

Schéma 155

3.3 Réaction de réduction

3.3.1 banque T_{1n} D : $T_{11}D$ $T_{12}D$ $T_{13}D$ → banque T_{1n} DR : $T_{11}DR$ $T_{12}DR$ $T_{13}DR$

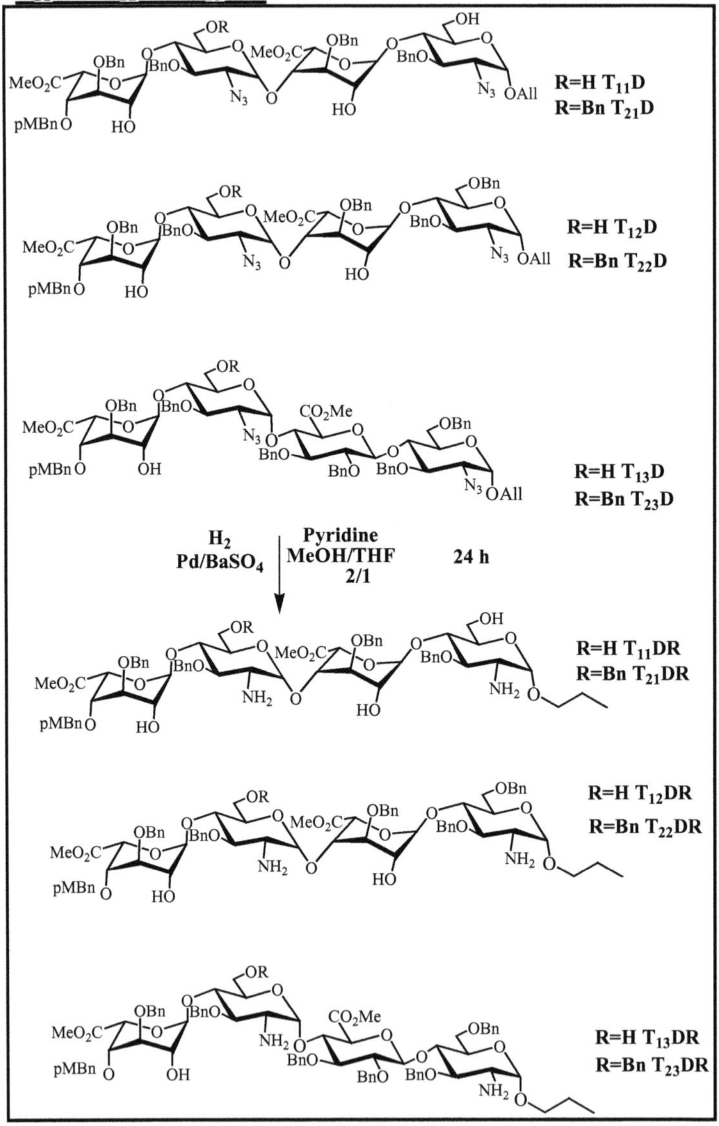

Schéma 156

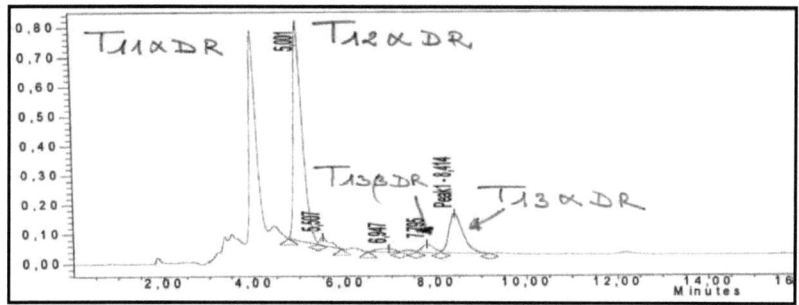

Schéma 157

Le mélange désacétylé est engagé dans la réaction de réduction des fonctions azides et allyles. Les quantités des réactifs sont calculées sur la base de la moyenne des masses molaires des tétrasaccharides. On ajoute à 80 mg de mélange le catalyseur Pd/BaSO$_4$, le mélange de solvants MeOH/THF dans les proportions 2/1, suivi de la pyridine. Après avoir fait le vide dans le ballon, on introduit une atmosphère d'hydrogène. Au bout de 24 h la réaction est terminée. La solution est filtrée et le solvant évaporé. Le résidu constitué du mélange de tétrasaccharides réduit est directement engagé dans la réaction de sulfatation. Les tétrasaccharides **T$_{11}$DR T$_{12}$DR T$_{13}$DR** sont globalement plus polaires, ce qui est vérifié sur le chromatogramme HPLC-UV. Le spectre infrarouge montre clairement la disparition de la bande correspondant à la fonction azido à 2109 cm^{-1}.

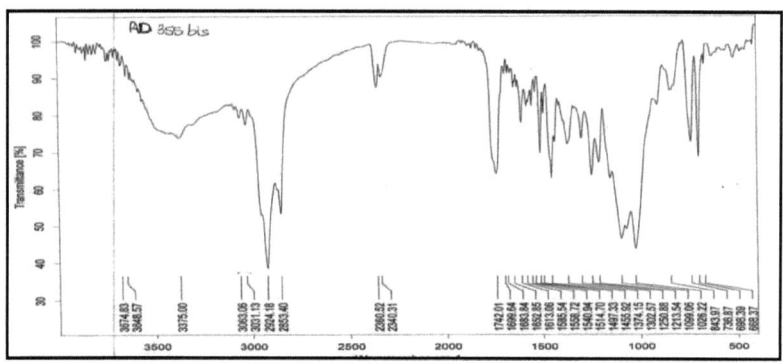

Schéma 158

3.3.2 banque T_{2n} D : T_{21}D T_{22}D T_{23}D → banque T_{2n} DR : T_{21}DR T_{22}DR T_{23}DR (schéma 156)

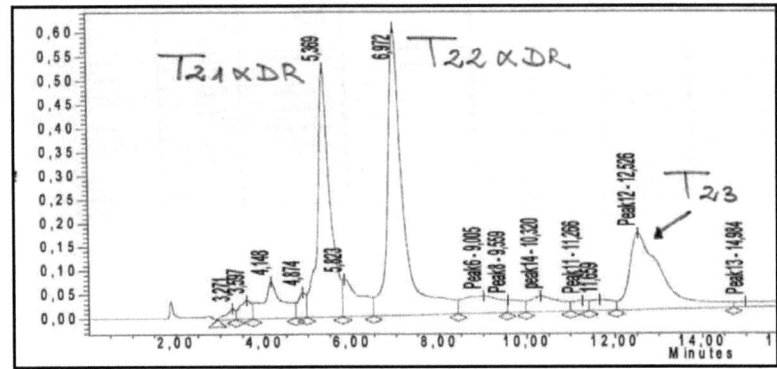

Schéma 159

La banque 2D est traitée de la même manière que la banque 1D. Comme précédemment la réaction est terminée au bout de 24 h. Les tétrasaccharides T_{11}DR T_{12}DR T_{13}DR sont globalement plus polaires, ce qui est vérifié sur le chromatogramme HPLC-UV. Le spectre infrarouge montre clairement la disparition de la bande correspondant à la fonction azido à 2109 cm^{-1}.

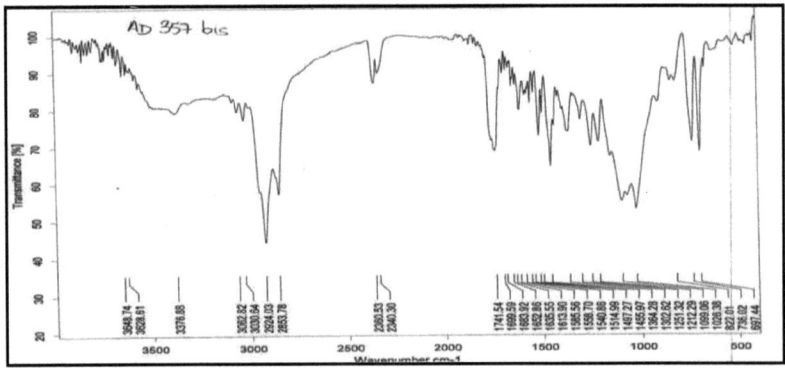

Schéma 160

3.4 Réaction de sulfatation

3.4.1 banque $T_{1n}DR$: $T_{11}DR$ $T_{12}DR$ $T_{13}DR$ → banque $T_{1n}DRS$: $T_{11}DRS$ $T_{12}DRS$ $T_{13}DRS$

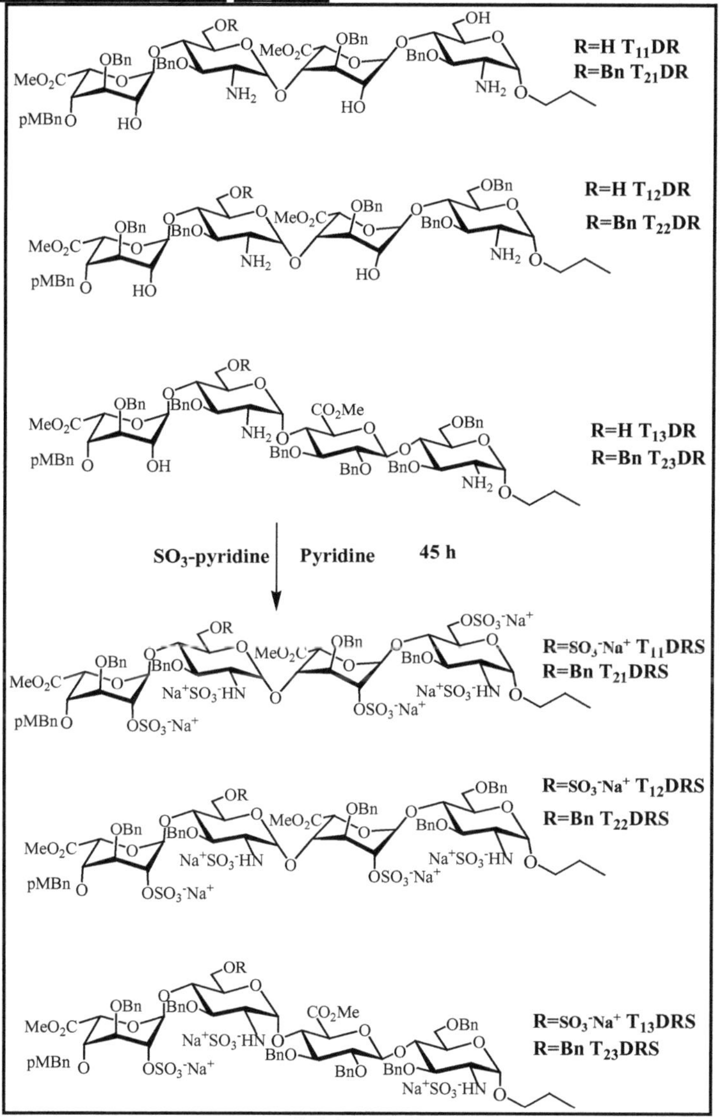

Schéma 161

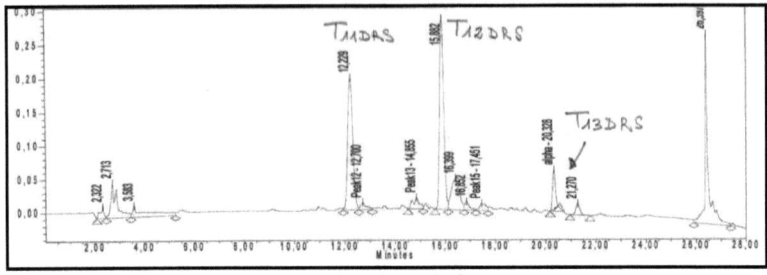

Schéma 162

La banque $T_{1n}DRS$ est engagée dans la réaction de sulfatation des positions hydroxylées et aminées. $T_{11}DR$ a 6 positions à sulfater, $T_{12}DR$ en a 5 et $T_{13}DR$ en a 4. Les quantités des réactifs sont calculées par rapport au tétrasaccharide qui doit être le plus sulfaté donc **T11DR**. On dissout 73 mg de mélange dans la pyridine puis SO3•pyridine (5 équivalents par sulfate à introduire) est ajoutée. La solution est chauffée à 50°C à l'abri de la lumière. Au bout de 45 h la réaction est terminée. Elle est alors neutralisée à température ambiante avec de la triéthylamine et du méthanol. Après évaporation, le résidu est repris dans le mélange $CH_2CL_2/MeOH$ pour être purifié par chromatographie d'exclusion stérique sur gel LH20 puis est repris dans un mélange $MeOH/H_2O$ 8/2 pour être passé sur une résine Na^+ échangeuse de cations. L'ion pyridinium est ainsi échangé contre l'ion Na^+.

3.4.2 banque T_{2n} DR : $T_{21}DR$ $T_{22}DR$ $T_{23}DR$ → banque T_{2n} DRS : $T_{21}DRS$ $T_{22}DRS$ $T_{23}DRS$ (schéma 161)

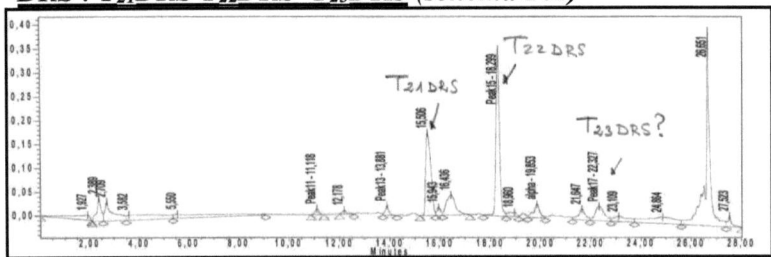

Schéma 163

La banque $T_{2n}DR$ (76 mg) subit le même traitement. $T_{21}DR$ a 5 positions à sulfater, $T_{22}DR$ en a 4 et $T_{33}DR$ en a 3. Les quantités des réactifs sont calculées par rapport au tétrasaccharide qui doit être le plus sulfaté donc $T_{21}DR$.

3.5 Réaction de saponification

3.5.1 banque T_{1n} DRS : $T_{11}DRS$ $T_{12}DRS$ $T_{13}DRS$ → banque T_{1n} DRSSa : $T_{11}DRS$ $T_{12}DRSSa$ $T_{13}DRSSa$

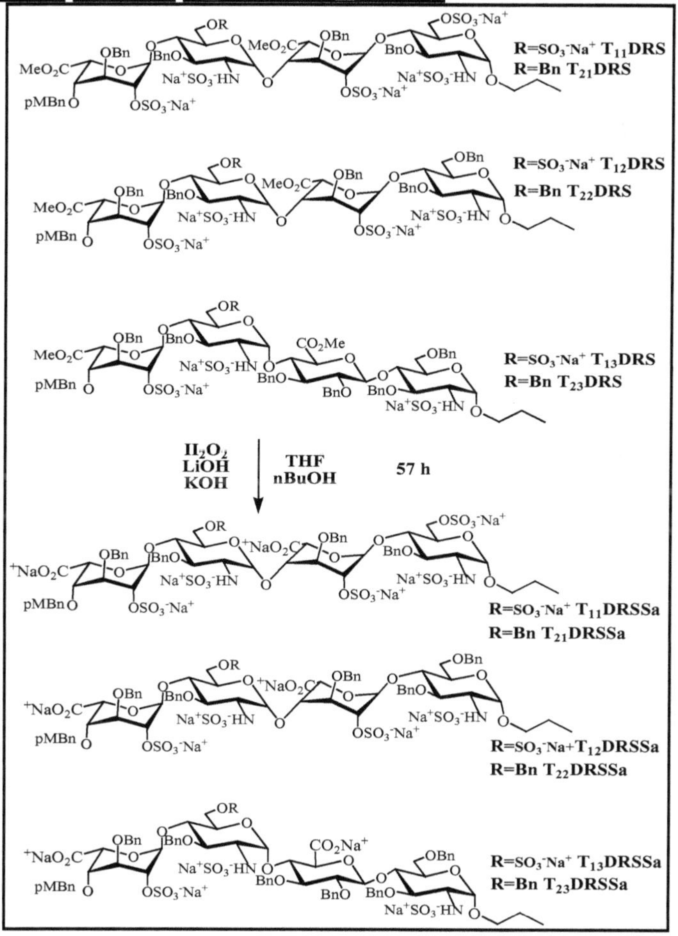

Schéma 164

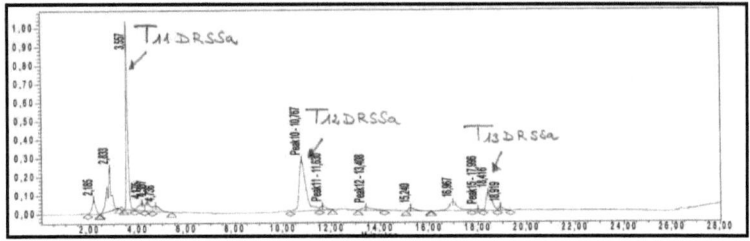

Schéma 165

La banque T_{1n} DRS est engagée dans la réaction de saponification. Il y a deux fonctions esters par tétrasaccharides donc les quantités des réactifs sont déterminées à partir de la moyenne des masses molaires des tétrasaccharides **T_{11}DRS T_{12}DRS T_{13}DRS**. A 100 mg de mélange sont ajoutés du THF et du nbutanol, puis à 0°C une solution de LiOH ainsi qu'une solution de H_2O_2. Au bout de 3h on ajoute un peu plus de base sous forme d'une solution de KOH et la réaction est poursuivie à température ambiante. La réaction est suivie par HPLC-UV et régulièrement un peu de KOH est ajouté pour l'avancement en veillant à ne dépasser le nombre de moles d'H_2O_2. Au bout de 57 h la réaction est terminée. Elle est neutralisée avec une solution de H_2PO_4. Les solvants sont évaporés et le mélange de tétrasaccharides est repris dans un tampon 5 mM d'acétate de triéthylammonium. L'étape de séparation des fragments est décrite dans la partie suivante.

3.5.2 banque T_{2n} DR : T_{21}DR T_{22}DR T_{23}DR → banque T_{2n} DRSSa : T_{21}DRSSa T_{22}DRS T_{23}DRS (schéma 164)

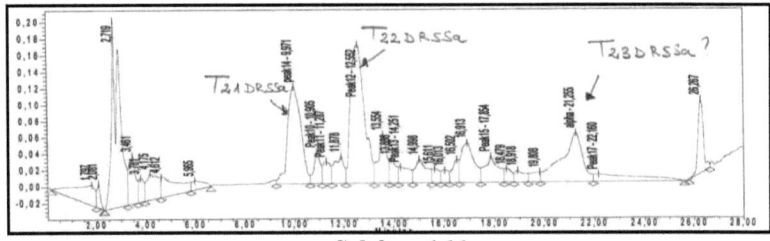

Schéma 166

La banque T_{2n} DRS (100 mg) subit exactement le même traitement.

3.6 Séparation et caractérisation des tétrasaccharides

3.6.1 banque T_{1n} DRSSa : T_{11}DRSSa T_{12}DRSSa T_{13}DRSSa

3.6.1.1 Séparation

Les tétrasaccharides en mélange dans le tampon acétate de triéthylammonium ont chacun une charge négative globale différente : 8 charges négatives pour T_{11}DRS, 7 charges négatives pour T_{12}DRSSa, 6 charges négatives pour T_{13}DRSSa. Les tétrasaccharides sont déposés sur une colonne C18 pour être séparés en fonction de la polarité avec un gradient d'eluant (Tampon AcOEt$_3$N/ CH$_3$CN de 100% tampon à 26/14). T_{11}DRSSa sort à 36/4, T_{12}DRSSa sort à 32/8 et T_{12}DRSSa sort à 28/12. Les trois fractions sont passées sur une résine Na+ échangeuses de cations, pour que les tétrasaccharides soient sous la forme Na+. A ce stade on récupère 21 mg de T_{11}DRSSa, 17 mg de T_{12}DRSSa et environ 4 mg de T_{13}DRSSa.

3.6.1.2 Caractérisation

Les composés sont analysés en RMN du proton, du carbone et les expériences COSY, HMBC ont été réalisées. Les tétrasaccharides sont très propres et bien séparés. On voit clairement en RMN du proton, en regardant plus précisément dans la zone des protons anomériques que l'on a un seul anomère α pour T_{11}DRSSa et T_{12}DRSSa. Par contre pour T_{13}DRSSa on a un mélange α et β. La caractérisation complète des tétrasaccharides est en cours. Nous présentons ici les RMN du proton des trois tétrasaccharides

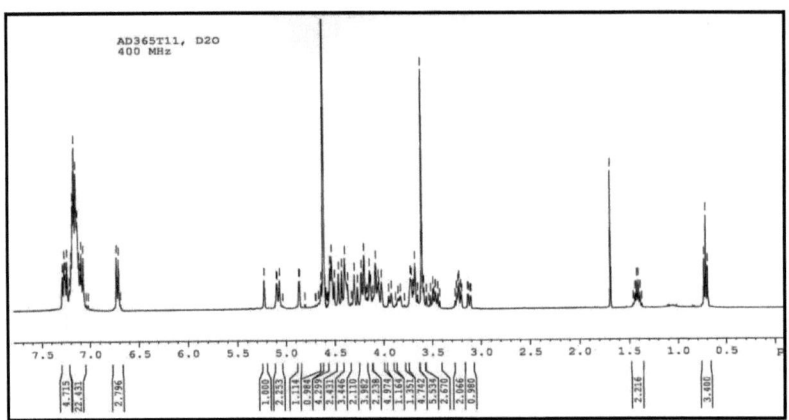

Schéma 167 : RMN ^{1}H T$_{11}$DRSSa anomère α

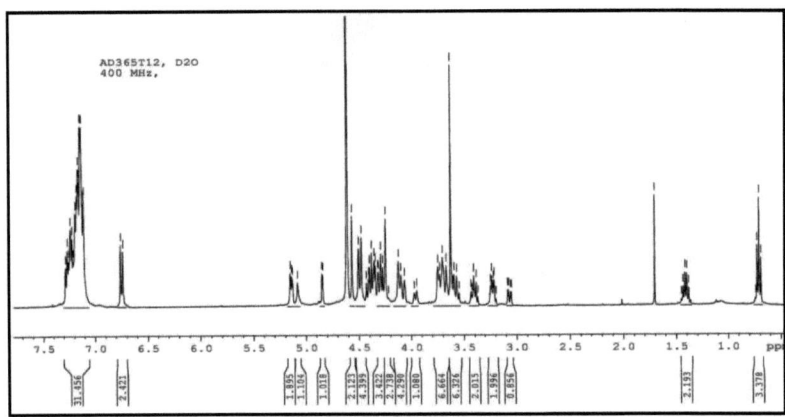

Schéma 168 : RMN ^{1}H T$_{12}$DRSSa anomère α

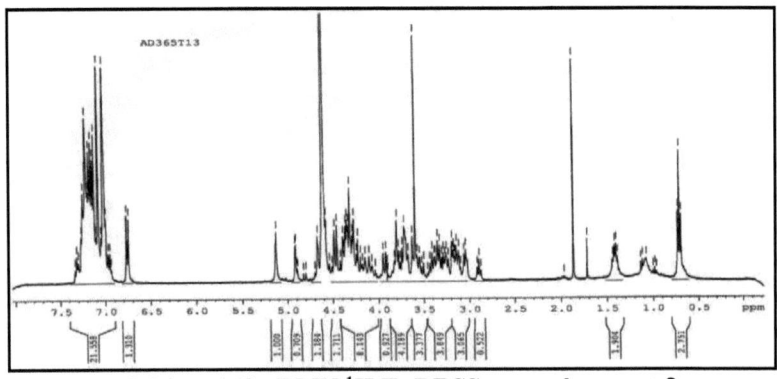

Schéma 169 : RMN ^{1}H T$_{13}$DRSSa anomères α et β

3.6.2 banque 2 DRS : $T_{21}DRS$ $T_{22}DRS$ $T_{23}DRS$

3.6.2.1 Séparation

Les tétrasaccharides en mélange dans l'acétate de triéthylammonium ont chacun une charge négative globale différente : 7 charges négatives pour $T_{21}DRS$, 6 charges négatives pour $T_{22}DRSSa$, 5 charges négatives pour $T_{23}DRSSa$. Les tétrasaccharides sont séparés de la même manière que précédemment. $T_{21}DRSSa$ sort à 36/4, $T_{22}DRSSa$ sort à 32/8 et $T_{23}DRSSa$ sort à 28/12. Une fois les tétrasaccharides sous forme Na^+, on récupère 18 mg de $T_{11}DRSSa$, 21 mg de $T_{12}DRSSa$ et environ 9 mg de $T_{12}DRSSa$.

3.6.2.2 Caractérisation

Les composés sont soumis aux mêmes analyses que la banque $T_{1n}DRSSa$. On voit clairement en RMN du proton, en regardant plus précisément dans la zone des protons anomériques que l'on a un seul anomère α pour $T_{21}DRSSa$ et $T_{22}DRSSa$. Par contre pour $T_{23}DRSSa$ on a un mélange d'anomères et l'étude du spectre RMN du proton ainsi que l'expérience HMBC vont nous permettrent de déterminer le rapport α/β et donc de savoir si T_{23} β après couplage coéluait ou non avec T_{23} α Les RMN du proton des tétrasaccharides sont présentées.

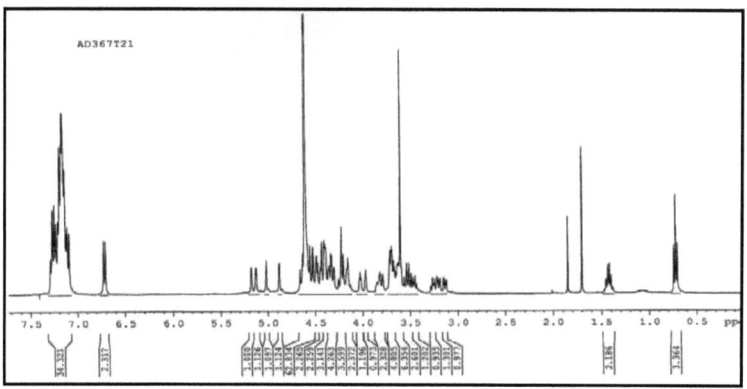

Schéma 170 : RMN ^{1}H T_{21}DRSSa anomère α

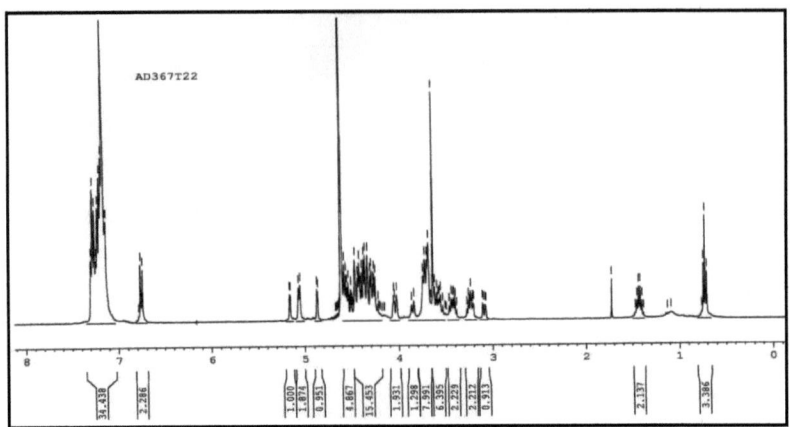

Schéma 171 : RMN ^{1}H T$_{22}$DRSSa anomère α

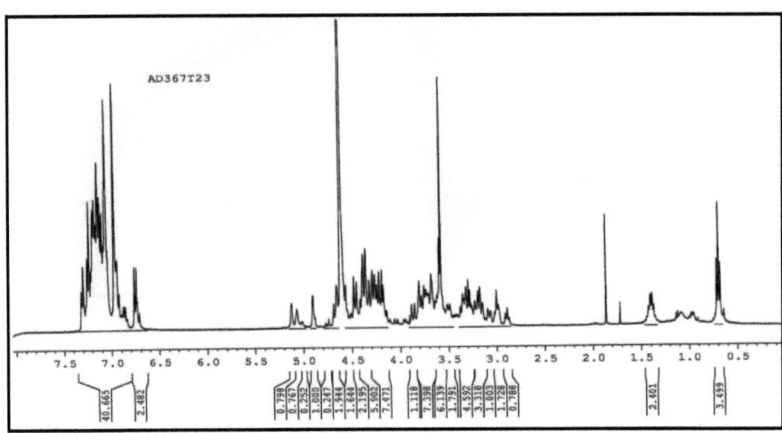

Schéma 171 : RMN ^{1}H T$_{23}$DRSSa anomères α et β

TROISIEME PARTIE:
PARTIE EXPERIMENTALE

All moisture-sensitive reactions were performed under an argon atmosphere using oven-dried glassware. All solvents were dried over standard drying agents[151] and freshly distilled prior to use. Evaporations were performed under reduced pressure. Reactions were monitored by TLC on glass Silica Gel 60 F_{254} plates with detection by UV at 254 nm and by charring with 5 % ethanolic H_2SO_4. Flash column chromatographies were performed on Silica Gel 60 A.C.C. (6-35 µ). HPLC was performed by using a Hyperbond 10µ C18 300*3.9 mm column and UV detection at 220 nm. Melting points were determined with a Büchi capillary apparatus and are uncorrected. Optical rotations were measured on a Jasco DIP 370 digital polarimeter. NMR spectra were recorded at rt with Bruker AC 200, AC 250, AM 250, AM 360 or DRX 400 spectrometers. Chemical shifts δ are given in part per millions (ppm) relative to internal Me_4Si reference, solvent signals ($CDCl_3$ ^{13}C δ = 77.0 ppm, [D6] DMSO: ^1H δ = 2.49 ppm, ^{13}C δ = 39.5 ppm) or acetone in D_2O (^1H δ = 2.225 ppm and ^{13}C δ = 30.5 ppm). The allyl group carbons are numbered in the following way: $-O-C_aH_2-C_bH=C_cH_2$, the two proton on C-c were numbered H-cc, for the one *cis* to H-b, and H-ct for the one *trans* to H-b. For ^1H spectra of iduronyl derivatives, apodisations with Gaussian functions (LB = -1 to -2 Hz and GB = 50 %) were used allowing measurement of coupling constants. COSY, gradient enhanced COSY, and HMQC were performed recording 256 FIDs with 1024 complex data points using standard Bruker programs. Prior Fourier transform, the data were zero filled in the t_1 dimension to 1024 points and multiplied with a non shifted sinebell function in both dimension for COSY; for HMQC, a non shifted

---

[151]. D. Perrin and W. L. F. Armarego, *Purification of Laboratory Chemicals,* 3rd ed.; Pergamon Press: Oxford, (1988).

sinebell function in t_2 dimension and a non shifted squared sinebell function in the t_1 dimension were used. MS spectra were recorded in the positive mode on a Finnigan MAT 95 S using electrospray ionization. Infra Red spectra were recorded on a Fourier transform Bruker IFS66 apparatus. Elemental analyses were performed at the CNRS (Gif sur Yvette, France).

1)Allyl (Methyl 2,4-di-*O*-acetyl-3-*O*-benzyl-α-L-idopyranosyluronate)-(1->4)-*O*-6-*O*-acetyl-2-azido-3-*O*-benzyl-2-deoxy-α-D-glucopyranoside (188):

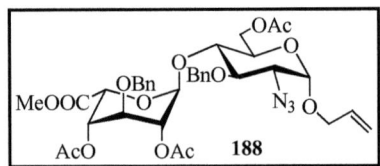

Imidate **194** (α/β mixture, 8.90 g, 16.9 mmol, 1.3 eq) and acceptor **196** (4.89 g, 13.0 mmol) were azeotropically dried with toluene and dissolved in CH_2Cl_2 (19 mL). TMSOTf (0.1 M in CH_2Cl_2, 460 µL, 260 µmol, 0.02 eq) was then added to the cooled (0 °C) solution. After 20 min stirring, the acceptor was totally consumed, as shown by TLC analysis, and additional TMSOTf was added (1070 µL, 650 µmol, 0.05 eq). After 90 min at 0 °C, the reaction was quenched with NEt_3 (0.1 M in CH_2Cl_2, 910 µmol, 0.07 eq) and the reaction mixture was directly applied to the top of a flash chromatography column and eluted (petroleum ether/AcOEt 91:1 to 4:6) giving 8.8 g of **8** (92 %).

$[\alpha]_D^{29} = 19$ (c = 5.8, CH_2Cl_2)

IR (thin film, cm^{-1}): ν = 3064, 3033 ($\nu_{\text{C-H arom}}$), 2952, 2929, 2874 ($\nu_{\text{C-H aliph}}$), 2110 (ν_{N3}), 1747 ($\nu_{\text{C=O}}$), 1455, 1438, 1373, 1228

^{1}H NMR (250 MHz, CDCl$_3$) δ = 7.45-7.10 (m, 10 H, Ph), 5.95 (dddd, $J_{\text{b, ct}}$ = 17.0, $J_{\text{b, cc}}$ = 10.0, $J_{\text{b, a'}}$ = 6.0, $J_{\text{b, a}}$ = 5.0 Hz, 1 H, H-b), 5.37 (dq, $J_{\text{ct, b}}$ = 17.0, $J_{\text{ct, a}}$ = $J_{\text{ct, a'}}$ = J_{gem} = 1.5 Hz, 1 H, H-ct), 5.28 (dq, $J_{\text{cc, b}}$ = 10.0, $J_{\text{cc, a}}$ = $J_{\text{cc, a'}}$ = J_{gem} = 1.5 Hz, 1 H, H-cc), 5.14 (d, $J_{1', 2'}$ = 2.0 Hz, 1H, H'-1), 5.06 (dd, $J_{4', 5'}$ = 3.0, $J_{4', 3'}$ = 2.5 Hz, 1 H, H'-4), 4.96 (d, $J_{1, 2}$ = 3.5 Hz, 1 H, H-1), 4.92 (d, $J_{5', 4'}$ = 3.0 Hz, 1 H, H'-5), 4.88 (dd, $J_{2', 3'}$ = 2.5, $J_{2', 1'}$ = 2.0 Hz, 1 H, H'-2), 4.75 (d, J = 12.0 Hz, 1 H, C$\underline{\text{H}}_2$Ph), 4.70 (d, J = 12.0 Hz, 1 H, C$\underline{\text{H}}_2$Ph), 4.70 (d, J = 10.0 Hz, 1 H, C$\underline{\text{H}}_2$Ph), 4.65 (d, J = 10.0 Hz, 1 H, C$\underline{\text{H}}_2$Ph), 4.45 (dd, $J_{\text{6a, 6b}}$ = 12.0, $J_{\text{6a, 5}}$ = 1.5 Hz, 1 H, H-6$_a$), 4.28-4.16 (m, 2 H, H-6$_b$ and H-a), 4.06 (ddt, J_{gem} = 13.0, $J_{\text{a', b}}$ = 6.0, $J_{\text{a', cc}}$ = $J_{\text{a', ct}}$ = 1.5 Hz, 1 H, H-a'), 3.95-3.75 (m, 4 H, H-3, H-4, H-5 and H'-3), 3.43 (dd, $J_{2, 3}$ = 10.0, $J_{2, 1}$ = 3.5 Hz, 1 H, H-2), 3.42 (s, 3 H, OMe), 2.11 (s, 3 H, C$\underline{\text{H}}_3$ OAc), 2.02 (s, 3 H, C$\underline{\text{H}}_3$ OAc), 1.95 (s, 3 H, C$\underline{\text{H}}_3$ OAc)

^{13}C NMR (62.5 MHz, CDCl$_3$) δ = 170.6, 169.9, 169.8, 168.7 (C=O), 137.7, 137.2 (C$_{\text{quaternary arom}}$), 133.1 (C-b), 128.5, 128.0, 127.5, 127.4 (C$_{\text{arom}}$), 118.4 (C-c), 97.5 (C'-1), 96.5 (C-1), 78.4, 74.8, 74.7 ($\underline{\text{C}}$H$_2$Ph), 72.6 ($\underline{\text{C}}$H$_2$Ph), 72.8, 69.3, 68.7 (C-a), 68.0, 67.6, 67.0, 63.4 (C-2), 62.0 (C-6), 52.2 ($\underline{\text{C}}$H$_3$, COOMe), 20.9, 20.8, 20.7 ($\underline{\text{C}}$H$_3$, OAc)

Anal. calcd. for C$_{36}$H$_{43}$N$_3$O$_{14}$ (741.7 g/mol) : calcd C 58.29, H 5.84, N 5.66, O 30.20; found : C 58.01, H 5.81, N 5.44, O 30.12

2) Allyl (methyl 2-*O*-acetyl-3-*O*-benzyl-4-*O*-(4-methoxybenzyl)-α-L-idopyranosyluronate)-(1→4)-*O*-6-*O*-acetyl-2-azido-3-*O*-benzyl-2-deoxy-α-D-glucopyranoside (189)

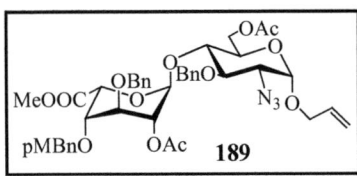

Conventional acetylation of **241** (3,10 g) with acetic anhydride (5 mL) and pyridine (10 mL) for 5 h at room temperature followed by evaporation under reduced pressure and elution of the residue from a comlumn silica gel with (1:1) (v/v) petrol ether-ethyl acetate gave 3,20 g of **189** (98%).

$[\alpha]_D^{28}$ = 20 (c = 1.0, CH$_2$Cl$_2$)

IR (thin film, cm^{-1}): ν = 3063, 3032 (ν$_{C-H\ arom}$), 2950, 2935 (ν$_{C-H\ aliph}$), 2109 (ν$_{N3}$), 1740 (ν$_{C=O}$), 1613, 1514, 1455, 1439, 1373, 1303, 1244

^{1}H NMR (400 MHz, CDCl$_3$) δ = 7.52-7.36 (m, 10 H, Ph), 7.25 (d, *J* = 8.5 Hz, 2 H, P̲h̲-OMe), 6.96 (d, *J* = 8.5 Hz, 2 H, P̲h̲-OMe), 6.06 (dddd, *J*$_{b,\ ct}$ = 17.0, *J*$_{b,\ cc}$ = 11.0, *J*$_{b,\ a'}$ = 6.0, *J*$_{b,\ a}$ = 5.0 Hz, 1 H, H-b), 5.49 (dq, *J*$_{ct,\ b}$ = 17.0, *J*$_{ct,\ a}$ = *J*$_{ct,\ a'}$ = *J*$_{gem}$ = 1.5 Hz, 1 H, H-ct), 5.39 (dq, *J*$_{cc,\ b}$ = 11.0, *J*$_{cc,\ a}$ = *J*$_{cc,\ a'}$ = *J*$_{gem}$ = 1.5 Hz, 1 H, H-cc), 5.38 (d, *J*$_{1',\ 2'}$ = 5.0 Hz, 1H, H'-1), 5.05 (d, *J*$_{1,\ 2}$ = 3.5 Hz, 1 H, H-1), 5.02 (t, *J*$_{2',\ 3'}$ = *J*$_{2',\ 1'}$ = 5.0 Hz, 1 H, H'-2), 5.02 (d, *J* = 10.5 Hz, 1 H, CH$_2$Ph), 4.83 (d, *J* = 11.0 Hz, 1 H, CH$_2$Ph), 4.82 (d, *J* = 10.5 Hz, 1 H, CH$_2$Ph), 4.81 (d, *J*$_{5',\ 4'}$ = 6.5 Hz, 1 H, H'-5), 4.78 (d, *J* = 11.0 Hz, 1 H, CH$_2$Ph), 4.58 (d, *J* = 11.5 Hz, 1 H, CH$_2$PhOMe), 4.52 (d, *J* = 11.5 Hz, 1 H, CH$_2$PhOMe), 4.50 (dd, *J*$_{6a,\ 6b}$ = 12.5, *J*$_{6a,\ 5}$ = 2.0 Hz, 1 H, H-6$_a$), 4.36 (dd,

$J_{6b, 6a}$ = 12.5, $J_{6b, 5}$ = 3.5 Hz, 1 H, H-6$_b$), 4.37 (ddt, J_{gem} = 13.0, $J_{a, b}$ = 5.0, $J_{a, cc}$ = $J_{a, ct}$ = 1.5 Hz, 1 H, H-a), 4.17 (ddt, J_{gem} = 13.0, $J_{a', b}$ = 6.0, $J_{a', cc}$ = $J_{a', ct}$ = 1.5 Hz, 1 H, H-a') , 4.10 (dd, $J_{4, 5}$ = 9.5, $J_{4, 3}$ = 9.0, 1 H, H-4), 4.02 (dd, $J_{3, 2}$ = 10.0, $J_{3, 4}$ = 9.0 Hz, 1 H, H-3), 3.98 (ddd, $J_{5, 4}$ = 9.5, $J_{5, 6b}$ = 3.5, $J_{5, 6a}$ = 2.0 Hz, 1 H, H-5), 3.95-3.90 (m, 4 H, containing s at δ = 3.92, H'-4 and OMe), 3.88 (t, $J_{3', 2'}$ = $J_{3', 4'}$ = 5.0, 1 H, H'-3), 3.66 (s, 3 H, OMe), 3.54 (dd, $J_{2, 3}$ = 10.0, $J_{2, 1}$ = 3.5 Hz, 1 H, H-2), 2.20 (s, 3 H, C$\underline{H_3}$ OAc), 2.18 (s, 3 H, C$\underline{H_3}$ OAc)

^{13}C NMR (62.5 MHz, CDCl$_3$) δ = 170.7, 170.0, 169.8 (C=O), 159.3 ($\underline{C}$-OMe, pMBn), 137.9, 137.7 (C$_{quaternary\ arom}$), 133.0 (C-b), 129.5, 129.3, 128.4, 128.1, 127.9, 127.8, 127.4 (C$_{arom}$), 118.2 (C-c), 113.7 (C$_m$ pMBn), 97.9 (C'-1), 96.5 (C-1), 78.2 (C-3), 75.7 (C-4), 74.9 ($\underline{C}$H$_2$Ph), 74.7 (C'-3), 74.4 (C'-4), 73.0 ($\underline{C}$H$_2$Ph), 72.4 ($\underline{C}$H$_2$ pMBn), 70.5 (C'-5), 70.1 (C'-2), 69.1 (C-5), 68.6 (C-a), 63.1 (C-2), 62.0 (C-2), 55.2 ($\underline{C}$H$_3$ OMe pMBn), 51.7 ($\underline{C}$H$_3$, COOMe), 20.9, 20.7 ($\underline{C}$H$_3$, OAc)

Anal. calcd. for C$_{42}$H$_{49}$N$_3$O$_{14}$ (819.9 g/mol) : C 61.53, H 6.02, N 5.13, O 27.32; found : C 61.22, H 5.96, N 4.97, O 27.04

3) **Allyl (methyl 2,4-di-*O*-acetyl-3-*O*-benzyl-α-L-idopyranosyluronate)-(1→4)-*O*-2-azido-3,6-di-*O*-benzyl-2-deoxy-α-D-glucopyranoside (190)**

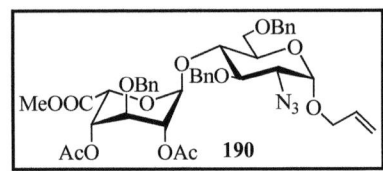

Imidate **194** (α/β mixture, 3.0 g, 5.69 mmol, 1.3 eq) and acceptor **197** (1.86 g, 4.38 mmol) were azeotropically dried with toluene and dissolved in CH$_2$Cl$_2$ (6 mL). TMSOTf (0.1 M in CH$_2$Cl$_2$, 160 μL, 88 μmol, 0.02 eq) was then added to the cooled (0 °C) solution. After 20 min stirring, the acceptor was totally consumed, as shown by TLC analysis, and additional TMSOTf was added (350 μmol, 219 μmol, 0.05 eq). After 90 min at 0 °C, the reaction was quenched with NEt$_3$ (0.1 M in CH$_2$Cl$_2$, 235 μmol, 0.07 eq) and the reaction mixture was directly applied to the top of a flash chromatography column and eluted (petroleum ether/AcOEt 91:1 to 4:6) giving 3.2 g of **190** (91%).

[α]$_D^{27}$ = 12 (c = 3.3, CH$_2$Cl$_2$)

IR (thin film, cm^{-1}): ν = 3077, 3061, 3030 (ν$_{C-H\ arom}$), 2952, 2921, 2874, 2858 (ν$_{C-H\ aliph}$), 2102 (ν$_{N3}$), 1736 (ν$_{C=O}$), 1497, 1455, 1439, 1373, 1226, 1253, 1222

^{1}H NMR (200 MHz, CDCl$_3$) δ = 7.45-7.15 (m, 10 H, Ph), 5.95 (dddd, $J_{b,\ ct}$ = 17.0, $J_{b,\ cc}$ = 10.5, $J_{b,\ a'}$ = 6.0, $J_{b,\ a}$ = 5.0 Hz, 1 H, H-b), 5.35 (dq, $J_{ct,\ b}$ = 17.0, $J_{ct,\ a}$ = $J_{ct,\ a'}$ = J_{gem} = 1.5 Hz, 1 H, H-ct), 5.25 (dq, $J_{cc,\ b}$ = 10.5, $J_{cc,\ a}$ = $J_{cc,\ a'}$ = J_{gem} = 1.5 Hz, 1 H, H-cc), 5.20 (br. s, 1H, H'-1), 5.04 (dd, $J_{4',\ 3'}$ = 3.0, $J_{4',\ 5'}$

= 2.5 Hz, 1 H, H'-4), 4.97 (d, $J_{1,2}$ = 3.5 Hz, 1 H, H-1), 4.94 (d, $J_{5',4'}$ = 2.5 Hz, 1 H, H'-5), 4.92-4.87 (m, 1 H, H'-2), 4.73 (s, 2 H, C$\underline{H}_2$Ph), 4.63 (s, 2 H, C$\underline{H}_2$Ph), 4.61 (d, J = 12.0 Hz, 1 H, C$\underline{H}_2$Ph), 4.51 (d, J = 12.0 Hz, 1 H, C$\underline{H}_2$Ph), 4.21 (ddt, J_{gem} = 13.0, $J_{a,b}$ = 5.0, $J_{a,cc}$ = $J_{a,ct}$ = 1.5 Hz, 1 H, H-a), 4.04 (ddt, J_{gem} = 13.0, $J_{a',b}$ = 6.0, $J_{a',cc}$ = $J_{a',ct}$ = 1.5 Hz, 1 H, H-a'), 4.04 (dd, $J_{6a,6b}$ = 9.0, $J_{6a,5}$ = 1.0 Hz, 1 H, H-6$_a$), 3.89-3.74 (m, 4 H, H-3, H-4, H-5 and H'-3), 3.65 (dd, $J_{6b,6a}$ = 9.0, $J_{6b,5}$ = 3.0 Hz, 1 H, H-6$_b$), 3.45 (dd, $J_{2,3}$ = 10.0, $J_{2,1}$ = 3.5 Hz, 1 H, H-2), 3.35 (s, 3 H, OMe), 2.00 (s, 3 H, C$\underline{H}_3$ OAc), 1.99 (s, 3 H, C$\underline{H}_3$ OAc)

^{13}C NMR (62.5 MHz, CDCl$_3$) δ = 169.9, 169.7, 168.4 (C=O), 137.9, 137.8, 137.2 (C$_{quaternary\ arom}$), 133.2 (C-b), 128.4, 128.3, 128.1, 127.6, 127.5, 127.1 (C$_{arom}$), 118.0 (C-c), 97.1 (C'-1), 96.6 (C-1), 78.4, 74.4, 74.2, 73.1, 72.5, 72.2, 70.9, 68.5, 67.9, 67.1, 63.3, 63.5, 51.9 ($\underline{C}$H$_3$, COOMe), 20.8, 20.7 ($\underline{C}$H$_3$, OAc)

Anal. calcd. for C$_{41}$H$_{47}$N$_3$O$_{13}$ (789.8 g/mol) : C 62.35, H 6.00, N 5.32, O 26.33; found : C 62.31, H 5.82, N 4.97, O 26.45.

4) **Allyl (methyl 2-*O*-acetyl-3-*O*-benzyl-4-*O*-(4-methoxybenzyl)-α-L-idopyranosyluronate)-(1→4)-*O*-2-azido-3,6-di-*O*-benzyl-2-deoxy-α-D-glucopyranoside (191)**

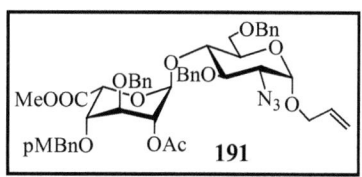

Protocol starting from compound 230

Conventional acetylation of **230** (2,90 g) with acetic anhydride (4 mL) and pyridine (8 mL) for 5 h at room temperature and elution of the residue from a comlumn silica gel with (1:1) (v/v) petrol ether-ethyl acetate gave 2,90 g of **191** (96%).

Protocol starting from compound 221

4-Methoxybenzyltrichloroacetimidate (161 mg, 0.57 mmol, 3.0 eq) and BF$_3$•Et$_2$O (0.8 M in CH$_2$Cl$_2$, 14 μL, 0.011 mmol, 0.6 eq) were added successively to a cooled (-30 °C) solution of **221** (142 mg, 1.19 mmol) in CH$_2$Cl$_2$ (2 mL). After one hour at -30 °C, the reaction was quenched with NEt$_3$ (1 M in CH$_2$Cl$_2$) and the solvent was evaporated. Flash chromatography of the residue gave **191** (107 mg, 65 %) along with unreacted **221** (45 mg, 32 %).

$[\alpha]_D^{27} = 34$ (c = 1.0, CH$_2$Cl$_2$)

IR (thin film): ν = 3095, 3048, 3032, 3001 (ν$_{C-H\ arom}$), 2986, 2923, 2845 (ν$_{C-H\ aliph}$), 2108 (ν$_{N3}$), 1736 (ν$_{C=O}$), 1613, 1582, 1514, 1497, 1455, 1433, 1372, 1254, 1120

^{1}H NMR (250 MHz, CDCl$_3$) δ = 7.40-7.21 (m, 15 H, Ph), 7.12 (d, J = 8.5 Hz, 2 H, Ph-OMe), 6.80 (d, J = 8.5 Hz, 2 H, Ph-OMe), 5.92 (dddd, $J_{b,\ ct}$ = 17.0, $J_{b,\ cc}$ = 10.0, $J_{b,\ a'}$ = 6.0, $J_{b,\ a}$ = 5.0 Hz, 1 H, H-b), 5.33 (dq, $J_{ct,\ b}$ = 17.0, $J_{ct,\ a} = J_{ct,\ a'} = J_{gem}$ = 1.5 Hz, 1 H, H-ct), 5.30 (d, $J_{1',\ 2'}$ = 4.0 Hz, 1H, H'-1), 5.23 (dq, $J_{cc,\ b}$ = 10.0, $J_{cc,\ a} = J_{cc,\ a'} = J_{gem}$ = 1.5 Hz, 1 H, H-cc), 4.94 (d, $J_{1,\ 2}$ = 3.5 Hz, 1 H, H-1), 4.89 (t, $J_{2'-3'} = J_{2',\ 1'}$ = 4.0 Hz, 1 H, H'-2), 4.83 (d, J = 11.0 Hz, 1 H, CH$_2$Ph), 4.70 (d, J = 10.5 Hz, 1 H, CH$_2$Ph) 4.67 (d, $J_{5',\ 4'}$ =

2.5 Hz, 1 H, H'-5), 4.67 (d, J = 11.0 Hz, 1 H, C$\underline{H}_2$Ph), 4.64 (d, J = 10.5 Hz, 1 H, C$\underline{H}_2$Ph), 4.57 (d, J = 12.0 Hz, 1 H, C$\underline{H}_2$Ph), 4.50 (d, J = 12.0 Hz, 1 H, C$\underline{H}_2$Ph), 4.45 (d, J = 11.5 Hz, 1 H, C$\underline{H}_2$PhOMe), 4.39 (d, J = 11.5 Hz, 1 H, C$\underline{H}_2$PhOMe), 4.19 (ddt, J_{gem} = 13.0, $J_{a,\,ct}$ = 5.0, $J_{a,\,cc}$ = $J_{a,\,ct}$ = 1.5 Hz, 1 H, H-a), 4.04 (t, $J_{4,\,3}$ = $J_{4,\,5}$ = 9.0 Hz, 1H, H-4), 4.02 (ddt, J_{gem} = 13.0, $J_{a',\,b}$ = 6.0, $J_{a',\,cc}$ = $J_{a',\,ct}$ = 1.5 Hz, 1 H, H-a'), 3.85 (dd, $J_{3,\,2}$ = 10.0, $J_{3,\,4}$ = 9.0Hz, 1H, H-3), 3.82-3.68 (m, 4H, H-5, H-6$_a$, H'-3, H'-4), 3.78 (s, 3 H, PhO$\underline{Me}$), 3.62 (dd, $J_{6b,\,6a}$ = 10.5, $J_{6b,\,5}$ = 2.0 Hz, 1H, H-6$_b$), 3.45 (s, 3 H, COO$\underline{Me}$), 3.41 (dd, $J_{2,\,3}$ = 10.0, $J_{2,\,1}$ = 3.5 Hz, 1 H, H-2), 1.94 (s, 3 H, C$\underline{H}_3$ OAc)

^{13}C NMR (62.5 MHz, CDCl$_3$) δ = 169.9, 169.6 (C=O), 159.3 ($\underline{C}$-OMe, pMBn),138.1, 137.8, 137.7 (C$_{quaternary\ arom}$), 133.2 (C-b), 129.5, 129.4, 128.4, 128.2, 128.0, 127.8, 127.7, 127.6, 127.5, 127.2 (C$_{arom}$), 118.0 (C-c), 113.6 (C$_m$ pMBn), 97.7 (C'-1), 96.5 (C-1), 78.3, 75.4, 74.7, 74.5 ($\underline{C}$H$_2$Ph), 74.0, 73.3 ($\underline{C}$H$_2$Ph), 72.9 ($\underline{C}$H$_2$Ph), 72.3 ($\underline{C}$H$_2$Ph), 70.8, 69.9, 69.6, 68.4 (C-a), 67.8 (C-6), 63.2 (C-2), 55.2 ($\underline{C}$H$_3$, Ph-OMe), 51.7 ($\underline{C}$H$_3$, COOMe), 20.9 ($\underline{C}$H$_3$, OAc)

Anal. calcd. for C$_{47}$H$_{53}$N$_3$O$_{13}$ (867.9 g/mol) : C 65.04, H 6.15, N 4.84; found : C 65.28, H 6.55, N 4.39;

ESI HR-MS calcd. for C$_{47}$H$_{53}$N$_3$NaO$_{13}$ [M+Na]: 890.34761; found: 890.34797.

5) **Methyl 2,4-di-*O*-acetyl-3-*O*-benzyl-α,β-L-idopyranuronate trichloroacetimidate (194)**:

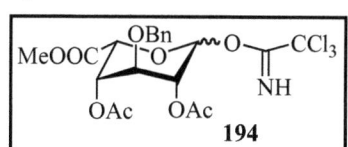

Trichloroacetonitrile (4.0 mL, 41 mmol, 6.0 eq) and K_2CO_3 (1.67 g, 13.6 mmol, 2.0 eq) were added to a solution of compound **215** (3.13 g, 6.9 mmol) in CH_2Cl_2 (12 mL). TLC (toluene/acetone 8:2) showed that the β anomer (rf = 0.73) appeared first followed by the α anomer (rf = 0.63). After 6 h stirring at room temperature the reaction mixture was directly applied to the top of a flash chromatography column and eluted (toluene/AcOEt 95:5 to 8:2, 0.1 % NEt_3) giving 3.85 g of **194** (92 %) as a 1:1 α/β mixture.

Both anomers were separated for characterisation purposes by flash chromatography (toluene/AcOEt 9:1 to 7:3, 0.1 % NEt_3).

Data for the crystalline anomer (mp = 139 °C, crist. from Et_2O): ^1H NMR (250 MHz, $CDCl_3$) δ = 8.70 (s, 1 H, N$\underline{H}$), 7.45-7.30 (m, 5 H, Ph), 6.25 (d, $J_{1,2}$ = 2.0 Hz, 1H, H-1), 5.29 (ddd, $J_{2,3}$ = 3.0, $J_{2,1}$ = 2.0, $J_{2,4}$ = 1.0 Hz, 1 H, H-2), 5.21 (ddd, $J_{4,5}$ = 3.0, $J_{4,3}$ = 2.5, $J_{4,2}$ = 1.0 Hz, 1 H, H-4), 4.83 (d, $J_{4,5}$ = 3.0 Hz, 1 H, H-5), 4.78 (s, 2 H, C$\underline{H_2}$Ph), 4.10 (dd, $J_{3,2}$ = 3.0, $J_{3,4}$ = 2.5, 1 H, H-3), 3.78 (1 H, C$\underline{H_3}$ OMe), 2.10 (s, 3 H, C$\underline{H_3}$ OAc), 2.00 (s, 3 H, C$\underline{H_3}$ OAc)

^{13}C NMR (62.5 MHz, $CDCl_3$) δ = 168.8, 169.7, 167.2 ($\underline{C}$=O), 160.3 ($\underline{C}$=NH), 136.5 ($C_{quaternary\ arom}$), 128.5, 128.2, 127.9 (C_{arom}), 94.3 (C-1), 90.4 ($\underline{C}Cl_3$), 73.2, 72.9, 67.3, 66.9, 65.5, 52.6 ($\underline{C}H_3$, COOMe), 20.7 ($\underline{C}H_3$ OAc).

Data for the non crystalline [anomer]: ^1H NMR (250 MHz, $CDCl_3$) δ = 8.75 (s, 1 H, N$\underline{H}$), 7.45-7.30 (m, 5 H, Ph), 6.42 (s, 1H, H-1), 5.26 (dd, $J_{2,3}$ = 5.0, $J_{2,4}$ = 1.0 Hz, 1 H, H-2), 5.13 (m, 1 H, H-4), 5.07 (d, J = 2.5 Hz, 1 H, H-5), 4.80 (d, J = 14.0 Hz, 1 H, C$\underline{H_2}$Ph), 4.71 (d, J = 14.0 Hz, 1 H, C$\underline{H_2}$Ph), 3.89 (m, 1 H, H-3), 3.78 (s, 3 H, C$\underline{H_3}$ OMe), 2.10 (s, 3 H, C$\underline{H_3}$ OAc), 2.06 (s, 3 H, C$\underline{H_3}$ OAc);

^{13}C NMR (62.5 MHz, CDCl$_3$) δ = 169.7, 169.2, 169.8 (C=O), 159.9 (C=NH), 136.9 (C$_{quaternary\ arom}$), 128.3, 127.9, 127.6 (C$_{arom}$), 94.7 (C-1), 90.7 (CCl$_3$), 72.3, 71.0, 67.7, 67.3, 64.8, 52.6 (CH$_3$ OMe), 20.7 and 20.6 (CH$_3$ OAc).

6) Methyl 2,4-di-*O*-acetyl-3-*O*-benzyl-L-idofuranuronyl bromide (199):

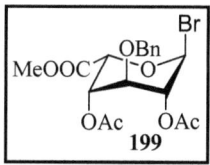

This procedure was adapted from a published protocol omiting EtOAc.[127] TiBr$_4$ (4,4 g, 12.1 mmol, 1.28 equiv.) was added to a solution of **211** (4 g, 9.43 mmol) in CH$_2$Cl$_2$ (90 mL). The resulting mixture was stirred for 5 h at room temperature, diluted with CH$_2$Cl$_2$ (100 mL) and washed with ice cold water (100 mL). The organic layer was filtered on a Celite 545 pad, the filtrate was filtered on a phase silicon treated filter and concentrated giving **199** (3.95 g), whose analytical data were identical to those previously descriebed[127] and which was used without further purification. C$_{20}$H$_{24}$O$_{10}$ (445.3 g/mol)

7) Allyl 2-azido-3-*O*-benzyl-2-deoxy-α-D-glucopyranoside (10):

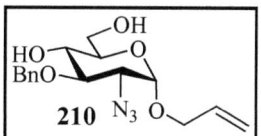

Dowex 50X8 200 H⁺ (7.0 g) was added to a solution of compound **198** (6.77 g, 16.0 mmol) in CH_2Cl_2 (45 mL) and MeOH (190 mL). After 24 h stirring at 40 °C, the mixture was filtered, neutralized with solid $NaHCO_3$, filtered and the resulting solution was concentrated. Flash chromatography of the residue (petroleum ether/AcOEt 8:2 to 1:1) gave compound **210** as an oil (5.27 g, quant).

$[\alpha]_D^{29} = -112$ (c = 1.1, CH_2Cl_2)

IR (thin film): ν = 3411 (3600-3100, ν_{O-H}), 3091, 3066, 3029 ($\nu_{C-H\ aliph}$), 2924, 2874 ($\nu_{C-H\ aliph}$), 2108 (ν_{N3}), 1497, 1454, 1408, 1349, 1333, 1259, 1209 ($\nu_{C=C\ arom}$)

¹H NMR (250 MHz, $CDCl_3$) δ = 7.35-7.30 (m, 5 H, Ph), 5.94 (dddd, $J_{b,\ ct}$ = 17.0, $J_{b,\ cc}$ = 10.5, $J_{b,\ a'}$ = 6.0, $J_{b,\ a}$ = 5.0 Hz, 1 H, H-b), 5.36 (dq, $J_{ct,\ b}$ = 17.0, $J_{ct,\ a} = J_{ct,\ a'} = J_{gem}$ = 1.5 Hz, 1 H, H-ct), 5.25 (dq, $J_{cc,\ b}$ = 10.5, $J_{cc,\ a} = J_{cc,\ a'} = J_{gem}$ = 1.5 Hz, 1 H, H-cc), 4.97 (d, J = 11.5 Hz, 1 H, C$\underline{H}_2$Ph), 4.96 (d, $J_{1,\ 2}$ = 3.5 Hz, 1 H, H-1), 4.74 (d, J = 11.5 Hz, 1 H, C$\underline{H}_2$Ph), 4.22 (ddt, J_{gem} = 13.0, $J_{a,\ b}$ = 5.0, $J_{a,\ cc} = J_{a,\ ct}$ = 1.5 Hz, 1 H, H-a), 4.05 (ddt, J_{gem} = 13.0, $J_{a',\ b}$ = 6.0, $J_{a',\ cc} = J_{a',\ ct}$ = 1.5 Hz, 1 H, H-a'), 3.92-3.75 (m, 3 H), 3.75-3.58 (m, 2 H), 3.31 (dd, $J_{2,\ 3}$ = 10.0, $J_{2,\ 1}$ = 3.5 Hz, 1 H, H-2), 2.65 (br. s, 1 H, OH), 2.30 (br. s, 1 H, OH)

¹³C NMR (62.5 MHz, $CDCl_3$) δ =137.9 ($C_{quaternary\ arom}$), 133.1 (C-b), 128.6, 128.1 (C_{arom}), 118.1 (C-c), 96.9 (C-1), 80.0 (C-a), 75.1 ($\underline{C}H_2$Ph), 71.3, 70.7, 68.5, 62.9 (C-6), 61.9 (C-2); Anal. calcd. for $C_{16}H_{21}N_3O_5$ (335.4 g/mol) : C 57.38, H 6.31, N 12.53, O 23.85; found : C 57.28, H 6.36, N 12.18, O 23.92.

8) Methyl 1,2,4-tri-*O*-acetyl-3-*O*-benzyl-α,β-L-idofuranuronate (211):

[Structure of 211: MeO-C(=O)- furanose ring with OBn, OAc, OAc, OAc substituents]

211

2,4-Dimethylaminopyridine (172 mg, 1.4 mmol, 0.1 equiv.), pyridine (11,3 mL, 141 mmol, 10 equiv.) and acetyl chloride (6 mL, 84.6 mmol, 6equiv.) were added to a cooled (-40 °C) suspension of crystalline **213** (4.2 g, 14.1 mmol) in 70 mL CH_2Cl_2. After 10 h stirring at this temperature the mixture was diluted with 200 mL methylene chloride and the resulting organic phase was washed with saturated $NaHCO_3$ solution (3 x 50 mL), water (2 x 50 mL), 1 M H_2SO_4 (3 x 50 mL) and water (3 x 50 mL), filtered on a phase separator filter and concentrated. The residue was crystallised from Et_2O giving 5.0 g **211β**☐ (11.7 mmol, 83 %). Evaporation of the mother liquor followed by flash chromatography gave additional **211α/β** (1:2) mixture (0.5 g, combined yield in **211α/β**: 92%). $C_{18}H_{21}BrO_8$ (424.4 g/mol)

Analytical data were identical to those previously descriebed[127]

9) Methyl 3-*O*-benzyl-L-idofuranuronate (213)

[Structure of 213: MeO-C(=O)- furanose ring with OBn, OH, OH, OH substituents]

213 pyr β

Compound **13** (21.0 g, 62.1 mmol) was dissolved in dichloromethane (220 mL) at room temperature. Then water (11.2 mL, 621 mmol, 10 eq) was added and quickly trifluoroacetic acid (46.3 mL, 621 mmol, 10 eq). After 30 min stirring at room temp., the solution was quenched with solid NaHCO$_3$, then the mixture was diluted in water. Aqueous layer was extracted 5 times with dichloromethane. The combined organic layer was dried with MgSO$_4$, concentrated and filtered to get a yellow oil. This oil was diluted in dichloromethane/EtOAc and concentrated up to get a precipitate. The mixture stayed one night at 0°C to give crystals **213 pyr β (82%)**.

213 pyr β

^{1}H NMR (250 MHz, CDCl$_3$) δ = 4.96 (d, $J_{1,2}$ = 1.0 Hz, 1 H, H-1), 4.54 (d, J_{5-4} = 1.5 Hz, 1 H, H-5), 4.67 (d, J_{gem} = 12.0 Hz, 1 H, CH$_2$Ph), 4.64 (d, J_{gem} = 12.0 Hz, 1 H, CH$_2$Ph), 3.98 (ddd, $J_{3,4}$ = 3.5, $J_{4,5}$ = 1.5, $J_{2,4}$ = 1.0 Hz, 1 H, H-4), 3.84 (t, $J_{3,4}$ = $J_{3,2}$ = 3.5 Hz, 1 H, H-3), 3.75 (s, 3 H, Me), 3.69 (dt, $J_{1,2}$ = $J_{2,4}$ = 1.0 Hz, $J_{3,2}$ = 3.5 Hz, 1 H, H-2)

^{13}C NMR (62.5 MHz, CDCl$_3$) δ = 171.5 (C = O), 94.4 (C-1), 77.8 (C-3), 75.5 (C-5), 73.3 (CH$_2$), 69.7 (C-2), 52.5 (Me), 68.9 (C-4)

213 pyr α

^{1}H NMR (250 MHz, CDCl$_3$) δ = 5.17 (dd, $J_{1,2}$ = 3.0 Hz, $J_{1,3}$ = 1.0 Hz, 1 H, H-1), 4.80 (d, J_{5-4} = 2.5 Hz, 1 H, H-5), 4.74 (d, J_{gem} = 12.0 Hz, 1 H, CH$_2$Ph), 4.69 (d, J_{gem} = 12.0 Hz, 1 H, CH$_2$Ph), 4.00 (ddd, $J_{3,4}$ = 4.5, $J_{4,5}$ = 2.5, $J_{2,4}$ = 1.0 Hz, 1 H, H-4), 3.75 (s, 3 H, Me), 3.73 (dd, $J_{3,2}$ = 4.5 Hz, $J_{3,1}$ = 1.0 Hz, 1 H, H-3), 3.63 (ddd, $J_{3,2}$ = 4.5 Hz, $J_{1,2}$ = 3 Hz, $J_{2,4}$ = 1.0 Hz, 1 H, H-2)

^{13}C NMR (62.5 MHz, CDCl$_3$) δ = 172.4 (C = O), 96.7 (C-1), 78.4 (C-3) 73.7 (CH$_2$), 70.6 (C-5), 70.0 (C-2), 69.9 (C-4), 52.5 (Me)

213 fur β

^{1}H NMR (250 MHz, CDCl$_3$) δ = 5.28 (d, $J_{1,2}$ = 4.5 Hz, 1 H, H-1), 4.79 (d, J_{gem} = 11.5 Hz, 1 H, C$\underline{H}_2$Ph), 4.59 (d, J_{gem} = 11.5 Hz, 1 H, C$\underline{H}_2$Ph), 4.50 (dd, $J_{3,4}$ = 6.5 Hz, $J_{4,5}$ = 3.5 Hz, 1 H, H-4), 4.31 (dd, $J_{3,2}$ = 6.5 Hz, $J_{1,2}$ = 4.5 Hz, 1 H, H-2), 4.30 (d, J_{5-4} = 3.5 Hz, 1 H, H-5), 3.75 (s, 3 H, Me), 4.23 (t, $J_{3,2}$ = $J_{3,4}$ = 6.5 Hz, 1 H, H-3), 3.66 (s, 3 H, Me)

^{13}C NMR (62.5 MHz, CDCl$_3$) δ = 174.3 (C = O), 96.9 (C-1), 84.0 (C-3) 79.0 (C-4), 73.9 (CH$_2$), 76.5 (C-2), 71.2 (C-5), 52.5 (Me)

213 pyr α

^{1}H NMR (250 MHz, CDCl$_3$) δ = 5.08 (d, $J_{1,2}$ = 2.5 Hz, 1 H, H-1), 4.72 (d, J_{gem} = 12.0 Hz, 1 H, C$\underline{H}_2$Ph), 4.52 (d, J_{gem} = 12.0 Hz, 1 H, C$\underline{H}_2$Ph), 4.52 (dd, $J_{3,4}$ = 7.0 Hz, $J_{4,5}$ = 4.0 Hz, 1 H, H-4), 4.36 (d, J_{5-4} = 3.5 Hz, 1 H, H-5), 4.21 (dd, $J_{3,2}$ = 4.5 Hz, $J_{1,2}$ = 2.5 Hz, 1 H, H-2), 4.23 (dd, $J_{3,4}$ = 7 Hz, $J_{3,2}$ = 4.5 Hz, 1 H, H-3), 3.65 (s, 3 H, Me)

^{13}C NMR (62.5 MHz, CDCl$_3$) δ = 174.1 (C = O), 104.2 (C-1), 85.3 (C-3) 82.2 (C-4), 81.1 (C-2), 73.7 (CH$_2$), 71.4 (C-5), 52.5 (Me)

10) Methyl 2,4-Di-*O*-acetyl-3-*O*-benzyl-α,β-L-idopyranuronate (215)

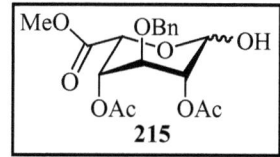

HgCl$_2$ (2.65 g, 1.1 eq, 9.76 mmol) and HgO (2.3g, 1.2 eq, 10.6 mmol) were added to a solution of compound **199** (3.95g, 8.87 mmol) in acetone (200 mL) and H$_2$O (20 mL). The solution was stirred for 4 h at room temperature. Then the solution was diluted with acetone (80 mL) filtered through a Celite 545 pad and concentrated. The residue was dissolved in CH$_2$Cl$_2$ and the resulting organic phase is washed with saturated Na$_2$S$_3$O$_2$ and water. The combined aqueous layers were extracted with ethyl acetate. The combined organic layers were dried (MgSO4), filtered and concentrated. Flash chromatography of the residue (toluene followed by toluene/EtOAc, 7:3 to 4:6), gave **215αβ** (2.7 g, 82%).

215α
^{1}H NMR (250 MHz, CDCl$_3$) δ = 7.5-7.3 (m, 5 H, Ph), 5.33 (br d, 1 H, $J_{1\text{-}OH}$ = *8.5 Hz*, H-1); 5.22 (m,1 H, H-2), 5.3 (d, 1 H, $J_{5\text{-}4}$ = *2.5 Hz*, H-5), 4,90 (m, 1 H, H-4), 4.78 (dd, 2 H, J_{gem}=*11.0 Hz*, CH$_2$-Ph), 4,50 (d, 1 H, $J_{OH\text{-}1}$ = *8.5 Hz*, OH), 3.93 (td, 1 H, $J_{3\text{-}2,3\text{-}4}$ = *3.0 Hz, J_w=1.5 Hz*, H-3), 3.78 (s, 3 H, COOMe), 2.11-2.02 (2s, 6 H, Ac)

215β
^{1}H NMR (250 MHz, CDCl$_3$) δ = 7.5-7.3 (m, 5H, Ph), 5.19 (br s, 1 H, H-1), 5.14 (m,1 H, J_w=*1.0 Hz*, H-2), 5.83 (m, 1 H, H-4), 4.74 (s, 2 H, CH$_2$-Ph), 4.70 (d, 1 H, $J_{5\text{-}4}$ = *2,5 Hz*, H-5), 4.24 (d, 1 H, $J_{OH\text{-}1}$ = *9 Hz*, OH), 3.98 (t, 1 H, $J_{3\text{-}2,3\text{-}4}$ = *3.0 Hz*, H-3), 3.77 (s, 3 H, COOMe), 2.11-2.02 (2s, 6 H, Ac)

α β mixture
^{13}C NMR (62.5 MHz, CDCl$_3$) δ = 170.2-168.1 (C=O), 128.9-127.7 (Ph), 92.8-91.9 (C-1), 73.1-71.6 (C-2, C-3, C-4, C-5, CH$_2$-Ph), 67.8-65.5(C-2, C-3, C-4, C-5, CH$_2$-Ph), 5,52 (Me), 20.72-20.51 (Ac)

11) Methyl 2,4-di-*O*-acetyl-1,5-anhydro-3-*O*-benzyl-xylo-hex-1-enitoluronate (216)

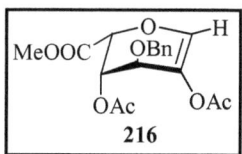

216

This compound is a by product of reaction p 144

^{1}H NMR (250 MHz, CDCl$_3$) δ = 7.35 (m, 5 H, Ph), 6.75 (s, 1 H, H-1), 5.39 (dd, 1 H, $J_{4\text{-}3}$ =2.5z, $J_{4\text{-}5}$ = 1. 5 Hz, H-4), 4.80 (d, 1 H, J_{gem}= 12.0 Hz, CH$_2$Ph), 4.68 (d, 1H, J_{gem}= 12.0 Hz, CH$_2$Ph), 4.67 (dd, 1H, $J_{5\text{-}4}$=1.5 Hz, $J_{5\text{-}3}$= 1.0 Hz , H-5), 3.94 (dd, 1H, $J_{3\text{-}4}$=2.5 Hz, $J_{3\text{-}5}$=1.0 Hz, H-3), 3.85 (s, 3H, Me), 2.05, 1,95 (2d, 6H, Ac)

^{13}C NMR (62.5 MHz, CDCl$_3$) δ = 170.1, 169.4, 167.4 (C=O), 138.7 (C-1), 137.4 (C-2), 129.9, 128.4, 128.3, 128.0 (Ph), 71.3 (CH$_2$), 71.4, 68.6, 68.2 (C-3, C-4, C-5), 52.9 (Me), 20.7, 20.6 (Ac*2)

12) Allyl 2-azido-3,6-di-*O*-benzyl-2-deoxy-4-trimethylsilyl-α-D-glucopyranoside (217)

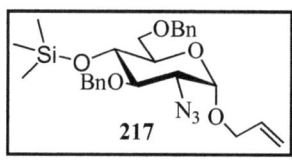

217

This compound is a by product of reaction p 144

^{1} H NMR (250 MHz, CDCl$_3$) δ = 7.41 -7.26 (m, 10H, Ph), 6.02-5.86 (dddd, 1 H, J_{b-ct}=17.0 Hz, J_{b-cc}=11.0 Hz, J_{b-a}=5.0 Hz, $J_{b-a'}$=6.0 Hz, H-b), 5.34 (dq, 1 H, J_{cc-b}=17.0 Hz, $J_{ct-a;ct-a'}$= J_{gem} =1.5 Hz, H-ct), 5.23 (dq, 1 H, $J_{cc, b}$ =11.0 Hz, $J_{cc, a}$ = $J_{cc, a'}$ = J_{gem} =1.5 Hz, H-cc), 4,99 (d, 1 H, J_{1-2} = 3.5 Hz, H-1), 4.84 (dd, 2 H, J_{gem}=11.0 Hz, CH$_2$Ph), 4.58 (dd, 2 H, J_{gem} = 12.0 Hz, CH$_2$Ph), 4.22 (ddt, J_{gem} = 13.0, $J_{a, b}$ = 5.0, $J_{a, cc}$ = $J_{a, ct}$ = 1.5 Hz, 1 H, H-a), 4.05 (ddt, J_{gem} = 13.0, $J_{a', b}$ = 6.0, $J_{a', cc}$ = $J_{a', ct}$ = 1.5 Hz, 1 H, H-a'), 3.81 (m, 1 H, H-4); 3.80-3.59 (m, 5 H, H-3,H-4, H-5 H-6-6'), 3.35 (dd, 1 H, J_{2-1} = 3.5 Hz, J_{2-3} = 10.0 Hz, H-2), 0.07 (s, 9 H, Si(CH$_3$)$_3$)

13) Methyl 4-*O*-acetyl-3-*O*-benzyl-β-L-idopyranuronate-1,2-[(allyl (2-azido-3,6-O-di benzyl-2-deoxy-α-D-glucopyranoside)) orthoacetate] 219

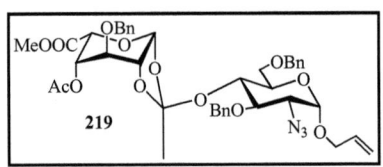

This compound is a by product of reaction p 144

^{1} H NMR (250 MHz, CDCl$_3$) δ = 7.50-7.20 (m, 15 H, Ph), 5.95 (dddd, 1 H, J_{b-ct}=17.0 Hz, J_{b-cc}=11.0 Hz, J_{b-a}=5.0 Hz, $J_{b-a'}$=6.0 Hz, H-b), 5.34 (dq, 1 H, J_{cc-b}=17.0 Hz, $J_{ct-a;ct-a'}$= J_{gem} =1.5 Hz, H-ct), 5.25 (dq, 1 H, $J_{cc, b}$ =11.0 Hz, $J_{cc, a}$ = $J_{cc, a'}$ = J_{gem} =1.5 Hz, H-cc), 5.04 (br s, 1 H), 4.97 (d, 1 H, $J_{2,1}$ = 3,5 Hz, H-1), 4.83 (2d, 2 H, J_{gem}=11.0 Hz, CH$_2$Ph), 4.56 (2d, 2 H, J_{gem} = 12.0 Hz, CH$_2$Ph), 4.44 (m, 1 H), 4.39 (d, 1 H, J_{gem}=11.0 Hz, CH$_2$Ph), 4.21 (ddt, J_{gem} = 13.0, $J_{a, b}$ = 5.0, $J_{a, cc}$ = $J_{a, ct}$ = 1.5 Hz, 1 H, H-a), 4.20 (d, 1 H, J_{gem}=11.0 Hz, CH$_2$Ph), 4.12 (m, 1 H), 4.05 (ddt, J_{gem} = 13.0, $J_{a', b}$ = 6.0, $J_{a', cc}$ = $J_{a', ct}$ = 1.5 Hz, 1 H, H-a'), 3.95-3.83 (m, 1 H), 3.80 (m, 2 H), 3.76 (s, 3 H,

COOMe), 3.72-3.61 (m, 2 H), 3.55 (m, 1 H), 3.44 (dd, $J_{2-1} = 3.5$ Hz, $J_{2-3} = 10.0$ Hz, H-2), 2.05 (s, 3H, Ac), **1.8 (s, 3H, CH3)**

14) **Allyl (methyl 2-*O*-acetyl-3-*O*-benzyl-α-L-idopyranosyluronate)-(1→4)-*O*-2-azido-3,6-di-*O*-benzyl-2-deoxy-α-D-glucopyranoside (221) and A₂**

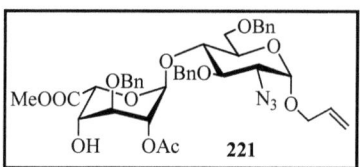

Protocol from compound 191

Compound **191** (230 mg, 265 mmol) dissolved in CH₂Cl₂ (2.5 mL) was treated with trifluoroacetic acid (230 µL). After 30 min stirring, the reaction mixture was quenched with Et₃N and was directly applied to the top of a flash chromatography column and eluted (Petrol ether/EtOAc 8:2 to 2:8) giving 190 mg of **221** (96 %).

Protocol from compound 220

Compound **220** (200 mg, 0.284 mmol) was treated with Bu₂SnO (85 mg, 0.340 mmol, 1.2 eq) and then acetyl chloride (24 µL, 0.340 mmol, 1.2 eq) without adding triethylamine. TLC (petroleum ether/AcOEt 1:1) of the reaction mixture after 1 h stirring at room temperature showed the complete disappearance of compound **220** (rf = 0.25) and the major formation of the awaited monocetate **221** (rf = 0.37), its 4'-*O*-acetylated regioisomer and diacetylated compound (rf = 0.53 and rf = 0.58), along with a tiny amount of a 4'-*O*-acetylated-2',6'-lactone (rf = 0.73, ESI MS calcd. for C₃₈H₄₁N₃NaO₁₁ [M+Na]: 738.3; found: 738.3). Purification by flash chromatography (petroleum ether/AcOEt 1:1) and recycling as described above gave a 70 % combined yield of **221** (149 mg).

IR (thin film, cm^{-1}): ν = 3569, 3503, 3348 (v_{O-H}), 3080, 3064, 3032 ($v_{C-H\ arom}$), 2955, 2924, 2854 ($v_{C-H\ aliph}$), 2108 (v_{N3}), 1741 ($v_{C=O}$), 1498, 1456, 1376, 1216, 1159, 1104, 1042

^{1}H NMR (360 MHz, CDCl$_3$) δ = 7.42-7.25 (m, 10 H, Ph), 5.95 (dddd, $J_{b,\ ct}$ = 17.0, $J_{b,\ cc}$ = 10.0, $J_{b,\ a'}$ = 6.0, $J_{b,\ a}$ = 5.0 Hz, 1 H, H-b), 5.35 (dq, $J_{ct,\ b}$ = 17.0, $J_{ct,\ a}$ = $J_{ct,\ a'}$ = J_{gem} = 1.5 Hz, 1 H, H-ct), 5.25 (dq, $J_{cc,\ b}$ = 10.0, $J_{cc,\ a}$ = $J_{cc,\ a'}$ = J_{gem} = 1.5 Hz, 1 H, H-cc), 5.13 (br. s, 1H, H'-1), 4.98 (d, $J_{1,\ 2}$ = 3.5 Hz, 1 H, H-1), 4.96 (dt, $J_{2'-3'}$ = 3.0, $J_{2',\ 1'}$ = $J_{2',\ 4'}$ = 1.0 Hz, 1 H, H'-2), 4.91 (d, $J_{5',\ 4'}$ = 2.0 Hz, 1 H, H'-5), 4.73 (d, J = 11.5 Hz, 1 H, C$\underline{H}_2$Ph), 4.70 (d, J = 11.5 Hz, 1 H, C$\underline{H}_2$Ph), 4.64 (d, J = 11.5 Hz, 1 H, C$\underline{H}_2$Ph), 4.63 (d, J = 11.5 Hz, 1 H, C$\underline{H}_2$Ph), 4.57 (d, J = 12.0 Hz, 1 H, C$\underline{H}_2$Ph), 4.51 (d, J = 12.0 Hz, 1 H, C$\underline{H}_2$Ph), 4.21 (ddt, J_{gem} = 13.0, $J_{a,\ b}$ = 5.0, $J_{a,\ cc}$ = $J_{a,\ ct}$ = 1.5 Hz, 1 H, H-a), 4.05 (ddt, J_{gem} = 13.0, $J_{a',\ b}$ = 6.0, $J_{a',\ cc}$ = $J_{a',\ ct}$ = 1.5 Hz, 1 H, H-a'), 4.04 (t, $J_{4,\ 5}$ = $J_{4,\ 3}$ = 9.5 Hz, 1H, H-4), 3.93 (br. d, $J_{4',\ OH}$ = 10.0 Hz, 1 H, became a ddd when an exchange with D$_2$O was performed, $J_{4',\ 3'}$ = 2.5, $J_{4',\ 5'}$ = 2.0, $J_{4',\ 2'}$ = 1.0 Hz, H'-4), 3.84 (dd, $J_{3,\ 2}$ = 10.0, $J_{3,\ 4}$ = 9.5 Hz, 1H, H-4), 3.83 (ddd, $J_{5,\ 4}$ = 9.5, J_{5-6a} = 3.0, $J_{5,\ 6b}$ = 2.0 Hz, 1 H, H-5), 3.76 (dd, $J_{6a,\ 6b}$ = 11.0 , $J_{6a,\ 5}$ = 3.0 Hz, 1 H, H-6$_a$), 3.73 (ddd, $J_{3',\ 2'}$ = 3.0, $J_{3',\ 4'}$ = 2.5, $J_{3',\ 1'}$ = 1.0 Hz, 1 H, H'-3), 3.65 (dd, $J_{6b,\ 6a}$ = 11.0 , $J_{6b,\ 5}$ = 2.0 Hz, 1 H, H-6$_b$), 3.43 (dd, $J_{2,\ 3}$ = 10.0, $J_{2,\ 1}$ = 3.5 Hz, 1 H, H-2), 3.38 (s, 3 H, OMe), 2.67 (d, $J_{OH,\ 4'}$ = 10.0 Hz, 1 H, OH), 2.04 (s, 3 H, C$\underline{H}_3$ OAc)

^{13}C NMR (62.5 MHz, CDCl$_3$) δ = 169.4, 169.2 (C=O), 137.9, 137.8, 137.2 (C$_{quaternary\ arom}$), 133.2 (C-b), 128.5, 128.3, 128.1, 128.0, 127.5, 127.1 (C$_{arom}$), 118.0 (C-c), 97.6 (C'-1), 96.6 (C-1), 78.4, 74.7, 74.3, 74.1 ($\underline{C}H_2$Ph), 73.2

(CH₂Ph), 72.1 (CH₂Ph), 70.9, 68.5 (C-a), 68.1, 67.8, 67.0 (C-6), 63.5 (C-2), 51.9 (CH₃, COOMe), 20.9 (CH₃, OAc)

ESI HR-MS calcd. for $C_{39}H_{45}N_3NaO_{12}$ [M+Na]: 770.29009; found: 770.29063

Elemental analysis of this compound was not performed since in its original preparation it was only an intermediate of the synthesis.

15) Allyl (methyl 3-*O*-benzyl-2,4-*O*-(4-methoxybenzylidene)-α-L-idopyranosyluronate)-(1->4)-*O*-2-azido-3,6-di-*O*-benzyl-2-deoxy-α-D-glucopyranoside (228).

Camphorsulfonic acid (68 mg, 0.294 mmol, 0.05 eq) was added to solution of **220** (4.14 g, 5.89 mmol) and *p*-anisaldehydedimethylacetal (3.0 mL, 17.7 mmol, 3.0 eq) in CH₂Cl₂ (145 mL). The mixture was refluxed for 30 min and then 50 mL CH₂Cl₂ were distilled over 30 min. The mixture was then cooled to room temperature, neutralised with NEt₃, concentrated and purified by flash chromatography (petroleum ether/AcOEt 95:5 to 1:1) giving 4.2 g of **228** (87 %).

^{1}H NMR (360 MHz, CDCl$_3$, TMS) δ = 7.42-7.17 (m, 17 H, Ph and P_h_-OMe), 7.12 (d, J = 8.5 Hz, 2 H, P_h_-OMe), 6.86 (d, J = 8.5 Hz, 2 H, P_h_-OMe), 6.77 (s, 1 H, CH_Ph-OMe), 5.97 (dddd, $J_{b,\,ct}$ = 17.0, $J_{b,\,cc}$ = 10.5, $J_{b,\,a'}$ = 6.5, $J_{b,\,a}$ = 5.0 Hz, 1 H, H-b), 5.47 (br. s, 1H, H'-1), 5.38 (dq, $J_{ct,\,b}$ = 17.0, $J_{ct,\,a}$ = $J_{ct,\,a'}$ = J_{gem} = 1.5 Hz, 1 H, H-ct), 5.26 (dq, $J_{cc,\,b}$ = 10.5, $J_{cc,\,a}$ = $J_{cc,\,a'}$ = J_{gem} = 1.5 Hz, 1 H, H-cc), 4.98 (d, $J_{1,\,2}$ = 3.5 Hz, 1 H, H-1), 4.76 (d, $J_{5',\,4'}$ = 1.5 Hz, 1 H, H'-5), 4.71 (d, J = 11.0 Hz, 1 H, CH_2Ph), 4.62 (d, J = 12.0 Hz, 1 H, CH_2Ph), 4.60 (d, J = 11.0 Hz, 1 H, CH_2Ph), 4.58 (d, J = 11.5 Hz, 1 H, CH_2Ph), 4.52 (d, J = 11.5 Hz, 1 H, CH_2Ph), 4.51 (d, J = 12.0 Hz, 1 H, CH_2Ph), 4.24 (ddt, J_{gem} = 13.0, $J_{a,\,ct}$ = 5.0, $J_{a,\,cc}$ = $J_{a,\,ct}$ = 1.5 Hz, 1 H, H-a), 4.24-4.12 (m, 3 H, H'-2, H'-3 and H'-4), 4.08 (ddt, J_{gem} = 13.0, $J_{a',\,b}$ = 6.5, $J_{a',\,cc}$ = $J_{a',\,ct}$ = 1.5 Hz, 1 H, H-a'), 4.08 (t, $J_{4,\,3}$ = $J_{4,\,5}$ = 9.5 Hz, 1H, H-4), 3.84 (dt, $J_{5,\,4}$ = 9.5, $J_{5,\,6}$ = $J_{5,\,6}$ = 3.0 Hz, 1 H, H-5), 3.78 (s, 3 H, PhOM_e), 3.77 (dd, $J_{3,\,2}$ = 10.0, $J_{3,\,4}$ = 9.5 Hz, 1H, H-3), 3.45 (s, 3 H, COOM_e), 3.39 (dd, $J_{2,\,3}$ = 10.0, $J_{2,\,1}$ = 3.5 Hz, 1 H, H-2), 3.38 (br. s, 1 H, OH)

^{13}C NMR (90.6 MHz, CDCl$_3$) δ = 169.4 (C=O), 160.3 (C_-OMe, pMBn), 138.2, 137.3 (C$_{quaternary\ arom}$), 133.3 (C-b), 130.5, 128.5, 128.4, 128.3, 128.1, 128.0, 127.8, 127.7, 126.9, 126.5(C$_{arom}$), 118.0 (C-c), 113.7 (C$_m$ pMBn), 99.2 (C'-1), 96.8 (C-1), 95.4 (C_HPhOMe), 78.0, 76.1, 73.8, 73.5, 71.1, 70.9, 70.3, 69.7 (2 C), 68.6 (2 C), 67.5, 63.3, 55.3 (C_H$_3$, Ph-OMe), 52.0 (C_H$_3$, COOMe).

Anal. calcd. for C$_{45}$H$_{49}$N$_3$O$_{12}$: C 65.60, H 5.99, N 5.10, O 23.30; found : C 65.63, H 6.07, N 4.94, O 23.26.

16) Allyl (methyl 3-*O*-benzyl-2,4-*O*-(4-methoxybenzylidene)-α-L-idopyranosyluronate)-(1->4)-*O*-2-azido-3-*O*-benzyl-2-deoxy-α-D-glucopyranoside (229).

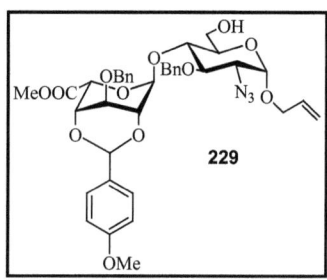

Camphorsulfonic acid (3 mg, 0.012 mmol, 0.05 eq) was added to solution of **222** (150 mg, 0.24 mmol) and *p*-anisaldehydedimethylacetal (130 μL, 0.78 mmol, 3.0 eq) in CH_2Cl_2 (8 mL). The mixture was refluxed for 30 min and then 3 mL CH_2Cl_2 were distilled over 30 min. The mixture was then cooled to room temperature, neutralised with NEt_3, after methanolysis of by products **237** and **238**, the reaction mixture was concentrated and purified by flash chromatography (petroleum ether/AcOEt 9:1 to 4:6) giving 110 mg of **229** (62 %).

^{1}H NMR (250 MHz, CDCl$_3$, TMS) δ = 7.88-7.17 (m, 12 H, Ph and P̲h̲-OMe), 6.85 (d, *J* = 8.5 Hz, 2 H, P̲h̲-OMe), 6.77 (s, 1 H, CH̲Ph-OMe), 5.98 (dddd, $J_{b, ct}$ = 17.0, $J_{b, cc}$ = 10.5, $J_{b, a'}$ = 6.0, $J_{b, a}$ = 5.0 Hz, 1 H, H-b), 5.50 (d, $J_{1', 2'}$ = 2.0 Hz, 1H, H'-1), 5.39 (dq, $J_{ct, b}$ = 17.0, $J_{ct, a}$ = $J_{ct, a'}$ = J_{gem} = 1.5 Hz, 1 H, H-ct), 5.28 (dq, $J_{cc, b}$ = 10.5, $J_{cc, a}$ = $J_{cc, a'}$ = J_{gem} = 1.5 Hz, 1 H, H-cc), 4.97 (d, $J_{1, 2}$ = 3.5 Hz, 1 H, H-1), 4.77 (br. s, 1 H, H'-5), 4.75 (d, *J* = 10.5 Hz, 1 H, CH̲$_2$Ph), 4.64 (d, *J* = 10.5 Hz, 1 H, CH̲$_2$Ph), 4.57 (d, *J* = 11.5 Hz, 1 H, CH̲$_2$Ph), 4.48 (d, *J* = 11.5 Hz, 1 H, CH̲$_2$Ph), 4.36-4.16 (m, 4 H), 4.08 (ddt, J_{gem} = 13.0, $J_{a', b}$ = 6.0, $J_{a', cc}$ = $J_{a', ct}$ = 1.5 Hz, 1 H, H-a'), 3.99 (t, $J_{4, 3}$ = $J_{4, 5}$ = 9.0 Hz, 1H, H-4), 3.90-3.70 (m, 7H, containing s at δ = 3.77), 3.45 (s,

3 H, COOMe), 3.35 (dd, $J_{2,3}$ = 10.0, $J_{2,1}$ = 3.5 Hz, 1 H, H-2), 2.00 (br. s, 1 H, OH)

^{13}C NMR (62.5 MHz, CDCl$_3$) δ = 169.4 (C=O), 160.3 (C-OMe, pMBn), 138.1, 137.2 (C$_{quaternary\ arom}$), 133.2 (C-b), 130.3, 128.6, 128.4, 128.3, 128.1, 127.8, 126.9, 126.6 (C$_{arom}$), 118.1 (C-c), 113.7 (C$_m$ pMBn), 99.1 (C'-1), 96.8 (C-1), 95.5 (CHPhOMe), 77.8, 75.2, 73.6, 71.7, 71.1, 70.2, 69.7, 69.6, 68.6, 67.3, 63.4, 61.4, 55.3 (CH$_3$, Ph-OMe), 52.0 (CH$_3$, COOMe)

Anal. calcd. for C$_{38}$H$_{43}$N$_3$O$_{12}$: C 62.20, H 5.91, N 5.73, O 26.17; found : C 62.19, H 6.16, N 5.47, O 26.39.

17) Allyl (methyl 3-*O*-benzyl-4-*O*-(4-methoxybenzyl)-α-L-idopyranosyluronate)-(1->4)-*O*-2-azido-3,6-di-*O*-benzyl-2-deoxy-α-D-glucopyranoside (230).

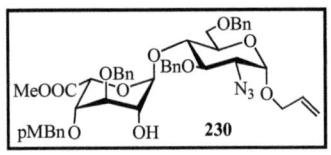

Triethylsilane (3.4 mL, 21.3 mmol, 5 eq) and 1.7 g of 4 Å molecular sieves were added to a solution of **228** (3.5 g, 4.25 mmol) in ether (30 mL). After 30 min stirring at room temperature, the solution was cooled down to − 78°C and dichlorophenylborane (2.0 mL, 14.5 mmol, 3.4 eq) was added quickly to avoid freezing in the needle. The reaction mixture was warmed up to -40 °C over one hour and stirred at this temperature for one night. The reaction was then quenched at -40 °C by addition of NEt$_3$ (10 mL) and MeOH (10 mL) followed by a satd aq NaHCO$_3$ solution (60 mL). The resulting suspension was diluted with Et$_2$O (400 mL) and washed with an aqueous sodium hydroxide solution (0.5 M, 2 x 600 mL), water (600 mL), aqueous 5 % KH$_2$PO$_4$ (400 mL) and water (2 x 100 mL). The organic layer was dried (Na$_2$SO$_4$), filtered and concentrated. Flash chromatography of the residue (petroleum ether/AcOEt 9:1 to 1:1) gave **230** (3.0 g, 85 %) as an oil.

^{1}H NMR (360 MHz, CDCl$_3$, TMS) δ = 7.37-7.20 (m, 15 H, Ph), 7.12 (d, J = 8.5 Hz, 2 H, P̲h̲-OMe), 6.82 (d, J = 8.5 Hz, 2 H, P̲h̲-OMe), 5.93 (dddd, $J_{b, ct}$ = 17.0, $J_{b, cc}$ = 10.5, $J_{b, a'}$ = 6.0, $J_{b, a}$ = 5.0 Hz, 1 H, H-b), 5.34 (dq, $J_{ct, b}$ = 17.0, $J_{ct, a}$ = $J_{ct, a'}$ = J_{gem} = 1.5 Hz, 1 H, H-ct), 5.23 (dq, $J_{cc, b}$ = 10.5, $J_{cc, a}$ = $J_{cc, a'}$ = J_{gem} = 1.5 Hz, 1 H, H-cc), 5.21 (d, $J_{1', 2'}$ = 2.0 Hz, 1H, H'-1), 4.95 (d, $J_{1, 2}$ = 3.5 Hz, 1 H, H-1), 4.79 (d, $J_{5', 4'}$ = 2.0 Hz, 1 H, H'-5), 4.71 (d, J = 11.5 Hz, 1 H, CH̲$_2$Ph), 4.63 (d, J = 11.5 Hz, 2 H, CH̲$_2$Ph), 4.59 (d, J = 12.0 Hz, 1 H, CH̲$_2$Ph), 4.56 (d, J = 11.5 Hz, 1 H, CH̲$_2$Ph), 4.54 (d, J = 12.0 Hz, 1 H, CH̲$_2$Ph), 4.48 (d, J = 11.5 Hz, 1 H, CH̲$_2$PhOMe), 4.39 (d, J = 11.5 Hz, 1 H, CH̲$_2$PhOMe), 4.19 (ddt, J_{gem} = 13.0, $J_{a, ct}$ = 5.0, $J_{a, cc}$ = $J_{a, ct}$ = 1.5 Hz, 1 H, H-a), 4.03 (ddt, J_{gem} = 13.0, $J_{a', b}$ = 6.0, $J_{a', cc}$ = $J_{a', ct}$ = 1.5 Hz, 1 H, H-a'), 4.02 (t, $J_{4, 3}$ = $J_{4, 5}$ = 10.0 Hz, 1H, H-4), 3.87-3.74 (m, 4H, H-3, H-5, H'-3, H'-4), 3.74 (s, 3 H, PhOM̲e̲), 3.70 (dd, $J_{6a, 6b}$ = 12.0, $J_{6a, 5}$ = 3.5 Hz, 1H, H-6$_a$), **3.67 (br. s, 1 H, H'-2)**, 3.64 (dd, $J_{6b, 6a}$ = 12.0, $J_{6b, 5}$ = 2.5 Hz, 1H, H-6$_b$), 3.41 (dd, $J_{2, 3}$ = 10.0, $J_{2, 1}$ = 3.5 Hz, 1 H, H-2), 3.38 (br. s, 1 H, OH), 3.34 (s, 3 H, COOM̲e̲)

^{13}C NMR (62.5 MHz, CDCl$_3$) δ = 169.5 (C=O), 159.4 (C̲-OMe, pMBn), 137.9, 137.5, 137.4 (C$_{quaternary\ arom}$), 133.2 (C-b), 129.7, 129.4, 128.6, 128.3, 128.2, 127.9, 127.8, 127.7, 127.5, 127.0 (C$_{arom}$), 117.8 (C-c), 113.7 (C$_m$ pMBn), 100.7 (C'-1), 96.5 (C-1), 78.3, 75.1, 74.8, 73.8, 73.4, 73.1, 72.5, 72.1, 70.8, 68.3, 68.2, 68.1, 67.1, 63.2, 55.1 (C̲H$_3$, Ph-OMe), 51.6 (C̲H$_3$, COOMe).

Elemental analysis of this compound was not performed since in its original preparation it was only an intermediate of the synthesis.

18) Allyl (methyl 3-*O*-benzyl-2,4-*O*-(4-methoxybenzylidene)-α-L-idopyranosyluronate)-(1->4)-*O*-2-azido-3-*O*-benzyl-2-deoxy-6-*O*-[(4-methoxyphenyl-methoxy-methylidene] -α-D-glucopyranoside (228).

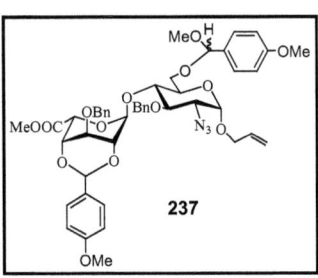

This compound is a by product of reaction 158

237a

¹H NMR (250 MHz, CDCl₃, TMS) δ =7.41-7.19 (m, 14 H, Ph and P̲h̲-OMe), 6.86 (d, J = 8.5 Hz, 2 H, P̲h̲-OMe), 6.82 (s, 1 H, CH̲Ph-OMe), 6,78 (d, J = 8.5 Hz, 2 H, P̲h̲-OMe), 5.97 (dddd, $J_{b, ct}$ = 17.0, $J_{b, cc}$ = 10.5, $J_{b, a'}$ = 6.0, $J_{b, a}$ = 5.0 Hz, 1 H, H-b), 5.60 (br s , 1 H, H'-1), 5,50 (s, 1 H, CH̲Ph-OMe), 5.36 (dq, $J_{ct, b}$ = 17.0, $J_{ct, a}$ = $J_{ct, a'}$ = J_{gem} = 1.5 Hz, 1 H, H-ct), 5.25 (dq, $J_{cc, b}$ = 10.5, $J_{cc, a}$ = $J_{cc, a'}$ = J_{gem} = 1.5 Hz, 1 H, H-cc), 4.95 (d, $J_{1, 2}$ = 3.5 Hz, 1 H, H-1), 4.77 (d, $J_{5'-4'}$ = 1,5 Hz, 1 H, H'-5), 4.71 (d, J = 10,5 Hz, 1 H, CH̲₂Ph), 4,60 (d, J = 11.5 Hz, 1 H, CH̲₂Ph), 4.59 (d, J = 10.5 Hz, 1 H, CH̲₂Ph), 4.50 (d, J = 11.5 Hz, 1 H, CH̲₂Ph), 4,27-4,01(m, 6 H, containing 4.22 (ddt, J_{gem} = 13.0, $J_{a, ct}$ = 5.0, $J_{a, cc}$ = $J_{a, ct}$ = 1.5 Hz, 1 H, H-a) et 4.06 (ddt, J_{gem} = 13.0, $J_{a', b}$ = 6.0, $J_{a', cc}$ = $J_{a', ct}$ = 1.5 Hz, 1 H, H-a')), 3.84-3.72 (m, 5 H containing 3.77 (s, 3 H, OMe)), 3.70-3.62 (m, 4 H containig 3.68(s, 3 H, OMe)), 3.60-3.51 (m, 1 H), 3.46 (s, 3 H, OMe), 3.37 (dd, $J_{2, 3}$ = 10.0, $J_{2, 1}$ = 3.5 Hz, 1 H, H-2), 3.33(s, 3 H, OMe)

^{13}C NMR (62.5 MHz, CDCl$_3$) δ= 169.4, 160.3, 159.7, 138.3, 137.4, 133.4, 130.7, 129.8, 128.5, 128.4, 128.2, 128.1, 127.9, 127.7, 126.9, 126.6, 117.9, 113.7, 102.2, 99.2, 96.8, 95.4, 78.0, 76.0, 73.5, 71.0, 70.7, 70.4, 69.8, 68.5, 67.4, 63.4, 62.3, 55.3, 55.1, 53.3, 51.9, 29.7

ESI HR-MS calcd. For C$_{47}$H$_{53}$N$_3$O$_{14}$ [M+Na]: 906,3426; found 906,3435

237b

^{1}H NMR (250 MHz, CDCl$_3$, TMS) δ =7,41-7-19 (m, 14 H, Ph and Ph-OMe), 6.85 (d, $J = 8.5\ Hz$, 2 H, Ph-OMe), 6.84 (d, $J = 8.5\ Hz$, 2 H, Ph-OMe), 6.71 (s, 1 H, CHPh-OMe), 5.97 (dddd, $J_{b,\ ct}$ = 17.0, $J_{b,\ cc}$ = 10.5, $J_{b,\ a'}$ = 6.0, $J_{b,\ a}$ = 5.0 Hz, 1 H, H-b), 5.47 (2s, 2H, CHPh-OMe et H'-1) , 5.37 (dq, $J_{ct,\ b} = 17.0$, $J_{ct,\ a} = J_{ct,\ a'} = J_{gem} = 1.5\ Hz$, 1 H, H-ct), 5.26 (dq, $J_{cc,\ b} = 10.5$, $J_{cc,\ a} = J_{cc,\ a'} = J_{gem} = 1.5\ Hz$, 1 H, H-cc), 4.96 (d, $J_{1,\ 2} = 3.5\ Hz$, 1 H, H-1), 4.75 (d, $J_{5'-4'} = 1,5 Hz$, 1H, H'-5), 4.70 (d, $J = 10,5\ Hz$, 1 H, CH$_2$Ph), 4.60 (d, $J = 10.5\ Hz$, 1 H, CH$_2$Ph), 4.57 (d, $J = 11.5\ Hz$, 1 H, CH$_2$Ph), 4.49 (d, $J = 11.5\ Hz$, 1 H, CH$_2$Ph), 4.29-3.96(m, 6 H, containing 4.22 (ddt, $J_{gem} = 13.0$, $J_{a,\ ct} = 5.0$, $J_{a,\ cc} = J_{a,\ ct} = 1.5\ Hz$, 1 H, H-a) and 4.06 (ddt, $J_{gem} = 13.0$, $J_{a',\ b} = 6.0$, $J_{a',\ cc} = J_{a',\ ct} = 1.5\ Hz$, 1 H, H-a')), 3.87-3.68 (m, 9H containing 3,78 (s, 3 H, OMe) et 3.73 (s, 3 H, OMe)), 3.65-3.58 (m, 1 H), 3.45 (s, 3 H, OMe), 3.38(dd, $J_{2,\ 3} = 10.0$, $J_{2,\ 1} = 3.5\ Hz$, 1 H, H-2), 3.32 (s, 3 H, OMe)

^{13}C NMR (100 MHz, CDCl$_3$) δ= 169.4, 160.3, 159.7, 138.2, 137.3, 133.4, 129.9, 128.6, 128.4, 128.3, 128.1, 127.8, 126.6, 117.9, 113.7, 113.6, 103.5, 99.2, 96.7, 95.5, 77.2, 76.4, 73.7, 71.1, 71.0, 70.3, 69.8, 68.5, 67.4, 63.9, 63.5, 55.2, 53.2, 52.0, 29.7

20) Dimere (**238**).

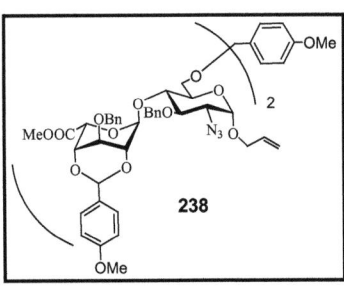

This compound is a by product of reaction P 158

In order to avoid methanolysis of this compound during the analysis, acetonitrile was used as solvent instead of methanol.

ESI -MS calcd. For $C_{84}H_{92}N_6O_{25}$ [M+Na]:1607,6 ; found 1607,6

[M+K]: found 1623,6

^{1}H NMR (250 MHz, CDCl$_3$, TMS) δ = 7.45-7.12 (m, 26 H, Ph and Ph-OMe), 6.82 (d, $J = 8.5\ Hz$, 2 H, Ph-OMe), 6.78 (s, 1 H, CHPh-OMe), 6.76 (d, $J = 8.5\ Hz$, 2 H, Ph-OMe), 6.75 (s, 1 H, CHPh-OMe), 6.74 (d, $J = 8.5\ Hz$, 2 H, Ph-OMe), 5.93 (2 dddd, $J_{b,\ ct} = 17.0$, $J_{b,\ cc} = 10.5$, $J_{b,\ a'} = 6.0$, $J_{b,\ a} = 5.0\ Hz$, 2 H, 2*H-b), 5.72 (s, 1 H, CHPh-OMe), 5.52 (br s, 2 H, 2*H'-1), 5.41-5.21 (m, 4 H containing 2*(dq, $J_{ct,\ b} = 17.0$, $J_{ct,\ a} = J_{ct,\ a'} = J_{gem} = 1.5\ Hz$, 1 H, H-ct) et (dq, $J_{cc,\ b} = 10.5$, $J_{cc,\ a} = J_{cc,\ a'} = J_{gem} = 1.5\ Hz$, 1 H, H-cc)), 4.92 et 4.89 (2d, $J_{1,\ 2} = 3.5\ Hz$, 2 H, 2*H-1), 4.69 (s large, 2 H, 2*H'-5), 4.50-3.92 (m, 20 H), 3.81-3.56 (m, 18 H containig 3,71 (s, 3 H, OMe) et 3.57 (br s, 6 H, 2* OMe)), 3.43 (br s, 6 H, 2* COOMe), 3.39-3.25 (m, 2 H, 2*(dd, $J_{2,\ 3} = 10.0$, $J_{2,\ 1} = 3.5\ Hz$, 1 H, H-2))

21) Allyl (methyl 3-*O*-benzyl-α-L-idopyranosyluronate)-(1→4)-*O*-6-*O*-acetyl-2-azido-3-*O*-benzyl-2-deoxy-α-D-glucopyranoside (239).

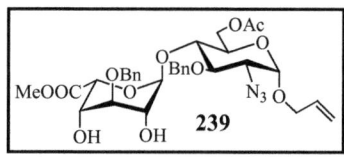

THF (90 mL) was added to a flask containing compound **222** (5.2 g, 8,64 mmol) and triphenylphosphine (2.7 g, 10.4 mmol, 1.2 eq). Acetic acid (0,990 mL, 17,3 mmol, 2 eq) was added at 0°C followed DIAD (3.43 mL, 17.3 mmol, 2 eq). After 12 h stirring, the reaction mixture was concentrated, the residue was dissolved in CH_2Cl_2. Flash chromatography on silica gel column (Petrole ether/EtOAc 5:5 to 2:8) gave compound **139** (4,7g, 85%).

^{1}H NMR (250 MHz, CDCl$_3$, TMS) δ = 7.40-7.25 (m ,10, Ph), 5,95 (dddd, , $J_{b,\,ct}$ = *17.0*, $J_{b,\,cc}$ = *10.5*, $J_{b,\,a'}$ = *6.0*, $J_{b,\,a}$ = *5.0 Hz*, 1 H, H-b), 5.37 (dq, $J_{ct,\,b}$ = *17.0*, $J_{ct,\,a}$ = $J_{ct,\,a'}$ = J_{gem} = *1.5 Hz*, 1 H, H-ct), 5.27 (dq, $J_{cc,\,b}$ = *10.5*, $J_{cc,\,a}$ = $J_{cc,\,a'}$ = J_{gem} = *1.5 Hz*, 1 H, H-cc), 5,06 (d, $J_{1',\,2'}$ = *2.0 Hz*, 1 H, H'-1), 4,96 (d, $J_{1,\,2}$ = *3.5 Hz*, 1 H, H-1), 4.78 (d, *J* = *10.0 Hz*, 1 H, C$\underline{H_2}$Ph), 4,77 (d, $J_{5',\,4'}$ = *2.0 Hz*, 1 H, H'-5), 4,75 (d, *J* = *11.5 Hz*, 1 H, C$\underline{H_2}$Ph), 4.68 (d, *J* = *10.0 Hz*, 1 H, C$\underline{H_2}$Ph), 4.67 (d, *J* = *11.5 Hz*, 1 H, C$\underline{H_2}$Ph) 4,39 (dd, $J_{6a,\,6b}$ = *12.0 Hz*, $J_{6a,\,5}$ = *2.0 Hz*, 6-Ha), 4,26 (dd, , $J_{6a,\,6b}$ = *12.0 Hz*, $J_{6a,\,5}$ = *3.5 Hz*, 6-Hb), 4.22 (ddt, J_{gem}= *13.0*, $J_{a,\,ct}$ = *5.0*, $J_{a,\,cc}$ = $J_{a,\,ct}$ = *1.5 Hz*, 1 H, H-a), 4.06 (ddt, J_{gem} = *13.0*, $J_{a',\,b}$ = *6.0*, $J_{a',\,cc}$ = $J_{a',\,ct}$ = *1.5 Hz*, 1 H, H-a'), 4.04-3.98 (m ; 1 H), 3.95-3.83 (m, 3 H), 3.80-3.72 (m, 2 H), 3.51 (s, 3H, COOMe), 3.42 (dd, $J_{2,\,3}$ = *10.0*, $J_{2,\,1}$ = *3.5 Hz*, 1 H, H-2), 3.15 (br. s, 1 H, OH), 2.12 (s, 3 H, OAc),1.68 (br. s, 1 H, OH)

^{13}C NMR (62.5 MHz, CDCl$_3$) δ = 171.0, 170.3 (C=O), 137. 8, 137.6 (C$_{quaternaire, arom}$), 133.0 (Cb), 128.5, 128.1, 128.0, 127.9, 127.4, 127.3(C$_{arom}$), 118.3(Cc), 100.9 (C'-1), 96.5 (C-1), 78.4, 76.0, 75.5 (CH2-Ph), 74.5, 72.5, 69.3, 69.2, 68.6, 68.5, 67.7, 63.4, 62.5, 52.1(COO<u>Me</u>), 20.9 (CH3)

Elemental analysis of this compound was not performed since in its original preparation it was only an intermediate of the synthesis.

22) Allyl (methyl 3-*O*-benzyl-2,4-*O*-(4-methoxybenzylidene)-α-L-idopyranosyluronate)-(1->4)-*O*-6-*O*-acetyl-2-azido-3-*O*-benzyl-2-deoxy-α-D-glucopyranoside (240).

Camphorsulfonic acid (75 mg, 0.325 mmol, 0.05 eq) was added to solution of **239** (4.27 g, 6.50 mmol) and *p*-anisaldehydedimethylacetal (3.44 mL, 19.5 mmol, 3.0 eq) in CH$_2$Cl$_2$ (145 mL). The mixture was refluxed for 30 min and then 50 mL CH$_2$Cl$_2$ were distilled over 30 min. The mixture was then cooled to rt, neutralised with NEt$_3$, concentrated and purified by flash chromatography (petroleum ether/AcOEt 95:5 to 1:1) giving 4.19 g of **240** (83 %) that can be crystallised from Et$_2$O (mp = 134 °C).

¹H NMR (250 MHz, CDCl₃, TMS) δ = 7.46-7.20 (m, 12 H, Ph and <u>Ph</u>-OMe), 6.85 (d, J = 8.5 Hz, 2 H, <u>Ph</u>-OMe), 6.76 (s, 1H, C<u>H</u>PhOMe), 5.98 (dddd, $J_{b, ct}$ = 17.0, $J_{b, cc}$ = 10.5, $J_{b, a'}$ = 6.0, $J_{b, a}$ = 5.0 Hz, 1 H, H-b), 5.39 (dq, $J_{ct, b}$ = 17.0, $J_{ct, a}$ = $J_{ct, a'}$ = J_{gem} = 1.5 Hz, 1 H, H-ct), 5.38 (br.s, 1H, H'-1), 5.28 (dq, $J_{cc, b}$ = 10.5, $J_{cc, a}$ = $J_{cc, a'}$ = J_{gem} = 1.5 Hz, 1 H, H-cc), 4.96 (d, $J_{1, 2}$ = 3.5 Hz, 1 H, H-1), 4.81 (d, $J_{5', 4'}$ = 1.0 Hz, 1 H, H'-5), 4.76 (d, J = 11.0 Hz, 1 H, C<u>H</u>₂Ph), 4.65 (d, J = 11.0 Hz, 1 H, C<u>H</u>₂Ph), 4.61 (d, J = 12.0 Hz, 1 H, C<u>H</u>₂Ph), 4.55 (d, J = 12.0 Hz, 1 H, C<u>H</u>₂Ph), 4.47 (dd, $J_{6a, 6b}$ = 12.0, $J_{6a, 5}$ = 1.0 Hz, 1 H, H-6ₐ), 4.31-4.15 (m, 4 H, containing H-a), 4.15-4.03 (m, 2 H, containing H-a'), 3.95-3.85 (m, 2 H), 3.85-3.75 (m, 4 H, containing s at δ = 3.77), 3.46 (s, 3 H, OMe), 3.36 (dd, $J_{2, 3}$ = 10.0, $J_{2, 1}$ = 3.5 Hz, 1 H, H-2), 2.10 (s, 3 H, C<u>H</u>₃ OAc)

¹³C NMR (62.5 MHz, CDCl₃) δ = 170.5, 169.3 (C=O), 160.3 (<u>C</u>-OMe, pMBn), 138.0, 137.2 (C_{quaternary arom}), 133.1 (C-b), 130.2, 128.5, 128.2, 128.1, 128.0, 127.7, 127.0, 126.6 (C_{arom}), 118.2 (C-c), 113.7 (C_{m} pMBn), 99.6 (C'-1), 96.6 (C-1), 95.4 (<u>C</u>HPhOMe), 77.8, 76.2, 73.6, 71.1, 70.1, 69.9, 69.6, 69.5, 68.7, 67.3, 63.3, 62.4, 55.3 (<u>C</u>H₃ OMe pMBn), 52.0 (<u>C</u>H₃, COOMe), 20.9 (<u>C</u>H₃, OAc).

Anal. calcd. for C₄₀H₄₅N₃O₁₅: C 61.93, H 5.85, N 5.42, O 26.81; found : C 61.79, H 5.96, N 5.34, O 26.65.

23) **Allyl (methyl 3-*O*-benzyl-4-*O*-(4-methoxybenzyl)-α-L-idopyranosyluronate)-(1->4)-*O*-6-*O*-acetyl-2-azido-3-*O*-benzyl-2-deoxy-α-D-glucopyranoside (241).**

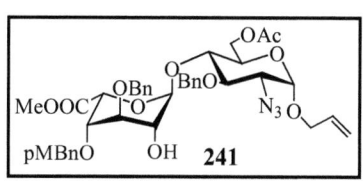

Triethylsilane (4.13 mL, 25.8 mmol, 5 eq) and 2.0 g of 4 Å molecular sieves were added to a solution of **240** (4.01 g, 5.17 mmol) in ether (40 mL). After 30 min stirring at rt, the solution was cooled down to −78°C and dichlorophenylborane (2.29 mL, 17.6 mmol, 3.4 eq) was added quickly to avoid freezing in the needle. The reaction mixture was warmed up to -40 °C over one hour and stirred at this temperature for one night. The reaction was then quenched at -40 °C by addition of NEt$_3$ (10 mL) and MeOH (10 mL) followed by a satd aq NaHCO$_3$ solution (60 mL). The resulting suspension was diluted with Et$_2$O (400 mL) and washed with an aq sodium hydroxide solution (0.5 M, 2 x 600 mL), water (600 mL), aq 5 % KH$_2$PO$_4$ (400 mL) and water (2 x 100 mL). The organic layer was dried (Na$_2$SO$_4$), filtered and concentrated. Flash chromatography of the residue (petroleum ether/AcOEt 9:1 to 1:1) gave **241** (3.35 g, 84 %) as an oil.

^{1}H NMR (400 MHz, CDCl$_3$, TMS) δ = 7.39-7.23 (m, 10 H, Ph), 7.13 (d, J = 8.5 Hz, 2 H, P̲h̲-OMe), 6.83 (d, J = 8.5 Hz, 2 H, P̲h̲-OMe), 5.94 (dddd, $J_{b, ct}$ = 17.5, $J_{b, cc}$ = 10.5, $J_{b, a'}$ = 6.0, $J_{b, a}$ = 5.0 Hz, 1 H, H-b), 5.36 (dq, $J_{ct, b}$ = 17.5, $J_{ct, a}$ = $J_{ct, a'}$ = J_{gem} = 1.5 Hz, 1 H, H-ct), 5.25 (dq, $J_{cc, b}$ = 10.5, $J_{cc, a}$ = $J_{cc, a'}$ = J_{gem} = 1.5 Hz, 1 H, H-cc), 5.16 (d, $J_{1', 2'}$ = 2.5 Hz, 1H, H'-1), 4.94 (d, $J_{1, 2}$ = 3.5 Hz, 1 H, H-1), 4.78 (d, $J_{5', 4'}$ = 2.5 Hz, 1 H, H'-5), 4.77 (d, J = 11.0 Hz, 1 H, CH̲$_2$Ph), 4.67 (d, J = 11.5 Hz, 1 H, CH̲$_2$Ph), 4.65 (d, J = 11.0 Hz, 1 H, CH̲$_2$Ph), 4.61 (d, J = 11.5 Hz, 1 H, CH̲$_2$Ph), 4.48 (d, J = 11.0 Hz, 1 H, CH̲$_2$PhOMe), 4.43 (dd, $J_{6a, 6b}$ = 12.0, $J_{6a, 5}$ = 1.0 Hz, 1 H, H-6$_a$), 4.41 (d, J = 11.0 Hz, 1 H, CH̲$_2$PhOMe), 4.23 (dd, $J_{6b, 6a}$ = 12.0, $J_{6b, 5}$ = 3.0 Hz, 1 H, H-6$_b$), 4.20 (ddt, J_{gem} = 13.0, $J_{a, b}$ = 5.0, $J_{a, cc}$ = $J_{a, ct}$ = 1.5 Hz, 1 H, H-a), 4.05 (ddt, J_{gem} = 13.0, $J_{a', b}$ = 6.0, $J_{a', cc}$ = $J_{a', ct}$ = 1.5 Hz, 1 H, H-a'), 3.92-3.76 (m, 8 H, containing s at δ = 3.78, H-5, H-4, H-3, H'-4, H'-3 and OMe), **3.68 (br. s, 1 H, H'-2)**, 3.41 (s, 3 H, OMe), 3.39 (dd, $J_{2, 3}$ = 10.0, $J_{2, 1}$ = 3.5 Hz, 1 H, H-2), 3.31 (br. s, 1 H, OH), 2.09 (s, 3 H, CH̲$_3$ OAc)

^{13}C NMR (62.5 MHz, CDCl$_3$) δ = 170.5, 169.5 (C=O), 159.4 (C-OMe, pMBn), 137.7, 137.5 (C$_{quaternary\ arom}$), 132.9 (C-b), 129.7, 128.6, 128.3, 127.9, 127.8, 127.2, 127.1 (C$_{arom}$), 118.0 (C-c), 113.6 (C$_m$ pMBn), 100.8 (C'-1), 96.3 (C-1), 78.2, 75.3, 74.7, 74.2, 73.5, 72.5, 72.4, 69.2, 68.5, 68.4, 67.5, 63.1, 62.3, 55.0 (CH$_3$ OMe pMBn), 51.6 (CH$_3$, COOMe), 20.6 (CH$_3$, OAc).

Elemental analysis of this compound was not performed since in its original preparation it was only an intermediate of the synthesis.

24) (methyl 2-*O*-acetyl-3-*O*-benzyl-4-*O*-(4-methoxybenzyl)-α-L-idopyranosyluronate)-(1->4)-*O*-(2-azido-3,6-*O*-di-benzyl-2-deoxy-α-D-glucopyranoside trichloroacétimidate D$_2$

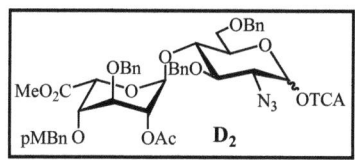

The iridium catalyst (C$_8$H$_{14}$(MePh$_2$P)$_2$IrPF$_6$, 6.60 mg, 0.008 mmol, 1.3 mol %) was added to a solution of disaccharide **191** (500 mg, 0.577 mmol) in THF (10 mL). The mixture was degassed, the Ir catalyst was activated with H$_2$. After 2 h at room temperature, the reaction was concentrated, HgO (150 mg, 0.692 mmol, 1.2 eq) and HgCl$_2$ (172 mg, 0.635 mmol, 1.1 eq) were then added to a solution of the residue in acetone /H$_2$O (9:1, 5 mL). After 2 h stirring at room temperature, the reaction was filtered over a pad of celite 545 and concentrated. The residue was dissolved in Et$_2$O and the resulting solution was successively washed with 10% (w/v) aq KI, solution, saturated aq. Na$_2$S$_2$O$_6$ and water filtered dried (MgSO$_4$) and concentrated. Flash chromatography of the residue gave the anticipated hemiacetal **251** (427 mg, 90%). This compound **251** was dissolved in dichloromethane (5.5

mL) and trichloroacétonitrile (328 µL, 3.46 mmol, 6 eq) was added followed by potassium carbonate (134 mg, 1.15 mmol, 2 eq). After being stirred for 3 h at room temperature, the reaction mixture was directly applied of the top a flash chromatography column filled with silica gel and eluted to give imidate **D₂** α/β mixture (433 mg, 90%).

^{13}C NMR (62.5 MHz, CDCl₃) δ = 171.7, 170.0, 169.7, 161.0, 159.5, 138.0, 137.8, 129.6, 128.5, 128.3, 128.2, 127.9, 127.7, 127.5, 113.8, 97.8, 96.8, 94.8, 90.6, 81.1, 78.3, 77.7, 77.2, 76.7, 76.2, 75.0, 74.0, 73.4, 72.4, 70.2, 69.9, 69.6, 67.6, 65.6, 63.0, 55.3, 51.8, 21.0

La caractérisation complète du composé **D₂** est en cours.

25) Allyl (methyl 2-*O*-acetyl-3-*O*-benzyl-4-*O*-(4-methoxybenzyl)-α-L-idopyranosyluronate)-(1->4)-*O*-(6-*O*-acetyl-2-azido-3-*O*-benzyl-2-deoxy-α-D-glucopyranosyl-)-(1->4)-*O*-(methyl 2-*O*-acetyl-3-*O*-benzyl-α-L-idopyranosyluronate)-(1->4)-*O*-6-*O*-acetyl-2-azido-3-*O*-benzyl-2-deoxy-α-D-glucopyranoside (T₁₁)

Allyl (methyl 2-*O*-acetyl-3-*O*-benzyl-4-*O*-(4-methoxybenzyl)-α-L-idopyranosyluronate)-(1->4)-*O*-(2-azido-3,6-*O*-di-benzyl-2-deoxy-α-D-glucopyranosyl-)-(1->4)-*O*-(methyl 2-*O*-acetyl-3-*O*-benzyl-α-L-idopyranosyluronate)-(1->4)-*O*-6-*O*-acetyl-2-azido-3-*O*-benzyl-2-deoxy-α-D-glucopyranoside (T₂₁)

Allyl (methyl 2,3-*O*-di-benzyl-4-*O*-(4-methoxybenzyl)-β-D-glucopyranosyluronate)-(1->4)-*O*-(2-azido-3,6-*O*-di-benzyl-2-deoxy-α-D-glucopyranosyl-)-(1->4)-*O*-(methyl 2-*O*-acetyl-3-*O*-benzyl-α-L-idopyranosyluronate)-(1->4)-*O*-6-*O*-acetyl-2-azido-3-*O*-benzyl-2-deoxy-α-D-glucopyranoside (T₃₁)

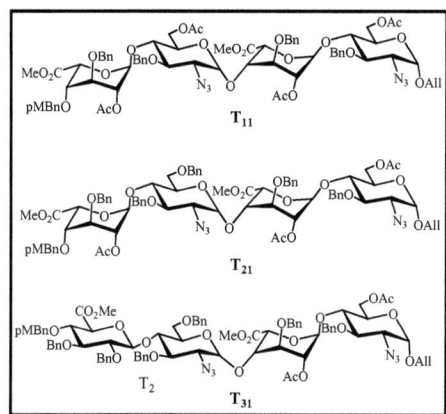

Method 1

Imidates **D₁** (α/β mixture, 37 mg, 0.04 mmol), **D₂** (α/β mixture, 39 mg, 0.04 mmol) and **D₃** (α/β mixture, 41 mg, 0.04 mmol), (**D₁+D₂+D₃, 0.12 mmol, 1eq**) and acceptor **A₁** (168 mg, 0.24 mmol, 2 eq) were azeotropically dried with toluene and dissolved in CH_2Cl_2 (300 µL). TMSOTf (0.1 M in CH_2Cl_2, 28 µL, 12 µmol, 0.10 eq) was then added to the cooled (0 °C) solution. After 3h at 0 °C, the reaction was quenched with NEt_3 (0.1 M in CH_2Cl_2, 12 µmol, 0.10 eq). The reaction mixture was purified by Sephadex LH-20 chromatography (CH_2Cl_2/MeOH (1:1) to give 105mg of a mixture of T_{11}, T_{21} and T_{31}.

T_{11} ESI -MS calcd. For $C_{73}H_{84}N_6O_{26}$ [M+Na]: 1483.54 ; found 1483.7
T_{21} ESI -MS calcd. For $C_{78}H_{88}N_6O_{25}$ [M+Na]: 1531.58 ; found 1531.7
T_{31} ESI -MS calcd. For $C_{83}H_{92}N_6O_{24}$ [M+Na]: 1579.62 ; found 1579.7

Method 2

Imidates **D₁** (α/β mixture, 37 mg, 0.04 mmol), **D₂** (α/β mixture, 39 mg, 0.04 mmol) and **D₃** (α/β mixture, 41 mg, 0.04 mmol), (**D₁+D₂+D₃, 0.12** mmol, 1eq) and acceptor A_1 (168 mg, 0.24 mmol, 2 eq) were azeotropically dried with toluene and dissolved in THF/CH_2Cl_2 (4:1) (300 µL). TMSOTf (0.1 M in CH_2Cl_2, 28 µL, 12 µmol, 0.10 eq) was then added to the cooled (0 °C) solution. After 3h at 0 °C, the reaction was quenched with NEt_3 (0.1 M in CH_2Cl_2, 12 µmol, 0.10 eq). The reaction mixture was purified by Sephadex LH-20 chromatography (CH_2Cl_2/MeOH (1:1) to give 18 mg of a mixture of T_{11}, T_{21} and T_{31}.

T_{11} ESI -MS calcd. For $C_{73}H_{84}N_6O_{26}$ [M+Na] :1483.54 ; found 1483.9
T_{21} ESI -MS calcd. For $C_{78}H_{88}N_6O_{25}$ [M+Na] :1531.58 ; found 1531.8
T_{31} ESI -MS calcd. For $C_{83}H_{92}N_6O_{24}$ [M+Na] :1579.62 ; found 1580

HPLC The elution was performed at 0.8 mL/min with a linear water (5% CH_3CN) / CH_3CN gradient (10/90 to 5/95 over 10 min) followed by 17 min isocratic elution (5:95)

Retention time: T_{11} α 7.90 min
T_{21} α 9.83 min β 11.1 min
T_{31} α 15.7 min β 19.2 min

26) Allyl (methyl 2-*O*-acetyl-3-*O*-benzyl-4-*O*-(4-methoxybenzyl)-α-L-idopyranosyluronate)-(1->4)-*O*-(6-*O*-acetyl-2-azido-3-*O*-benzyl-2-deoxy-α-D-glucopyranosyl-)-(1->4)-*O*-(methyl 2-*O*-acetyl-3-*O*-benzyl-α-L-idopyranosyluronate)-(1->4)-*O*-(2-azido-3,6-*O*-di-benzyl-2-deoxy-α-D-glucopyranoside (T_{12})

Allyl (methyl 2-*O*-acetyl-3-*O*-benzyl-4-*O*-(4-methoxybenzyl)-α-L-idopyranosyluronate)-(1->4)-*O*-(2-azido-3,6-*O*-di-benzyl-2-deoxy-α-D-glucopyranosyl-)-(1->4)-*O*-(methyl 2-*O*-acetyl-3-*O*-benzyl-α-L-idopyranosyluronate)-(1->4)-*O*-2-azido-3,6-*O*-di-benzyl-2-deoxy-α-D-glucopyranoside (T₂₂)

Allyl (methyl 2,3-*O*-di-benzyl-4-*O*-(4-methoxybenzyl)-β-D-glucopyranosyluronate)-(1->4)-*O*-(2-azido-3,6-*O*-di-benzyl-2-deoxy-α-D-glucopyranosyl-)-(1->4)-*O*-(methyl 2-*O*-acetyl-3-*O*-benzyl-α-L-idopyranosyluronate)-(1->4)-*O*-2-azido-3,6-*O*-di-benzyl-2-deoxy-α-D-glucopyranoside (T₃₂)

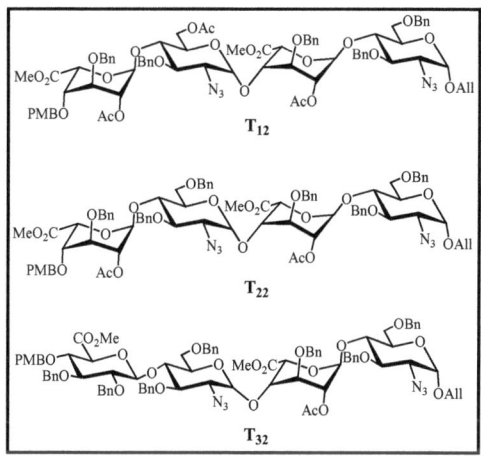

Method 1

Imidates **D₁** (α/β mixture, 22 mg, 0.024 mmol), **D₂** (α/β mixture, 23 mg, 0.024 mmol) and **D₃** (α/β mixture, 25 mg, 0.024 mmol), (**D₁+D₂+D₃, 0.072 mmol, 1eq**) and acceptor **A₂** (108 mg, 0.144 mmol, 2 eq) were azeotropically dried with toluene and dissolved in CH₂Cl₂ (200 µL). TMSOTf (0.43 M in CH₂Cl₂, 8.2 µL, 3.6 µmol, 0.05 eq) was then added to the cooled (0 °C) solution. After 3h at 0 °C, the reaction was quenched with NEt₃ (0.1 M in CH₂Cl₂, 7.2 µmol, 0.10 eq). The reaction mixture was purified by Sephadex LH-20 chromatography (CH_2Cl_2/MeOH (1:1)) to give 70 mg of a mixture of T_{12}, T_{22} and T_{32}.

Method 2

Imidates D_1 (α/β mixture, 28 mg, 0.03 mmol), D_2 (α/β mixture, 29 mg, 0.03 mmol) and D_3 (α/β mixture, 30 mg, 0.03 mmol), **(D_1+D_2+D_3, 0.09 mmol, 1eq)** and acceptor A_2 (136 mg, 0.18 mmol, 2 eq) were azeotropically dried with toluene and dissolved in THF/CH_2Cl_2 (4:1) (300 μL). TMSOTf (0.1 M in CH_2Cl_2, 28 μL, 9 μmol, 0.10 eq) was then added to the cooled (0 °C) solution. After 3h at 0 °C, the reaction was quenched with NEt_3 (0.1 M in CH_2Cl_2, 9 μmol, 0.10 eq). The reaction mixture was purified by Sephadex LH-20 chromatography (CH_2Cl_2/MeOH (1:1)) to give 18 mg of a mixture of **T_{12}, T_{22} and T_{32}.**

T_{12} ESI -MS calcd. For $C_{78}H_{88}N_6O_{25}$ [M+Na] : 1531.58; found -
T_{22} ESI -MS calcd. For $C_{83}H_{92}N_6O_{24}$ [M+Na] :1579.62 ; found 1579.3
T_{33} ESI -MS calcd. For $C_{88}H_{96}N_6O_{23}$ [M+Na] :1627.65 ; found 1627.4

HPLC The elution was performed at 1 mL/min with a linear water (5% CH_3CN) / CH_3CN gradient (10/90 to 5/95 over 10 min) followed by 17 min isocratic elution (5:95)

Retention time: T_{12} α 7.80 min
T_{22} α 9.25 min   β 10.0 min
T_{32} α 14.4 min   β 16.9 min

27) Allyl (methyl 2-*O*-acetyl-3-*O*-benzyl-4-*O*-(4-methoxybenzyl)-α-L-idopyranosyluronate)-(1->4)-*O*-(6-*O*-acetyl-2-azido-3-*O*-benzyl-2-deoxy-α-D-glucopyranosyl-)-(1->4)-*O*-(methyl 2,3-*O*-di-benzyl-4-*O*-β-D-glucopyranosyluronate)-(1->4)-*O*-(2-azido-3,6-*O*-di-benzyl-2-deoxy-α-D-glucopyranoside (T_{13})

Allyl (methyl 2-*O*-acetyl-3-*O*-benzyl-4-*O*-(4-methoxybenzyl)-α-L-idopyranosyluronate)-(1->4)-*O*-(2-azido-3,6-*O*-di-benzyl-2-deoxy-α-D-glucopyranosyl-)-(1->4)-*O*-(methyl 2,3-*O*-di-benzyl-β-D-glucopyranosyluronate)-(1->4)-*O*-2-azido-3,6-*O*-di-benzyl-2-deoxy-α-D-glucopyranoside (T_{23})

Allyl (methyl 2,3-*O*-di-benzyl-4-*O*-(4-methoxybenzyl)-β-D-glucopyranosyluronate)-(1->4)-*O*-(2-azido-3,6-*O*-di-benzyl-2-deoxy-α-D-glucopyranosyl-)-(1->4)-*O*-(methyl 2,3-*O*-di-benzyl-4-*O*-β-D-glucopyranosyluronate)-(1->4)-*O*-2-azido-3,6-*O*-di-benzyl-2-deoxy-α-D-glucopyranoside (T_{33})

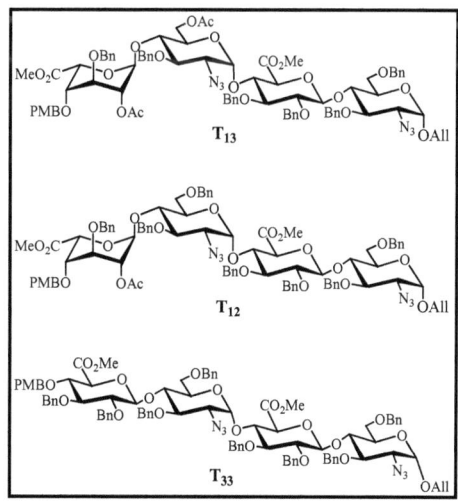

Method 1

Imidates D_1 (α/β mixture, 28 mg, 0.03 mmol), D_2 (α/β mixture, 29 mg, 0.03 mmol) and D_3 (α/β mixture, 30 mg, 0.03 mmol), ($D_1+D_2+D_3$, **0.09 mmol, 1eq**) and acceptor A_3 (143 mg, 0.18 mmol, 2 eq) were azeotropically dried with toluene and dissolved in CH_2Cl_2 (300 μL). TMSOTf (0.1 M in CH_2Cl_2, 21 μL, 9 μmol, 0.10 eq) was then added to the cooled (0 °C) solution. After 3h at 0 °C, the reaction was quenched with NEt_3 (0.1 M in CH_2Cl_2, 9 μmol, 0.10 eq). The reaction mixture was purified by Sephadex LH-20 chromatography (CH_2Cl_2/MeOH (1:1) to give 75 mg of a mixture of T_{13}, T_{23} and T_{33}.

T_{13} ESI -MS calcd. For $C_{83}H_{92}N_6O_{24}$ [M+Na] :1579.62; found 1579.8
T_{23} ESI -MS calcd. For $C_{88}H_{96}N_6O_{23}$ [M+Na] :1627.65 ; found 1627.9
T_{33} ESI -MS calcd. For $C_{93}H_{100}N_6O_{22}$ [M+Na] :1675.69 ; found 1676

Method 2

Imidates D_1 (α/β mixture, 21 mg, 0.022 mmol), D_2 (α/β mixture, 22 mg, 0.022 mmol) and D_3 (α/β mixture, 23 mg, 0.022 mmol), ($D_1+D_2+D_3$, **0.066 mmol, 1eq**) and acceptor A_3 (110 mg, 0.132 mmol, 2 eq) were azeotropically dried with toluene and dissolved in THF/CH_2Cl_2 (4:1) (300 μL). TMSOTf (0.1 M in CH_2Cl_2, 152 μL, 7 μmol, 0.10 eq) was then added to the cooled (0 °C) solution. After 3h at 0 °C, the reaction was quenched with NEt_3 (0.1 M in CH_2Cl_2, 7 μmol, 0.10 eq). The reaction mixture was purified by Sephadex LH-20 chromatography (CH_2Cl_2/MeOH (1:1) to give 56 mg of a mixture of T_{12}, T_{22} and T_{32}.

T_{13} ESI -MS calcd. For $C_{83}H_{92}N_6O_{24}$ [M+Na] :1579.62; found 1579.8
T_{23} ESI -MS calcd. For $C_{88}H_{96}N_6O_{23}$ [M+Na] :1627.65 ; found 1627.9
T_{33} ESI -MS calcd. For $C_{93}H_{100}N_6O_{22}$ [M+Na] :1675.69 ; found 1676

HPLC The elution was performed at 1 mL/min with a linear water (5% CH_3CN) / CH_3CN gradient (10/90 to 5/95 over 10 min) followed by 17 min isocratic elution (5:95)

Retention time: T_{13} α 13.4 min β 12.3 min
T_{23} α 15.7 min
T_{33} α 22.7 min β 25.1 min

28) **Allyl (methyl 2-*O*-acetyl-3-*O*-benzyl-4-*O*-(4-methoxybenzyl)-α-L-idopyranosyluronate)-(1->4)-*O*-(6-*O*-acetyl-2-azido-3-*O*-benzyl-2-deoxy-α-D-glucopyranosyl-)-(1->4)-*O*-(methyl 2-*O*-acetyl-3-*O*-benzyl-α-L-idopyranosyluronate)-(1->4)-*O*-6-*O*-acetyl-2-azido-3-*O*-benzyl-2-deoxy-α-D-glucopyranoside (T_{11})**

Allyl (methyl 2-*O*-acetyl-3-*O*-benzyl-4-*O*-(4-methoxybenzyl)-α-L-idopyranosyluronate)-(1->4)-*O*-(6-*O*-acetyl-2-azido-3-*O*-benzyl-2-deoxy-α-D-glucopyranosyl-)-(1->4)-*O*-(methyl 2-*O*-acetyl-3-*O*-benzyl-α-L-idopyranosyluronate)-(1->4)-*O*-(2-azido-3,6-*O*-di-benzyl-2-deoxy-α-D-glucopyranoside (T_{12})

Allyl (methyl 2-*O*-acetyl-3-*O*-benzyl-4-*O*-(4-methoxybenzyl)-α-L-idopyranosyluronate)-(1->4)-*O*-(6-*O*-acetyl-2-azido-3-*O*-benzyl-2-deoxy-α-D-glucopyranosyl-)-(1->4)-*O*-(methyl 2,3-*O*-di-benzyl-4-*O*-β-D-glucopyranosyluronate)-(1->4)-*O*-(2-azido-3,6-*O*-di-benzyl-2-deoxy-α-D-glucopyranoside (T_{13})

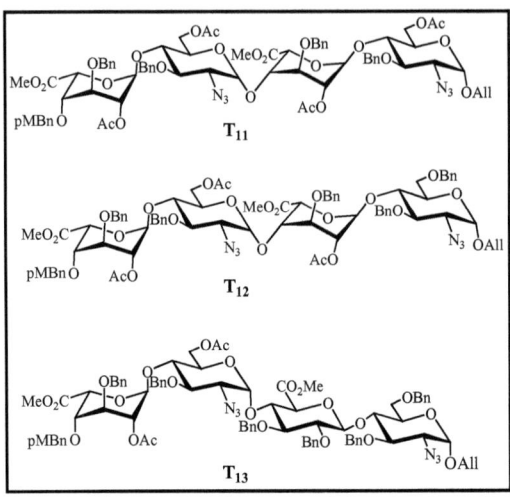

Imidate D_1 (α/β mixture, 108 mg, 0.117 mmol, 3.9 eq) and acceptors A_1 (21 mg, 0.03 mmol), A_2 (22 mg, 0.03 mmol), A_3 (24 mg, 0.03 mmol) were azeotropically dried with toluene and dissolved in CH_2Cl_2 (500 μL). TMSOTf (0.1 M in CH_2Cl_2, 27 μL, 12 μmol, 0.10 eq) was then added to the cooled (0 °C) solution. After 3h at 0 °C, the reaction was quenched with NEt_3 (0.1 M in CH_2Cl_2, 12 μmol, 0.10 eq). The reaction mixture was purified by Sephadex LH-20 chromatography (CH_2Cl_2/MeOH (1:1) to give 116 mg of a mixture of T_{11}, T_{12} and T_{13}.

HPLC The elution was performed at 1 mL/min with a linear water (5% CH_3CN) / CH_3CN gradient (10/90 to 5/95 over 10 min) followed by 17 min isocratic elution (5:95)

Retention time: T_{11} α 6.54 min

T_{12} α 8.19 min

T_{13} α 13.2 min   β 12.1 min

30) Allyl (methyl 2-*O*-acetyl-3-*O*-benzyl-4-*O*-(4-methoxybenzyl)-α-L-idopyranosyluronate)-(1->4)-*O*-(2-azido-3,6-*O*-di-benzyl-2-deoxy-α-D-glucopyranosyl-)-(1->4)-*O*-(methyl 2-*O*-acetyl-3-*O*-benzyl-α-L-idopyranosyluronate)-(1->4)-*O*-6-*O*-acetyl-2-azido-3-*O*-benzyl-2-deoxy-α-D-glucopyranoside (T_{21})

Allyl (methyl 2-*O*-acetyl-3-*O*-benzyl-4-*O*-(4-methoxybenzyl)-α-L-idopyranosyluronate)-(1->4)-*O*-(2-azido-3,6-*O*-di-benzyl-2-deoxy-α-D-glucopyranosyl-)-(1->4)-*O*-(methyl 2-*O*-acetyl-3-*O*-benzyl-α-L-idopyranosyluronate)-(1->4)-*O*-2-azido-3,6-*O*-di-benzyl-2-deoxy-α-D-glucopyranoside (T_{22})

Allyl (methyl 2-*O*-acetyl-3-*O*-benzyl-4-*O*-(4-methoxybenzyl)-α-L-idopyranosyluronate)-(1->4)-*O*-(2-azido-3,6-*O*-di-benzyl-2-deoxy-α-D-glucopyranosyl-)-(1->4)-*O*-(methyl 2,3-*O*-di-benzyl-β-D-glucopyranosyluronate)-(1->4)-*O*-2-azido-3,6-*O*-di-benzyl-2-deoxy-α-D-glucopyranoside (T_{23})

Imidate D_2 (α/β mixture, 139 mg, 0.137 mmol, 3.9 eq) and acceptors A_1 (25 mg, 0.035 mmol), A_2 (26 mg, 0.035 mmol), A_3 (28 mg, 0.035 mmol) were azeotropically dried with toluene and dissolved in CH_2Cl_2 (570 μL). TMSOTf (0.1 M in CH_2Cl_2, 31 μL, 14 μmol, 0.10 eq) was then added to the cooled (0 °C) solution. After 3h at 0 °C, the reaction was quenched with NEt_3 (0.1 M in CH_2Cl_2, 14 μmol, 0.10 eq). The reaction mixture was purified by Sephadex LH-20 chromatography (CH_2Cl_2/MeOH (1:1) to give 122 mg of a mixture of T_{21}, T_{22} and T_{23}.

HPLC The elution was performed at 1 mL/min with a linear water (5% CH_3CN) / CH_3CN gradient (10/90 to 5/95 over 10 min) followed by 17 min isocratic elution (5:95)

Retention time: T_{21} α 7.63 min β 8.44 min
T_{22} α 9.88 min β 10.6 min
T_{23} α 15.4 min

31) Allyl (methyl 3-*O*-benzyl-4-*O*-(4-methoxybenzyl)-α-L-idopyranosyluronate)-(1->4)-*O*-(2-azido-3-*O*-benzyl-2-deoxy-α-D-glucopyranosyl-)-(1->4)-*O*-(methyl 3-*O*-benzyl-α-L-idopyranosyluronate)-(1->4)-*O*-2-azido-3-*O*-benzyl-2-deoxy-α-D-glucopyranoside ($T_{11}D$)

Allyl (methyl 3-*O*-benzyl-4-*O*-(4-methoxybenzyl)-α-L-idopyranosyluronate)-(1->4)-*O*-(2-azido-3-*O*-benzyl-2-deoxy-α-D-glucopyranosyl-)-(1->4)-*O*-(methyl 3-*O*-benzyl-α-L-idopyranosyluronate)-(1->4)-*O*-(2-azido-3,6-*O*-di-benzyl-2-deoxy-α-D-glucopyranoside ($T_{12}D$)

Allyl (methyl 3-*O*-benzyl-4-*O*-(4-methoxybenzyl)-α-L-idopyranosyluronate)-(1->4)-*O*-(2-azido-3-*O*-benzyl-2-deoxy-α-D-glucopyranosyl-)-(1->4)-*O*-(methyl 2,3-*O*-di-benzyl-4-*O*-β-D-glucopyranosyluronate)-(1->4)-*O*-(2-azido-3,6-*O*-di-benzyl-2-deoxy-α-D-glucopyranoside (T₁₃D)

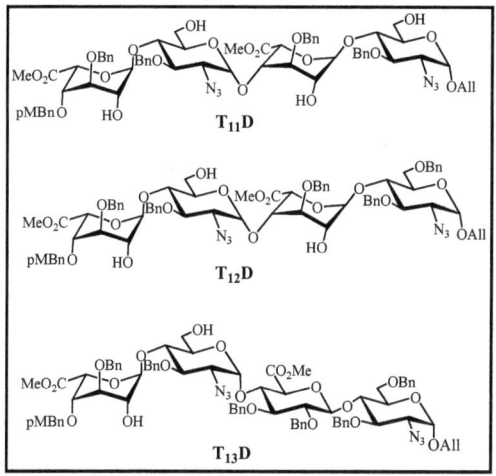

Tetrasaccharides T₁₁, T₁₂ and T₁₃ (100 mg, 0.066 mmol) were stirred for 18 h with K₂CO₃ (5 mg, 0.033 mmol, 0.5 eq) in MeOH (500 μL). The mixture was then neutralised with BioRad AG50W-X8 200 (H⁺) resin, filtered and concentrated. The mixture was purified by Sephadex LH-20 chromatography (CH₂Cl₂/MeOH (1:1) to give 95 mg of a mixture of T₁₁D, T₁₂D and T₁₃D.

HPLC The elution was performed at 1 mL/min with a linear water (5% CH₃CN) / CH₃CN gradient (10/90 to 5/95 over 10 min) followed by 17 min isocratic elution (5:95)

Retention time: T₁₁D α 4.05 min

T₁₂D α 6.13 min

T₁₃D α 11.2 min β 9.99 min

IR (thin film, cm⁻¹): ν = 3653, 3491 (ν_{O-H}), 3063, 3031 ($\nu_{C-H\ arom}$), 2925, 2854 ($\nu_{C-H\ aliph}$), 2109 (ν_{N3}), 1743 ($\nu_{C=O}$), 1586, 1514, 1497, 1454, 1439, 1368, 1302, 1251, 1214, 1156, 1030

32) Allyl (methyl 3-*O*-benzyl-4-*O*-(4-methoxybenzyl)-α-L-idopyranosyluronate)-(1->4)-*O*-(2-azido-3,6-*O*-di-benzyl-2-deoxy-α-D-glucopyranosyl-)-(1->4)-*O*-(methyl 3-*O*-benzyl-α-L-idopyranosyluronate)-(1->4)-*O*-2-azido-3-*O*-benzyl-2-deoxy-α-D-glucopyranoside (T₂₁D)

Allyl (methyl 3-*O*-benzyl-4-*O*-(4-methoxybenzyl)-α-L-idopyranosyluronate)-(1->4)-*O*-(2-azido-3,6-*O*-di-benzyl-2-deoxy-α-D-glucopyranosyl-)-(1->4)-*O*-(methyl 3-*O*-benzyl-α-L-idopyranosyluronate)-(1->4)-*O*-2-azido-3,6-*O*-di-benzyl-2-deoxy-α-D-glucopyranoside (T₂₂D)

Allyl (methyl 3-*O*-benzyl-4-*O*-(4-methoxybenzyl)-α-L-idopyranosyluronate)-(1->4)-*O*-(2-azido-3,6-*O*-di-benzyl-2-deoxy-α-D-glucopyranosyl-)-(1->4)-*O*-(methyl2,3-*O*-di-benzyl-β-D-glucopyranosyluronate)-(1->4)-*O*-2-azido-3,6-*O*-di-benzyl-2-deoxy-α-D-glucopyranoside (T₂₃D)

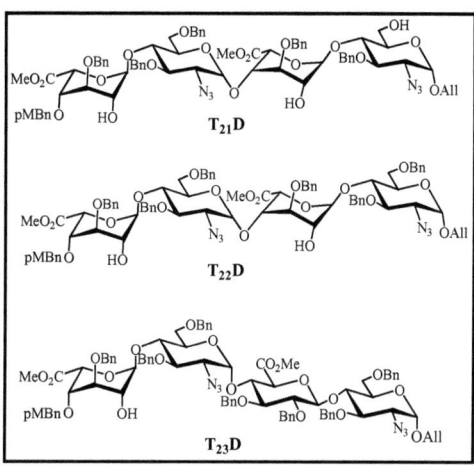

Tetrasaccharides T_{21}, T_{22} and T_{23} (100 mg, 0.064 mmol) were stirred for 18 h with K_2CO_3 (5 mg, 0.032 mmol, 0.5 eq) in MeOH (500 µL). The mixture was then neutralised with BioRad AG50W-X8 200 (H^+) resin, filtered and concentrated. The mixture was purified by Sephadex LH-20 chromatography (CH_2Cl_2/MeOH (1:1) to give 96 mg of a mixture of $T_{21}D$, $T_{22}D$ and $T_{23}D$.

HPLC The elution was performed at 1 mL/min with a linear water (5% CH_3CN) / CH_3CN gradient (10/90 to 5/95 over 10 min) followed by 17 min isocratic elution (5:95)

Retention time: $T_{21}D$ α 5.13 min β 5.55 min

$T_{22}D$ α 7.72 min

$T_{23}D$ α 14.5 min

IR (thin film, cm^{-1}): ν= 3653, 3493 ($ν_{O-H}$), 3062, 3030 ($ν_{C-H\ arom}$), 2923, 2855 ($ν_{C-H\ aliph}$), 2109 ($ν_{N3}$), 1764, 1743 ($ν_{C=O}$), 1586, 1514, 1497, 1453, 1366, 1302, 1252, 1212, 1156, 1101, 1028

33) Propyl (methyl 3-*O*-benzyl-4-*O*-(4-methoxybenzyl)-α-L-idopyranosyluronate)-(1->4)-*O*-(2-amino-3-*O*-benzyl-2-deoxy-α-D-glucopyranosyl-)-(1->4)-*O*-(methyl 3-*O*-benzyl-α-L-idopyranosyluronate)-(1->4)-*O*-2-amino-3-*O*-benzyl-2-deoxy-α-D-glucopyranoside ($T_{11}DR$)

Propyl (methyl 3-*O*-benzyl-4-*O*-(4-methoxybenzyl)-α-L-idopyranosyluronate)-(1->4)-*O*-(2-amino-3-*O*-benzyl-2-deoxy-α-D-glucopyranosyl-)-(1->4)-*O*-(methyl 3-*O*-benzyl-α-L-idopyranosyluronate)-(1->4)-*O*-(2-amino-3,6-*O*-di-benzyl-2-deoxy-α-D-glucopyranoside ($T_{12}DR$)

Propyl (methyl 3-*O*-benzyl-4-*O*-(4-methoxybenzyl)-α-L-idopyranosyluronate)-(1->4)-*O*-(2-amino-3-*O*-benzyl-2-deoxy-α-D-glucopyranosyl-)-(1->4)-*O*-(methyl 2,3-*O*-di-benzyl-4-*O*-β-D-glucopyranosyluronate)-(1->4)-*O*-(2-amino-3,6-*O*-di-benzyl-2-deoxy-α-D-glucopyranoside ($T_{13}DR$)

Tetrasaccharides $T_{11}D$, $T_{12}D$ and $T_{13}D$ (80 mg, 0.058 mmol) and catalyst Pd/BaSO$_4$ (43 mg) were dissolved in MeOH/THF (2 :1) (1.5 mL). Then pyridine was added (56 µL, 0.696 mmol, 12 eq). The flask containing the mixture was then put under vacuum and under H$_2$ atmosphere. After 24 h under H$_2$, the solution is concentrated. There is no further purification to get $T_{11}DR$, $T_{12}DR$ and $T_{13}DR$.

HPLC The elution was performed at 1 mL/min with a linear 5 mM AcOH-NEt$_3$ buffer (pH 7.0)/ CH$_3$CN gradient (10/90 to 5/95 over 10 min) followed by 17 min isocratic elution (5:95)

Retention time: $T_{11}DR$ α 4.00 min

$T_{12}DR$ α 5.00 min

$T_{13}DR$ α 8.41 min β 7.79 min

IR (thin film, cm^{-1}): ν= 3648, 3375 ($ν_{O-H}$), 3063, 3031 ($ν_{C-H\ arom}$), 2924, 2853 ($ν_{C-H\ aliph}$), 1742 ($ν_{C=O}$), 1585, 1540, 1514, 1497, 1455, 1374, 1302, 1250, 1213, 1099, 1026

34) Propyl (methyl 3-*O*-benzyl-4-*O*-(4-methoxybenzyl)-α-L-idopyranosyluronate)-(1->4)-*O*-(2-amino-3,6-*O*-di-benzyl-2-deoxy-α-D-glucopyranosyl-)-(1->4)-*O*-(methyl 3-*O*-benzyl-α-L-idopyranosyluronate)-(1->4)-*O*-2-amino-3-*O*-benzyl-2-deoxy-α-D-glucopyranoside ($T_{21}DR$)

Propyl (methyl 3-*O*-benzyl-4-*O*-(4-methoxybenzyl)-α-L-idopyranosyluronate)-(1->4)-*O*-(2-amino-3,6-*O*-di-benzyl-2-deoxy-α-D-glucopyranosyl-)-(1->4)-*O*-(methyl 3-*O*-benzyl-α-L-idopyranosyluronate)-(1->4)-*O*-2-amino-3,6-*O*-di-benzyl-2-deoxy-α-D-glucopyranoside (T$_{22}$DR)

Propyl (methyl 3-*O*-benzyl-4-*O*-(4-methoxybenzyl)-α-L-idopyranosyluronate)-(1->4)-*O*-(2-amino-3,6-*O*-di-benzyl-2-deoxy-α-D-glucopyranosyl-)-(1->4)-*O*-(methyl 2,3-*O*-di-benzyl-β-D-glucopyranosyluronate)-(1->4)-*O*-2-amino-3,6-*O*-di-benzyl-2-deoxy-α-D-glucopyranoside (T$_{23}$DR)

Tetrasaccharides T$_{11}$D, T$_{12}$D and T$_{13}$D (85 mg, 0.058 mmol) and catalyst Pd/BaSO$_4$ (43 mg) were dissolved in MeOH/THF (2:1) (1.5 mL). Then pyridine was added (56 μL, 0.696 mmol, 12 eq). The flask containing the mixture was then put under vacuum and under H$_2$ atmosphere. After 24 h under argon, the solution is concentrated. There is no further purification to get T$_{21}$DR, T$_{22}$DR and T$_{23}$DR.

HPLC The elution was performed at 1 mL/min with a linear 5 mM AcOH-NEt$_3$ buffer (pH 7.0)/ CH$_3$CN gradient (10/90 to 5/95 over 10 min) followed by 17 min isocratic elution (5:95)

Retention time: T$_{21}$DR α 5.37 min
T$_{22}$DR α 6.97 min
T$_{23}$DR α 12.5 min β 7.79 min

IR (thin film, cm^{-1}): ν = 3648, 3376 (ν$_{O-H}$), 3063, 3031 (ν$_{C-H\ arom}$), 2924, 2853 (ν$_{C-H\ aliph}$), 1742 (ν$_{C=O}$), 1585, 1558, 1540, 1514, 1497, 1455, 1364, 1302, 1251, 1212, 1099, 1026

35) Propyl (methyl 3-*O*-benzyl-4-*O*-(4-methoxybenzyl)-2-*O*-sulfonato-α-L-idopyranosyluronate)-(1->4)-*O*-(3-*O*-benzyl-2-deoxy-2-sulfamino-6-*O*-sulfonato-α-D-glucopyranosyl-)-(1->4)-*O*-(methyl 3-*O*-benzyl-2-*O*-sulfonato-α-L-idopyranosyluronate)-(1->4)-*O*-3-*O*-benzyl-2-deoxy-2-sulfamino-6-*O*-sulfonato—α-D-glucopyranoside hexasodium salt (T$_{11}$DRS)

Propyl (methyl 3-*O*-benzyl-4-*O*-(4-methoxybenzyl)-2-*O*-sulfonato-α-L-idopyranosyluronate)-(1->4)-*O*-(3-*O*-benzyl-2-deoxy-2-sulfamino-6-*O*-sulfonato-α-D-glucopyranosyl-)-(1->4)-*O*-(methyl 3-*O*-benzyl-2-*O*-sulfonato-α-L-idopyranosyluronate)-(1->4)-*O*-(3,6-*O*-di-benzyl-2-deoxy-2-sulfamino-α-D-glucopyranoside pentasodium salt (T$_{12}$DRS)

Propyl (methyl 3-*O*-benzyl-4-*O*-(4-methoxybenzyl)-2-*O*-sulfonato-α-L-idopyranosyluronate)-(1->4)-*O*-(3-*O*-benzyl-2-deoxy-2-sulfamino-6-*O*-sulfonato-α-D-glucopyranosyl-)-(1->4)-*O*-(methyl 2,3-*O*-di-benzyl-4-*O*-

β-D-glucopyranosyluronate)-(1->4)-*O*-(3,6-*O*-di-benzyl-2-deoxy-2-sulfamino-α-D-glucopyranoside tetrasodium salt (T₁₃DRS)

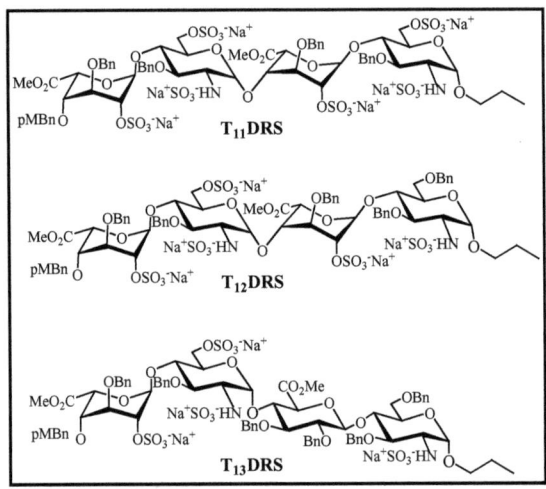

Sulfur trioxide pyridine complex (274 mg, 1.72 mmol, 30 eq) was added to a solution of tetrasaccharides T₁₁DR, T₁₂DR and T₁₃DR (73 mg, 0.057 mmol) in pyridine (3.5 mL). The mixture was protected from the light, stirred for 30 h at room temperature and 15 h at 50°C. MeOH and NEt₃ were then added to quench the reaction. The resulting mixture was stirred for 1 h at room temperature and purified by Sephadex LH-20 chromatography (CH₂Cl₂/MeOH (1:1), followed by ion exchange on BioRad AG50W-X8 200 (Na⁺, 2 mL) resin to give T₁₁DRS, T₁₂DRS and T₁₃DRS.

HPLC The elution was performed at 1 mL/min with a linear 5 mM AcOH-NEt₃ buffer (pH 7.0)/ CH₃CN gradient (90/10 to 70/30 over 15 min) followed by 5 min isocratic elution (70/30) followed by gradient (70/30 to 0/100 over 5 min)

Retention time: $T_{11}DRS$ α 12.2 min

$T_{12}DRS$ α 15.8 min

$T_{13}DRS$ α 20.3 min β 21.3 min

36) **Propyl (methyl 3-*O*-benzyl-4-*O*-(4-methoxybenzyl)-2-*O*-sulfonato-α-L-idopyranosyluronate)-(1->4)-*O*-(3,6-*O*-di-benzyl-2-deoxy-2-sulfamino-α-D-glucopyranosyl-)-(1->4)-*O*-(methyl 3-*O*-benzyl-2-*O*-sulfonato-α-L-idopyranosyluronate)-(1->4)-*O*-3-*O*-benzyl-2-deoxy-2-sulfamino-6-*O*-sulfonato-α-D-glucopyranoside pentasodium salt ($T_{21}DRS$)**

Propyl (methyl 3-*O*-benzyl-4-*O*-(4-methoxybenzyl)-2-*O*-sulfonato-α-L-idopyranosyluronate)-(1->4)-*O*-(3,6-*O*-di-benzyl-2-deoxy-2-sulfamino-α-D-glucopyranosyl-)-(1->4)-*O*-(methyl 3-*O*-benzyl-2-*O*-sulfonato-α-L-idopyranosyluronate)-(1->4)-*O*-3,6-*O*-di-benzyl-2-deoxy-2-sulfamino-α-D-glucopyranoside tetrasodium salt ($T_{22}DRS$)

Propyl (methyl 3-*O*-benzyl-4-*O*-(4-methoxybenzyl)-2-*O*-sulfonato-α-L-idopyranosyluronate)-(1->4)-*O*-(3,6-*O*-di-benzyl-2-deoxy-2-sulfamino-α-D-glucopyranosyl-)-(1->4)-*O*-(methyl 2,3-*O*-di-benzyl-β-D-glucopyranosyluronate)-(1->4)-*O*-3,6-*O*-di-benzyl-2-deoxy-2-sulfamino-α-D-glucopyranoside trisodium salt ($T_{23}DRS$)

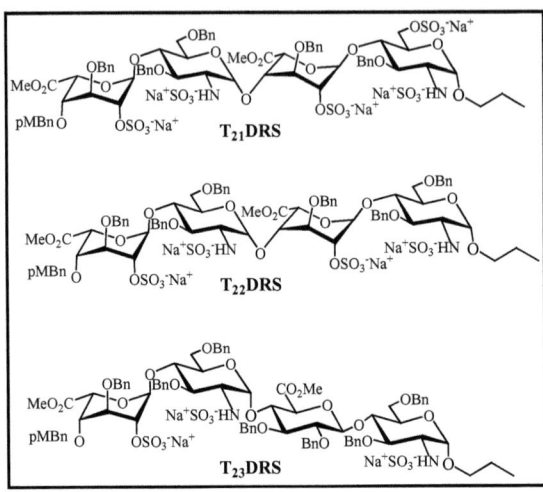

Sulfur trioxide pyridine complex (200 mg, 1.27 mmol, 25 eq) was added to a solution of tetrasaccharides $T_{21}DR$, $T_{22}DR$ and $T_{23}DR$ (76 mg, 0.051 mmol) in pyridine (3 mL). The mixture was protected from the light, stirred for 30 h at room temperature and 15 h at 50°C. MeOH and NEt_3 were then added to quench the reaction. The resulting mixture was stirred for 1 h at room temperature and purified by Sephadex LH-20 chromatography (CH_2Cl_2/MeOH (1:1), followed by ion exchange on BioRad AG50W-X8 200 (Na^+, 2 mL) resin to give $T_{21}DRS$, $T_{22}DRS$ and $T_{23}DRS$.

HPLC The elution was performed at 1 mL/min with a linear 5 mM AcOH-NEt_3 buffer (pH 7.0)/ CH_3CN gradient (90/10 to 70/30 over 15 min) followed by 5 min isocratic elution (70/30) followed by gradient (70/30 to 0/100 over 5 min)

Retention time: $T_{21}DRS$ α 15.5 min

$T_{22}DRS$ α 18.3 min

$T_{23}DRS$ non identified

37) Propyl (3-*O*-benzyl-4-*O*-(4-methoxybenzyl)-2-*O*-sulfonato-α-L-idopyranosyluronate)-(1->4)-*O*-(3-*O*-benzyl-2-deoxy-2-sulfamino-6-*O*-sulfonato-α-D-glucopyranosyl-)-(1->4)-*O*-(3-*O*-benzyl-2-*O*-sulfonato-α-L-idopyranosyluronate)-(1->4)-*O*-3-*O*-benzyl-2-deoxy-2-sulfamino-6-*O*-sulfonato–α-D-glucopyranoside octasodium salt (T_{11}DRSSa)

Propyl (3-*O*-benzyl-4-*O*-(4-methoxybenzyl)-2-*O*-sulfonato-α-L-idopyranosyluronate)-(1->4)-*O*-(3-*O*-benzyl-2-deoxy-2-sulfamino-6-*O*-sulfonato-α-D-glucopyranosyl-)-(1->4)-*O*-(3-*O*-benzyl-2-*O*-sulfonato-α-L-idopyranosyluronate)-(1->4)-*O*-(3,6-*O*-di-benzyl-2-deoxy-2-sulfamino-α-D-glucopyranoside heptasodium salt (T_{12}DRSSa)

Propyl (3-*O*-benzyl-4-*O*-(4-methoxybenzyl)-2-*O*-sulfonato-α-L-idopyranosyluronate)-(1->4)-*O*-(3-*O*-benzyl-2-deoxy-2-sulfamino-6-*O*-sulfonato-α-D-glucopyranosyl-)-(1->4)-*O*-(2,3-*O*-di-benzyl-4-*O*-β-D-glucopyranosyluronate)-(1->4)-*O*-(3,6-*O*-di-benzyl-2-deoxy-2-sulfamino-α-D-glucopyranoside hexasodium salt (T_{13}DRSSa)

Tetrasaccharides **T₁₁DRS**, **T₁₂DRS** and **T₁₃DRS** (100 mg, 0.053 mmol) were dissolved in THF (300 μL), nBuOH (300 μL). Then H_2O_2 (35% in water, 0.76 mL, 8.76 mmol) and LiOH (solution 1.25 M, 0.62 mL) were added at 0°C. After 3 h at 0°C, KOH (solution 3.5 M, 830 μL) was added. The mixture was then stirred at room temperature and KOH was successively added after 23 h (360 μL), 32 h (360 μL), 49 h (360 μL). After 57 h, the solution was quenched with H_3PO_4 2 M (3 ml). Solvents were concentrated and tetrasaccharides **T₁₁αDRSSa** (21 mg), **T₁₂αDRSSa** (17 mg) and **T₁₃αβDRSSa** (4 mg) were purified and separated by RP-flash chromatography (5 mM AcOH-NEt₃ (pH 7.0)/MeOH (38:2 to 26:14)), followed by ion exchange on BioRad AG50W-X8 200 (Na^+, 1 mL) resin after removal of AcOH-NEt₃ salts by lyophilisation (2*1 mL H_2O).

HPLC The elution was performed at 1 mL/min with a linear 5 mM AcOH-NEt₃ buffer (pH 7.0)/ CH_3CN gradient (90/10 to 70/30 over 15 min) followed by 5 min isocratic elution (70/30) followed by gradient (70/30 to 0/100 over 5 min)

Retention time: T₁₁DRSSa α 3.55 min
                  T₁₂DRSSa α 10.7 min
                  T₁₃DRSSa α 18.4 min β 18.9 min

38) **Propyl** **(3-*O*-benzyl-4-*O*-(4-methoxybenzyl)-2-*O*-sulfonato-α-L-idopyranosyluronate)-(1->4)-*O*-(3,6-*O*-di-benzyl-2-deoxy-2-sulfamino-α-D-glucopyranosyl-)-(1->4)-*O*-(3-*O*-benzyl-2-*O*-sulfonato-α-L-idopyranosyluronate)-(1->4)-*O*-3-*O*-benzyl-2-deoxy-2-sulfamino-6-*O*-sulfonato-α-D-glucopyranoside heptasodium salt (T₂₁DRSSa)**

Propyl **(3-*O*-benzyl-4-*O*-(4-methoxybenzyl)-2-*O*-sulfonato-α-L-idopyranosyluronate)-(1->4)-*O*-(3,6-*O*-di-benzyl-2-deoxy-2-sulfamino-**

α-D-glucopyranosyl-)-(1->4)-*O*-(3-*O*-benzyl-2-*O*-sulfonato-α-L-idopyranosyluronate)-(1->4)-*O*-3,6-*O*-di-benzyl-2-deoxy-2-sulfamino-α-D-glucopyranoside hexasodium salt (T$_{22}$DRSSa)

Propyl (3-*O*-benzyl-4-*O*-(4-methoxybenzyl)-2-*O*-sulfonato-α-L-idopyranosyluronate)-(1->4)-*O*-(3,6-*O*-di-benzyl-2-deoxy-2-sulfamino-α-D-glucopyranosyl-)-(1->4)-*O*-(2,3-*O*-di-benzyl-β-D-glucopyranosyluronate)-(1->4)-*O*-3,6-*O*-di-benzyl-2-deoxy-2-sulfamino-α-D-glucopyranoside pentasodium salt (T$_{23}$DRSSa)

Tetrasaccharides T$_{21}$DRS, T$_{22}$DRS and T$_{23}$DRS (100 mg, 0.050 mmol) were dissolved in THF (300 μL), nBuOH (300 μL). Then H$_2$O$_2$ (35% in water, 0.76 mL, 8.76 mmol) and LiOH (solution 1.25 M, 0.62 mL) were added at 0°C. After 3 h at 0°C, KOH (solution 3.5 M, 830 μL) was added. The mixture was then stirred at room temperature and KOH was successively added after 23 h (360 μL), 32 h (360 μL), 49 h (360 μL). After 57 h, the solution was quenched with H$_3$PO$_4$ 2 M (3 ml). Solvents were concentrated and tetrasaccharides T$_{21α}$DRSSa (18 mg), T$_{22α}$DRSSa (21 mg) and **T$_{23\alpha\beta}$DRSSa** (9 mg) were purified and separated by RP-flash chromatography (5 mM AcOH-NEt$_3$ (pH 7.0)/MeOH (38:2 to 26:14)), followed by ion exchange on BioRad AG50W-X8 200 (Na$^+$, 1 mL) resin after removal of AcOH-NEt$_3$ salts by lyophilisation (2*1 mL H$_2$O).

HPLC The elution was performed at 1 mL/min with a linear 5 mM AcOH-NEt$_3$ buffer (pH 7.0)/ CH$_3$CN gradient (90/10 to 70/30 over 15 min) followed by 5 min isocratic elution (70/30) followed by gradient (70/30 to 0/100 over 5 min)

Retention time: T$_{21}$DRSSa α 9.97 min
T$_{22}$DRSSa α 12.5 min
T$_{23}$DRSSa α non identified

REFERENCES BIBLIOGRAPHIQUES

1) a : T.E. Hardingham, A.J. Fosang, *Faseb Journal* **1992**, *6*, 861
   b : L. A. Fransson, *TIBS*, **1987**, *12*, 406
   c : C. Praillet, J.-A. Grimaud, H. Lortat-Jacob, *Médecines : sciences* **1998**, *14*, 412

2) a : J. A Rada, P. K. Cornuet, J.R. Hassel, *Exp. Eye Res.* **1993**, 56, *6*, 635-648
   b : D.R. Friedlander, P.Milev, L.Karthikeyan, R.K.Margolis, M.J. Grumet, *Cell. Biol.* **1994**, *125*, 669

3) a : J.J. Feige and A. Baird, *Med. Sci.* **1992**, *8*, 805
   b : C.Nathan, M. Sporn, *J. Cell. Biol.* **1991**, *113*, 981

4) R. N. Feinberg, D. Beebe, *Science*, **1983**, *220*, 1170-1179

5) D. C.West, I. N.Hampson, F. Arnold, S. Kumar, *Science,* **1985**, *228*, 1324-1326

6) S. Jalkanen, M.Jalkanen, *J. Cell. Biol.,* **1992**, 116, 817-825

7) S. L. Carney, M. E. Billingham, B. Caterson, A. Ratcliffe, M. T. Bayliss, T. E. Hardingham, H. Muir, *Matrix,* **1992**, 137-147

8) J. Aikawa, M. Isemura, H. Munakata, N. Ototani, C. Kodoma, N. Hayashi, K. Kurosawa, K. Yoshinaga, K. Tada, Z. Yosizawa, *Biochim. Biophys. Acta,* **1986**, *883,*83-90

9) D. Lander, *Current Opin. Neurobiol.,* **1993**, *3*, 716-723

10) A. M. Maimone, D. M. Tollefsen, *J. Biol. Chem.*, **1990**, *265*, 18263-18271

11) R. J. Linhardt, U. R. Desai, J. Liu, A. Pervin, D. Hoppenstaedt, J. Fareed, *J. Biochem. Pharmacol.*, **1994,** *47*, 1241-1252

12) M. Santra, I. Eichstetter, R. V. Iozzo, *J. Biol. Chem.*, **2000***, 275*, 35153-35161

13) M. Lyon, J. A. Deakin, H. Rahmoune, D. G. Fernig, T. Nakamura, J. T. Gallagher, *J. Biol. Chem.*, **1998**, *273*, 271-278

14) S. F. Penc, B. Pomahac, T. Winkler, R. A. Dorschner, E. Eriksson, M. Herndon, R. L. Gallo, *J. Biol. Chem.*, **1998**, *273*, 28116-28121

15) I. Capila, R. J. Linhardt, *Angew. Chem. Int. Ed. Engl.*, **2002**, *41*, 390-412

16) H. C. Hemker, A. M. Fisher, P. Cornu, *Héparines*, 1980-1987

17) a : C.A.A. van Boeckel, M. Petitou *Angew. Chem. Int. Ed. Engl.*, **1993**, *32*, 1671-1690

b : M. Petitou and C. A. A. van Boeckel *Angew. Chem. Int. Ed. Engl.*, **2004**, *43*, 3118-3133

18) S. Kobayashi, H. Morii, R. Itoh, S. Kimura, M. Ohmae, *J. Am. Chem. Soc.*, **2001**, *123*, 11825-11826

19) M. Bernfield, M. Götte, P. W. Park, O. Reizes, M. L. Fitgerald, J. Lincecum, M. Zako, *Annu. Rev. Biochem*, **1999**, *68*, 729-777

20) a : R. J. Linhardt, *Chem. Ind.* **1991**, *2*, 45-50

b: L. Roden, *Heparin : Chemical and Biological Properties*, (Eds.:D. A. Lane, U. Lindahl), CRC,**1989**, 1-24

21) H. W. Howell, *Bull. Johns Hopkins Hosp.* **1928**, *42*, 199

22) E. Jorpes, S. Bergstrom, *Z. Physiol. Chem.* **1936**, *244*, 253-256

23) A. F. Charles, A. R. Todd, *Biochem. J.* **1940**, *34*,112-118

24) A. S. Perlin, M. Mazurek, L. B. Jacques, L. W. Kavanaugh, *Carbohydr. Res.* **1968**, *7*, 369-379

25) a : L. Roden, D. S. Feingold, *Trends Biochem. Sci.* **1985**, *10*, 407-409

b : C. H. Best, *Circulation* **1959**, *19*, 79

26) a : J. Choay, J. C. Lormeau, M. Petitou, P. Sinaÿ, J. Fareed, *Ann. N. Y. Acad. Sci.* **1981**, *370*, 644-649

b : R. Pixley, I. Danishefsky, *Thromb. Res.* **1982**, *26*, 129-133

27) R. J. Linhardt, N. S. Gunay, *Semin. Thromb. Hemostasis* **1999**, *25*, 5-16

28) R. D. Rosenberg, P. S. Damus, *J. Biol. Chem.* **1973**, *248*, 6490-6505

29) a : U. Lindahl, G. Bäckström, M. Höök, L. Thunberg, L.-A. Fransson, A. Linker, *Proc Natl. Acad. Sci.* USA **1979**, *76*, 3198-3202

b : R. D. Rosenberg, L. Lam, *Proc Natl. Acad. Sci.* USA **1979**, *76*, 1218-1222

30) a : B. Casu, *Adv. Carbohydr. Chem. Biochem.* **1985**, *43*, 51-134

b : W. D. Comper, *Heparin and Related Polysaccharides*, Vol. 7, Gordan and Breach, **1981**

31) C. C. Griffin, R. J. Linhardt, C. L. VanGorp, T. Toida, R. E. Hileman, R. L. Schubert, S. E. Brown, *Carbohydr. Res.* **1995**, *276*, 183-197

32) a : J. T. Gallagher, J. E. Turnbull, M. Lyon, Adv. *Exp. Med. Biol.*, **1992**, *313*, 49-53

b : M. Bernfield, R. Kokeyesi, M. Kato, M. T. Hinkes, J. Spring, R. L. Gallo, E. J. Lose, *Annu. Rev. Cell. Biol.* **1992**, *8*, 365-393

33) U. Lindahl, K. Lindholt, D. Spillmann, L. Kjellen, *Thromb. Res.*, **1994**, *75*, 1-32

34) Mulloy, B., Forster, M. J., Jones, C., Davies, D. B., *Biochem. J.*, **1993**, *293*, 849-858

35) B. Mulloy, R. J. Linhardt, *Curr. Struct., Biol.*, **2001**, *11*, 623-628

36) B. Casu, *Haemostasis*, **1990**, *20*, 62-73

37) a : U. R. Dasai, H. M. Wang, T. R. Kelly, R. J. Linhardt, *Carbohydr. Res.*, **1993**, *241*, 249-259

b : G. Torri, B. Casu, G. Gatti, M. Petitou, J. Choay, J.-C. Jacquinet, P. Sinaÿ, *Biochem. Biophys. Res. Commun.*, **1985**, *128*, 134-140

37) 8P. N. Sanderson, T. N. Huckerby, I. A. Nieduszynski, *Biochem. J.*, **1987**, *243*, 175-181

39) a : D. R. Ferro, A. Provasoli, M. Ragazzi, G.Torri, B. Casu, J.-C. Jacquinet, P.,M. Sinaÿ, M. Petitou , J. Choay, , *J. Am. Chem. Soc.*, **1986**, *108*, 6773-6778

b : C. A. van Boeckel, S. F. van Aelst, G. N.Wagenaars, J.-R. Mellema, H. Paulsen, T. Peters, A. Pollex, V. Sinnwell, *Recl. Trav. Chim.* Pays Bas **1987**, *106*, 19-29

40) R. E. Hileman, R. N. Jennings, R. J. Linhardt, *Biochemistry* **1998**, *37*, 15231-15237

41) a : U. Lindahl, G. Bäckström, M. Höök, L. Thunberg, I. G. Leder, *Proc Natl. Acad. Sci.* USA **1980**, *77*, 6551-6555

42) G.-J. Boons and K. J. Hale, *Organic synthesis with carbohydrates*, **2000**, 110-120

43) a : M. Haller, G.-J. Boons, *J. Chem. Soc. Perkin Trans. 1*, **2001**, 814-822

b : K. M. Koeller, M. E. B. Smith, C.-H. Wong, *Bioorg. Med. Chem. Lett.*, **2000**, *8*, 1017-1025

c : M. Martin Lomas, M. Flores Masquera, J. L. Chiara, *Eur. J. Org. Chem.* **2000**, 1547-1562

44) a : C.A.A. van Boeckel, T. Beetz, S. F. Aelst, *Tetrahedron,***1984**, *40,* 4097

b : C.A.A. van Boeckel, T. Beetz, *Recl. Trav. Chim. Pays Bas*,**1985**, *104*, 171

45) a : D. R. Mootoo, P. Konradsson, U. Udodong, B. Freiser-Reid, *J. Am. Chem. Soc.*, **1998**, *120,* 5583-5584

b : X.-S. Yen, C.-H. Wong, *J. Org. Chem.*, **2000**, *65*, 2410-2431

46) a : L. Green, B. Hinzen, S. J. Hince, P. Langer, S. V. Ley, S. L. Warriner, *Synlett,* **1998,** 440-442

b : S. V. Ley, H. W. M., *Angew. Chem.,* **1994**, *106,* 2412; *Angew. Chem.*, **1994**, *33*, 2292-2294

c : D. Crich, S. Sun, *J. Am. Chem. Soc.*, **1998**, *120,* 435-436

d : D. Crich, W. Cai, Z. Dai, *J. Org. Chem.*, **2000,** 65, 1291-1297

e : R. Weingart, R. R. Schmidt, *Tetrahedron Lett.,* **2000**, *41*, 8753-8758

47) a : G.-J. Boons, *Carbohydrate Chemistry*, Blackie Academic and Professionel, London, **1998**

b: P. Collins, R. Ferrier, *Monosaccharides*, Wiley, New York, **1995**

c : A. H. Haines, *Adv. Carbohydr. Chem. Biochem.*, **1976**, *33*, 11-109

48) a : N. M. Spijker, C.A.A. van Boeckel, *Angew. Chem.* **1991**, *103*, 179-182; *Angew. Chem. Int. Ed.*, **1991**, *30*, 180-183

b : N. M. Spijker, J. E. M. Basten, C.A.A. van Boeckel, *Recl. Trav. Chim. Pays Bas*,**1993**, 112, 611-617

49) G. J. S. Lohman and P. H. Seeberger, *J. Org Chem.*, **2004**, 2107-2117

50) H. A. Orgueira, A. Bartolozzi, P. Schell, P. H. Seeberger, *Angew. Chem. Int. Ed.* **2002**, *41*, 2128-2131

51) T. Chiba, P. Sinaÿ, *Carbohydr. Res.*, **1986**, *151*, 379-389

52) H . G. Bazin, R. J. Kerns, R. J. Linhardt, *Tetrahedron Lett.*, **1997**, *38*, 923-926

53) A. Lubineau, O. Gavard, J. Alais, D. Bonnaffé, *Tetrahedron Lett.*, **2000**, *41*, 307-311

54) I. R. Vlahov, R. J. Linhardt, *Tetrahedron Lett.*, **1995**, *36*, 8379-8382

55) P. Schell, H. A. Ogueira, S. Roehig, P. H. Seeberger, *Tetrahedron Lett.*, **2001**, *42*, 3811-3814

56) T. Chiba, J. C. Jacquinet, P. Sinaÿ, M. Petitou, J. Choay, *Carbohydr. Res.*, **1988**, *174*,253-264

57) L. Rochepeau-Jobon, J. C. Jacquinet, *Carbohydr. Res.*, **1997**, *303*, 395-406

58) C. A. van Boeckel, T Beetz, J. N. Vos, A. J. M. de Jong, S. F. van Aelst, R. H. van den Bosch, J. M. R. Mertens, R. A. van der Vlught, *J. Carbohydr. Chem.*, **1985**, *4*, 293-321

59) N. Barroca, J. C. Jacquinet, *Carbohydr. Res.*, **2000**, *329*, 667-679

60) R. R. Schmidt, *Angew. Chemie*, **1986**, *98*, 213-236

61) N. A. Karst and R. J. Linhardt, *Current Medicinal Chemistry*, **2003**, *10*, 1993-2031

62) T. Slaghek, Y. Nakahara, T. Ogawa, Tetrahedron Lett., 1992, 33, 4971-4974

63) T. Slaghek, Y. Nakahara, T. Ogawa, J. P. Kamerling, F. G. Vliegenthart, *Tetrahedron Lett.*, **1993**, *34*, 7939

64) K. M. Halkes, T. Slaghek, T. K. Hyppönen, P. H. Kruiskamp, T. Ogawa, J. P. Kamerling, F. G. Vliegenthart, *Carbohydr. Res.*, **1998**, *309*, 161-174

65) G. Blatter, J.-C. Jacquinet, *Carbohydr. Res.*, **1996**, *288*, 109-125

66) B. K. S. Yeung, D. C. Hill, M. Janicka, P.A. Petillo, *Org. Lett.*, **2000**, *2*, 1279-1282

67) C. Coutant, J.-C. Jacquinet, *J. Chem. Soc. Perkin Trans.*, **1995**, *1*, 1573-1581

68) J.-C. Jacquinet, *Abstracts 20th Intern. Carbohydr. Symp.*, Hambourg, **2000**, B-118

69) J.-C. Jacquinet, L. Rochepeau-Jobron, J. P. Combral, *Carbohydr. Res.*, **1998**, *314*, 283-288

70) J. I. Tamura, K. W. Neumann, S. Kurono, T. Ogawa, *Carbohydr. Res.*, **1998**, *305*, 43-63

71) J. I. Tamura, K. W. Neumann, T. Ogawa, T. *Bioorg. Med. Chem. Lett.*, **1995**, *5*, 1351-1354

72) A. Lubineau, D. Bonnaffé, Eur. J. Org. Chem., 1999, 2523-2532

73) N. Karst, J.-C. Jacquinet, J. Chem. Soc. Perkin Trans., 2000, 1, 2709-2717

74) N. Karst, J.-C. Jacquinet, Eur. J. Org. Chem., 2002, 815-825

75) A. Marrat, X. Dong, M. Petitou, P. Sinaÿ, *Carbohydr. Res.*, **1989**, *195*, 39-50

76) C. Tabeur, F. Machetto, J.-M. Mallet, P. Duchaussoy, M. Petitou, P. Sinaÿ *Carbihydr. Res.*, **1996**, *281*, 253-276

76) F. Goto, T. Ogawa, *Bioorg. Med. Chem. Lett.*, **1994**, *4*, 619-624

77) P. Bourhis, F. Machetto, P. Duchaussoy, J.-P. Hérault, J.-M. Mallet, J.-M. Herbert, M. Petitou, P. Sinaÿ, *Bioorg. Med. Chem. Lett.*, **1997**, *7*, 2843-2846

79) N. Barroca, J.-C. Jacquinet, *Carbohydr. Res.*, **2002**, *337*, 673-689

80) A. Lubineau, H. Lortat-Jacob, O. Gavard, S. Sarrazin, D. Bonnaffé, *Chem. Eur. J.*, **2004**, 4265-4282

81) L. Poletti, M. Fleischer, C. Vogel, M. Guerrini, G. Torri, L. Lay, *Eur. Org. Chem.*, **2001**, 2727-2734

82) J.-L. de Paz, J. Angulo, J.-M. Lassaletta, P. M. Nieto, M. Redondo-Horcajo, R. M. Lozano, G. Gimenez-Gallego, M. Martin Lomas, *Chembiochem.*, **2001**, *2*, 673-685

83) Y. Suda, K. Bird, T. Shiyama, S. Koshida, D. Marques, K. Fukase, M. Sobel, S. Kusumoto, *Tetrahedron. Lett.*, **1996**, *37*, 1053-1056

84) A. Barkley, P. Arya, *Chem. Eur. J.*, **2001**, *7*, 555-563

85) a : R. A. Dwek, *Chem. Rev.*, **1996**, *96*, 883

b : A. Varki, Glycobiology, **1993**, *3*, 97

86) a : E. Athertyon, R. C. Sheppard, *Solid phase peptide synthesis: A practical approach*; Oxford University Press: Oxford, **1989**

b : Nobel lecture: R. B. Merrifield, *Angew. Chem. Int. Ed. Engl.* **1985**, *24*, 799-810

87) M. H. Caruthers, *Science*, **1985**, *230*, 281-285

88) R. B. Merrifield, *J. Am. Chem. Soc.*, **1963**, *85*, 2149-2150

89) a : A. Malik, H. Bauer, J. Tschakert, W. Voelter, *Chemiker-Z*, **1990**, *114*, 371-375

b : J. M. J. Fréchet, *In Polymer-supported Reactions in Organic Synthesis*, P. Hodge, D. C. Sherrington, Eds., Wiley: Chistester, **1980**, pp 407-434

90) J. M. J. Fréchet, C. Schuerch, *J. Am. Chem. Soc.*, **1971**, *93*, 492-496

91) U. Zehavi, A. Patchornik, A., *J. Am. Chem. Soc.*, **1973**, *95*, 5673-5677

92) A. Schleyer, M. Meldal, R. Manat, H. Paulsen, K. Bock, *Angew. Chem., Int. Ed. Engl.,* **1997**, *36*, 1976-1977

93) M. Grotli, C. H. Gotfredsen, J. Rademann, J. Buchardt, A. J. Clark, D. O. Duus, M. Meldal, *J. Comb. Chem.* **2000**, *2*, 108-119

94) J. Rademann, M. Grotli, M. Meldal, K. Bock, *J. Am. Chem. Soc.*, **1999**, *121*, 5459-5466

95) J. Buchardt, M. Meldal, *Tetrahedron Lett.*, **1998**, *39*, 8695-8696

96) a : P. Wentworth, K. D. Janda, *Chem. Commun.* **1999**, 1918-1924

   b : D. Gravert, K. D. Janda, *Chem. Rev.*, **1997,** *97,* 489-509

   c : J. J. Krepinsky, *In Modern Methods in Carbohydrate Synthesis*, S. H. Khan, R. A. O'Neill, Eds, Harwood Academic Publishers : Amsterdam, **1996**, 194-224

97) a : S. J. Danishefsky, K. F. McClure, J. T. Randolph, R. B. Ruggeri, *Science*, **1993**, *260*, 1307-1309

   b : T.-H. Chan, W.-Q. Huang, *J. Chem. Soc Chem. Commun.*, **1985**, 909-911

   c : J. T. Randolph, K. F. McClure, S. J. Danishefsky, *J. Am. Chem. Soc.*, **1995**, *117,* 5712-5719

   d : J. T. Randolph, S. J. Danishefsky, *Angew. Chem. Int. Ed. Engl.*, **1994**, *33,* 1470-1473

98) D. Kahne, S. Walker, Y. Cheng, D. Van Engen, *J. Am. Chem. Soc.,* **1989**, *111*, 6881-6882

99) R. Liang, L. Yan, J. Loebach, M. Ge, Y. Uozumi, K. Sekanina, N. Horan, J. Gildersleeve, C. Thompson, A. Smith, K. Biswas, W. Still, D. Kahne, *Science,* **1996**, *274*, 1520-1522

100) R. Schmidt, W. Kinzy, *Adv. Carbohydr. Chem. Biochem.*, **1994**, *50*, 21-123

101) a : J. Randemann, R. Schmidt, *J. Org. Chem.* **1996**, *62*, 3650-3653

   b : J. Randemann, R. Schmidt, *Tetrahedron Lett.*, **1996**, *37*, 3989-3990

102) C. M. Dreef-Tromp, H. A. M. Willems, P. Westerduin, P. van Veelen, C. A. A. van Boeckel, *Bioorg. Med. Chem. Lett.* **1997**, *7*, 1175-1180

103) a : O. Kanie, Y. Ito, T. Ogawa, *J. Am. Chem. Soc.*, **1994**, *116*, 12073-12074

b : O. Kanie, T. Ogawa, Y. Ito, *J. Synth. Chem.*, Jpn. **1998**, *56*, 952-962

c : Y. Ito, S. Manabe, *Curr. Opin. Chem. Biol.* **1998**, *2*, 701-708

104) Y. Ito, T. Ogawa, *J. Am. Chem. Soc.*, **1997**, *119*, 5562-5566

105) P. H. Seeberger and W.-C. Haase, *Chemical Reviews*, **2000**, *100*, 4349- 4393

106) a : P. M. St Hilaire, M. Meldal, *Angew. Chem. Int. Ed.*, **2000**, *39*, 1162-1179

b : T. Kanemitsu, O. Kanie, *Trends Glycosci. Glycotechnol.*, **1999**, *61*, 267- 276

c : F. Schweitzer, O. Hindsgaul, O. *Curr. Opin. Chem. Biol.*, **1999**, *3*, 291-298

d : M. J. Sofia, D. J. Silva, *Curr. Opin. Drug Discuss Dev.*, **1999**, *2*, 365-376

e : M. Sofia, *Mol. Diversity*, **1998**, *3*, 75-94

f : Z. G. Wang, , O. Hindsgaul, In *Glycoimmunology 2*; Ed.; Plenum Press:New York, **1998**, 219-236

g : M. J. Sophia, *Med. Chem. Res.*, **1998**, *8*, 362-378

h : C. M. Taylor, In *Combinatorial Chemistry-Synthesis And Application*, S. T. Wilson, A. W. Czarnik, Eds., John Wiley and Sons: New York, **1997**, 207-224

I : P. Arya, R. N. Ben, *Angew. Chem. Int. Ed.* **1997**, *36*, 1280-1282

J : D. Kahne, *Curr. Opin. Chem. Biol.*, **1997**, *1*, 130-135

K : M. J. Sofia, *Drug Discovery Today*, **1996**, *1*, 27-34

107) a : O. Kanie, F. Barresi, Y. Ding, J. Labbe, A. Otter, L. S. Forsberg, B. Ernst, O. Hinsgaul, *Angew. Chem. Int. Ed. Engl.* **1995**, *34*, 2720- 2722

b : Y. Ding, J. Labbe, O. Kanie, O. Hinsgaul, *Bioorg. Med. Chem.*, **1996**, *4*, 683-692

108) a : G.-H. Boons, B. Heskamp, F. Hout, *Angew. Chem. Int. Ed. Engl.*, **1996**, *35*, 2845-2847

b : G.-H. Boons, S. Isles, *Tetrahdron Lett.* **1994**, *35*, 3593-3596

c : G.-H. Boons, S. Isles, *J. Org. Chem.* **1996**, *61*, 4262-4271

109) T. Zhu, G.-J. Boons, *Angew. Chem. Int. Ed. Engl.*, **1998**, *37*, 1898-1900

110) A. Lubineau, D. Bonnaffé, *Eur. J. Org. Chem.*, **1999**, 2523-2532

111) C.-H. Wong, X.-S. Ye, Z. Zhang, *J. Am. Chem. Soc.* **1998**, *120*, 7137-7138

112) M. Izumi, Y. Ichikawa, *Tetrahedron Lett.*, **1998**, *39*, 9801

113) M.J. Sofia, R. Hunter, T. Y. Chan, A. Vaughan, R. Dulina, H. Wang, D. Gange, *J. Org. Chem.*, **1998**, *63*, 2802

114) C. Kallus, T. Opatz, T. Wunberg, W. Schmidt, S. Henke, H. Kunz, *Tetrahedron Lett.* **1999**, *40*, 7783

115) D. J. Silva, H. Wang, N. M. Allanson, R. K. Jain, M. J. Sofia, *J. Org. Chem.*, **1999**, *64*, 5926

116) a : A. Amara, O. Lorthioir, A. Valenzuela, A. Magerus, M. Thelen, M. Montes, J. L. Virelizier, M. Delepierre, F. Baleux, H. Lortat-Jacob, F. Arenzana-Seisdedos, *J. Biol. Chem.*, *1999*, *274*, 23916-23925

b : R. Radir, F. Baleux, A. Grosdidier, A. Imberty, H. Lortat-Jacob

117) J.L. Virelizier, Rapport d'activité de l'immunologie virale pour l'année 1999, http://www. Pasteur. fr

118) a : Virelizier, *Dev. Biol. Stand. Basel.*, Karger, **1999**, *97*, 105

b : Arenzana-Seisdedos, *Eur. Cytokine Network*, **1999**, *10*, 301

119) H. Lortat-Jacob, A. Grosdidier, A. Imberty, *Biochemistry*, **2002**, *99*, 1229-1234 H. 120) Lortat Jacob, www2. ujf-grenoble.fr/pharmacie/laboratoire/ gdrviro/groupelortat-jacob/recherche.html

121) S. Najjam, B. Mullooy, J. Theze, M. Y. Gordon, R. Gibbs, C. C. Rider, *Glycobiology*, **1998**,*8*, 509-516

122) a : J. D. Esko, U. Lindhal, *J. Clin. Invest.* **2001**, *108*, 169, 173

   b : J. T. Gallagher, *Biochem. Soc. Trans.* **1997**, *25*, 1206-1209

   c : U. Lindhal, M. Kusche-Gullberg, L. Kjellen, *J. Biol. Chem.* **1998**, *273*, 24979

   d : K.G. Bwmann, C. R. Bertozzi, *Chemistry and Biology*, **1999**, *6*, R9-R22

123) O. Gavard, Y. Hersant, J. Alais, V. Duverger, A. Dilhas, A. Bascou, D. Bonnaffé *Eur. J. Org. Chem.,* **2003**, 3603-3620

124) A. Vasella, C. Witzig, R. Husi, *Helvetica Chimica Acta*, **1991**, *74*, 1363

125) a : A. Vasella, C. Witzig, J. L. Chiara, M. Martin Lomas, *Helvetica Chimica Acta*, **1991**, *74*, 2073

   b : P. B. Alper, S. C. Hung, C. H. Wong, *Tetrahedron Lett.,* **1996**, 37, 34, 6029-6032

126) A. Dilhas, D. Bonnaffé, *Carbohydr. Res.,* **2003**, *338*, 681-686

127) J. C. Jacquinet, M. Petitou, P. Duchaussoy, I. Lederman, J. Choay, G. Torri, P. Sinaÿ, **Carbohydr. Res.**, **1984,** *130,* 221-241

128) A. Dilhas, D. Bonnaffé, *Tetrahedron Lett.,* **2004**, *45,* 3643-3645

129) K. Yoshikazu, H. Hanayama, *Patent*, **1998**

130) Per J. Garegg, Hans. Hultberg, *Carbohydr. Res.*, **1981**, 93, 1, C10-C11

131) R. Johansson, B. J. Samuelsson, *J. Chem. Perkin Trans. I.,* **1984**, 2371

132) J. L. de Patz, R.Ojeda, N. Reichardt, M. Martin Lomas, *Eur. J. Org. Chem.*, **2003**, 3308-3324

133) Lamberth, C., Bednarski, M. D. *Tetrahedron Lett.* **1991**, 32, 7369-7372

134) R. Lucas, D. Hamza, A. Lubineau, D. Bonnaffé, *Eur. J. Chem.* **2004**, 2107-2117

135) D. Crich, V. Dubkin, *J. Am. Chem. Soc.*, **2001**, 128, *28*, 6819-6825

136) S. Yamada, D. Morizono, K. Yamamoto, *Tetrahedron Lett.*, **1992**, 30, *33*, , 4329-4332

137) M. Lafosse, M. Dreux, L. Morin-Allory, laboratoire de Chromatographie Orléans

138) M. Petitou, P. Duchaussoy, P.A. Driguez, G. Jaurand, J.-P.Hérault, J. C. Lormeau, C.A.A van Boeckel, J. M. *Angew. Chem. Int. Ed.* **1998**, *37*, 3009-14

139) P. Duchaussoy, G. Jaurand, P. A. Driguez, I. Lederman, F. Gouvernec, J.-M. Strassel, P. Sizun, M. Petitou, J.M. Herbert, *Carbohydr. Res.,* **1999**, *317*, 63-84

140) M. Petitou, P. Duchaussoy, I. Lederman, J. Choay, P. Sinaÿ, *Carbohydr. Res.*, **1988**, *179*, 163-172

141) C. A. A. van Boeckel, T. Beetz, S. F. Aelst, *Tetrahedron Lett.*, **1988**, *29*, 803-806

142) N. J. Davis, S. L. Flitsch, *J. Chem. Soc., Perk. Trans. I* 1994, 359-368

143) J. Kovensky, P. Duchaussoy, F. Bono, M. Salmivirta, P. Sizun, J.M. Herbert, M. Petitou, P. Sinaÿ, *Bioorg. Med. Chem.*, **1999**, *7*, 1567-1580

144) M. Nilsson, C. M. Svahn, J. Westaman, *Carbohydr. Res.*, **1993***, 246*, 161-172

145) M. Petitou, G. Jaurand, M. Derrien, P. Duchaussoy, J. Choay, *Bioorg. Med. Chem. Lett.*, **1991**, *1*, 95-98

146) P. Duchaussoy, P. S. Lei, M. Petitou, P. Sinaÿ, J. C. Lormeau, . Choay, *Bioorg. Med. Chem. Lett.*, **1991**, 1, 99-102

147) M. Petitou, P. Duchaussoy, I. Lererman, J. Choay, P. Sinaÿ, J.-C. Jacquinet, *Carbohydr. Res.*, **1986**, 147, 221

148) M. Petitou, P. Duchaussoy, I. Lererman, J. Choay, J.-C. Jacquinet, P. Sinaÿ, G. Torri, *Carbohydr. Res.*, **1986**, 167, 67-75

149) J. Westaman, M. Nilsson, D. M. Ornitz, C. M. Svahn, *J. Carbohydr. Chem.,* 1995, 14, 95-113

150) M. Petitou, A. Imberty, P. Duchaussoy, P. A. Driguez, M. Ceccato, F. Gouvernec, P. Sizun, J. P. Hérault, P. Perez, J. M. Herbert, *Chem. Eur. J.* **2001**, *7*, 858-873

151) D. Perrin and W. L. F. Armarego, *Purification of Laboratory Chemicals,* 3rd ed.; Pergamon Press: Oxford, (1988).

i want morebooks!

Buy your books fast and straightforward online - at one of world's fastest growing online book stores! Environmentally sound due to Print-on-Demand technologies.

Buy your books online at

www.get-morebooks.com

Achetez vos livres en ligne, vite et bien, sur l'une des librairies en ligne les plus performantes au monde!
En protégeant nos ressources et notre environnement grâce à l'impression à la demande.

La librairie en ligne pour acheter plus vite

www.morebooks.fr

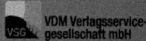

VDM Verlagsservicegesellschaft mbH
Heinrich-Böcking-Str. 6-8 Telefon: +49 681 3720 174 info@vdm-vsg.de
D - 66121 Saarbrücken Telefax: +49 681 3720 1749 www.vdm-vsg.de

Printed by Books on Demand GmbH, Norderstedt / Germany